새로운 천년의 과학

새로운 천년의 과학

새로운 천년의 과학

이인식 엮음

해나무

책을 엮으며

이 책은 과학을 사랑하는 뜻있는 청소년들에게 일독을 권하고 싶은 과학 에세이 앤솔러지이다.

21세기의 상징성을 감안하여 21편의 명문을 실었다. 좋은 글을 제대로 고르는 일은 엮은이 혼자서 감당하기에는 너무 버겁고 두려운 작업이었다. 따라서 국내 여러 대학의 교재 편찬위원회가 펴낸 대학 국어에 소개된 과학 에세이를 가급적이면 모두 싣기로 했다.

대학 국어에 게재된 과학 에세이 중에서 13편이 이 책에 수록되었다. 국내 필자(존칭 생략)는 김종철, 박성래, 박이문, 소흥렬, 이강수, 이봉재, 이인식, 장회익, 최정호(이상 가나다 순) 등 아홉 분이며, 외국 필자는 베르너 하이젠베르크, 리처드 파인만, 에드워드 윌슨, 호세 루첸버거 등 네 분이다.

2단계로 나머지 8편을 선정하는 책임은 온전히 엮은이의 몫이 되었다.

수많은 저술 가운데서 이 책의 기획 의도에 맞는 에세이를 찾아내는 일은 여간 힘들고 부담스럽지 않았지만 양심과 양식을 걸고 전력을 다했다. 외국 필자는 스티븐 호킹 한 분으로 한정하고 국내 필자는 김용운, 김용준 등 원로 두 분과 복거일, 윤정로, 이필렬, 임경순, 최재천 등 중견학자 다섯 분의 글을 수록하였다.

최종적으로 국내 필자 16명, 외국 필자 5명으로 균형을 맞추게 된 점을 다행스럽게 생각한다. 국내 필자 중에 자연과학을 전공하지 않은 분들이 의외로 많이 포함된 것은 반가운 현상이 아닐 수 없다. 한 가지 아쉬운 대목은 여성 필자가 한 명(윤정로)에 그친 점이다.

읽는이의 편의를 위해 유사한 주제의 글들을 여섯 부로 묶었다. 1부 과학의 본질(리처드 파인만, 박이문, 장회익, 베르너 하이젠베르크), 2부 동양과 서양의 과학(박성래, 김용운, 이강수, 소흥렬), 3부 과학자의 윤리와 양심(김용준, 임경순, 이필렬), 4부 환경과 생명(김종철, 에드워드 윌슨, 최재천, 호세 루첸버거), 5부 정보 사회, 정보기술(최정호, 이봉재, 윤정로), 6부 과학과 인류의 미래(스티븐 호킹, 복거일, 이인식)로 구성되었다.

책의 말미에는 일반 대중을 대상으로 과학기술 도서를 펴낸 저자들의 명단을 부록으로 실었다. 혹시 명단에 누락된 경우가 있다면 전적으로 엮은이의 잘못이며 용서를 바랄 따름이다.

　끝으로 옥고의 재수록을 허락해주신 필자 여러분에게 진심으로 감사드린다. 좋은 책으로 꾸며낸 해나무의 김철식 실장의 노고를 높이 평가하고 싶다. 이 책이 아무쪼록 과학 전문 출판사로서 해나무의 발전에 디딤돌이 되어주길 바라는 마음 간절하다.

2002년 9월 초하루

서울 개나리아파트에서

李仁植

차례

1부
과학의 본질

과학의 가치

리처드 파인만

어떤 사람들은 가끔 저에게 과학자들도 사회적인 문제에 좀더 많은 관심을 가져야 한다고 말합니다. 특히 과학이 사회에 미치는 영향에 대해 좀더 책임을 져야 한다고 말합니다. 이런 말을 듣자면, 마치 과학자들이 비교적 덜 중요한 과학적인 문제에만 시간을 보내지 말고 매우 복잡하고 어려운 사회적인 문제에 눈을 돌려 해결책을 구하고자 노력한다면 모든 문제들이 잘 풀리지 않겠느냐고 말하는 것처럼 들립니다.

제가 보기에는 과학자들도 이러한 문제들에 대해서 자주 생각하고 있습니다. 다만 온 정력과 시간을 소모하지 않을 뿐입니다. 이는, 사회적인 문제들은 과학에서처럼 어떤 기발한 공식을 생각해냄으로써 쉽게 풀 수 있는 성질의 것이 아닐뿐더러 과학적인 문제보다 더 어렵기 때문에, 생각해본들 간단하고 명쾌한 결론을 얻기가 쉽지 않다는 것을 알고 있기 때문이라고 할 수 있습니다.

저는, 과학자들도 비과학적인 문제에 관해서는 다른 평범한 사람들보다 전혀 나을 것이 없으며, 비과학적인 문제에 대해서 이야기할 때는 그 분야의 훈련을 받지 않은 다른 사람들과 마찬가지로 엉뚱하고 답답한 이야기를 할 수 있다고 생각합니다. 과학의 가치가 무엇인가 하는 문제 역시 비과학적인 문제이므로, 오늘 제가 하는 이야기를 들어보시면 지금 제가 하는 말이 맞다는 것을 알게 될 것입니다.

과학이 가치가 있다고 말할 수 있는 첫번째 이유는 누구나 쉽게 이해하리라 생각합니다. 과학에 의해 우리는 수많은 것을 할 수 있게 되었고 또 수많은 것을 만들 수 있게 되었습니다. 물론 우리가 '좋은' 것을 만들면 그것은 과학의 덕뿐만이 아닙니다. 우리로 하여금 좋은 것을 만들도록 한 도덕적인 선택의 덕이기도 합니다. 과학은 선한 것뿐 아니라 악한 것도 할 수 있게 하는 능력입니다. 하지만 과학 자체에는 그 지식을 어떻게 사용하라는 지시가 포함되어 있지 않습니다. 그러한 능력은 분명코 가치가 있는 것입니다. 비록 우리가 그 능력을 가지고 어떠한 일을 하느냐에 따라서 그 능력 자체가 무효화될 수도 있기는 하지만 말입니다.

저는 언젠가 호놀룰루에 여행을 갔다가 인간이 갖고 있는 이러한 공통적인 문제를 표현하는 방법을 배운 적이 있습니다. 그곳의 한 절에서 관광객들을 인솔하던 스님이 불교에 대하여 간단한 설명을 하였습니다. 그는 설명 끝에 마지막으로 우리가 평생 잊지 못할 한마디를 하겠다면서 다음과 같은 말을 하였습니다.

모든 사람에게는 천국의 문을 열 수 있는 열쇠가 주어져 있다. 그러나 바로 그 열쇠는 지옥의 문도 열 수 있다.

그렇다면 천국의 문을 열 수 있는 열쇠가 가치가 있다고 해야 하겠습니까? 왜냐하면 어느 문이 천국의 문이고 어느 문이 지옥의 문인지를 판단하게 해주는 정확한 기준이 없다면 그 열쇠를 사용하는 것은 위험한 일이기 때문입니다.

하지만 그렇다고 이 열쇠가 가치가 없다고 말할 수는 없습니다. 만약 그 열쇠가 없다면 천국으로 들어갈 수 없기 때문입니다.

천국의 문을 가르쳐주는 기준이 있다 하더라도 열쇠가 없이는 들어갈 수 없는 것입니다. 마찬가지로 과학도 이 세계에 엄청난 공포를 가져다줄 수 있지만 반면에 우리에게 무엇인가를 가져다줄 수 있다는 점에서 가치가 있는 것입니다.

과학의 또하나의 가치는 지적인 쾌감이라고 부르는 재미가 있다는 것입니다. 어떤 사람들은 이 지적인 쾌감을 독서나 배움을 통하여 또는 그것에 대하여 사고함으로써 얻게 되고, 또다른 사람들은 실제로 과학에 종사함으로써 얻기도 합니다. 이 두번째 가치는 중요하며, 과학이 사회에 미치는 영향에 대하여 과학자들이 사유할 책임이 있다고 말하는 사람들이 미처 생각하지 못하는 점이기도 합니다.

이 두번째 가치는 단지 개개인이 즐거움을 느끼느냐 마느냐 하는 정도의 가치이므로 사회가 갖는 중요성에 비하면 아무것도 아니라고 말할 수 있을까요? 그렇지가 않습니다. 여기서 우리는 '그렇다면 사회의 목표란 과연 무엇인가' 에 대해서 생각해볼 책임 또한 있는 것입니다. 사회라는 것은 그 구성원들이 자신의 인생을 즐길 수 있도록 되어 있어야 하지 않겠습니까? 그렇다면 과학에서 즐거움을 얻는다는 것은 다른 어떤 것만큼이나 중요하게 됩니다.

물론 저는 과학적인 노력의 결과를 중요시하는, 즉 일반인들이 생각하는 과학의 가치를 무시하려는 것은 아닙니다. 과학을 통해 우리는 과거의 시인들이나 몽상가들이 상상했던 것보다 훨씬 더 기가 막힌 것들을 상상하게 되었습니다. 이것은 바로 자연의 상상력이 인간의 상상력보다 훨씬 뛰어나다는 것을 말해주는 것입니다. 예를 들면 지구가 우주 속에서 움직이는 것을, 한없이 깊은 바닷속을 헤엄치는 거북이 등에 올라 탄 코끼리 등에 지구가 실려 있는 것으로 상상하는 것보다는 자그마치 수십억 년 동안 우주에서 회전하고 있는 공 모양의 물체에 어떤 신비로운 힘에 의해 우리 인간들이 북반구와 남반구에 서로 거꾸로 매달려 있다는 사실이 더 기가 막힌 이야기 아닙니까?

저는 혼자 이런 생각을 자주 해왔기 때문에 이런 말씀을 드리게 되는데 혹시 여러분 중에서도 비슷한 생각을 해본 적이 있다면 제 이야기가 새로운 이야기가 아닐 터이므로 양해하시기 바랍니다. 하지만 오늘날 우리가 알고 있는 것만큼의 많은 과학 지식이 과거에는 없었으므로 이런 생각을 과거에는 할 수 없었습니다.

예를 들어 저는 홀로 바닷가에 서서 다음과 같은 생각을 하게 됩니다.

몰려오는 파도가 있다.
수많은 분자들로 이루어진 산이다.
자신의 키보다 일조 배만큼이나 서로 멀리 떨어진 채
어리석게도 자기의 일만을 생각하는가 하면
한편 조화롭게 어울려 하얗게 부서지는 파도를 이룬다.

수많은 세월을 거슬러 올라
그 어느 누구의 눈도 아직 열리기 전부터
긴긴 시간 동안
지금의 모습 그대로 천둥처럼 해변을 때려왔다.
누구를 위하여, 무엇을 위하여?
감상해줄 생명도 없는
죽은 행성 위에서

태양이 엄청나게 뿜어대는
우주 공간으로 뱉어내는
에너지의 고문을
잠시도 쉬지 않고 받았다.
진드기 한 마리가 바다를 포효하게 한다.

바다 깊숙이에서
모든 분자들은
서로의 모습을 반복한다.
그리하여 복잡하고 새로운 모습이 형성될 때까지,
그들은 다른 분자들을 서로 자기들처럼 만들어
완전히 새로운 춤이 시작된다.

점점 커지고 복잡해지는
살아 있는 것들

원자들의 덩어리는
DNA, 단백질로서
점점 더 기묘한 모습의 춤을 춘다.

요람에서 나와
마른 땅 위로
지금 여기에
서 있다.
의식이 있는 원자들
호기심이 가득한 물체인 것이다.

바닷가에 서서,
신기한 것들을 신기해한다. 나는
원자로 이루어진 우주이며
우주 속의 한 원자인 것이다.

　어떤 문제에 대해 충분히 깊게 생각해보면 위에서와 같은 긴박한 경이감과 신비감을 느끼게 됩니다. 지식을 더 많이 쌓게 되면 더 깊고 더 황홀한 신비감에 빠지게 되어 더욱더 깊이 파고들게 됩니다. 찾게 될 해답이 우리에게 실망을 줄지도 모른다는 걱정은 추호도 없습니다. 오직 즐거움과 확신을 가지고 새로운 돌을 뒤집을 때마다 미처 상상하지 못했던 이상한 것들을 발견하게 되고 그러면서 좀더 황홀한 신비의 세계로 끌려가는 것입니다. 얼마나 위대한 모험입니까!
　과학을 모르는 사람들은 이러한 일종의 종교적인 경험을 거의 할 수 없을 것입니다. 시인들은 이러한 경험에 대해 시를 쓰고 있지 않으며, 화가들도 이러한 멋진 것들을 그리고 있지 않습니다. 왜 그런지 모르겠습니다. 현재 우리가 알고 있는 이 우주에 대한 지식을 접할 때 감동을 받는 사람이 하나도 없다는 말인가요? 이러한 과학의 가치를 노래하는 가수도 없습니다. 여러분도 과학의 경이로움에 대한 노래나 시를 들어본 적이 없을 것이며, 기껏해야 저녁 시간에 앉아 과학에 대한 강의를 듣는 정도가 아닙니까? 이래도 우리가 현재 과학의 시대에 살고 있다고 말할 수 있을까요?

어쩌면 과학에 대한 노래가 불려지지 않는 이유 중 하나는 과학이라는 음악을 읽을 줄 알아야 하기 때문인지도 모르겠습니다. 예를 들어 어떤 논문에 다음과 같이 씌어 있다고 합시다. '쥐의 대뇌에 있던 방사성 인(燐)의 양이 이 주일 후에 반으로 줄었다.' 자, 이 말이 도대체 무슨 뜻일까요?

이 말의 뜻은 쥐의, 또는 저나 여러분의 대뇌에 있는 인이라는 물질이 이 주일 전의 인과 똑같지 않다는 말입니다. 뇌 속의 원자들은 계속 교체된다는 것이고 따라서 전에 있던 물질은 없어졌다는 말이지요.

그러면 우리가 지금 갖고 있는 생각이라는 것은 무엇입니까? 의식이라는 것을 갖고 있는 이 원자들은 무엇일까요? 바로 지난주에 우리가 먹었던 감자라는 말이죠! 이 감자들이 일 년 전에 내가 어떤 생각을 하고 있었는지를 지금 기억하고 있는 것인데, 이 생각은 이미 오래 전에 새로운 물질로 여러 번 교체된 것입니다.

우리가 개인 또는 개체라고 부르는 것은 단지 원자들이 행하는 하나의 움직임 또는 춤에 불과하다는 것을 먼저 깨달아야 비로소, 위 논문 구절에 담긴 속뜻은 뇌를 이루는 원자들이 다른 원자들로 바뀌는 데 얼마나 오랜 시간이 걸리는가를 밝혀냈다는 것임을 알게 됩니다. 즉 원자들은 나의 뇌 속에 들어와서 춤을 추고 그러고는 없어지는 것이고, 늘 새로운 원자들이 계속 들어오지만 그 원자들은 어제 추었던 춤을 기억하면서 똑같은 춤을 춘다는 것이 위 논문이 밝혀낸 사실에 내포되어 있는 것입니다.

그러나 이러한 종류의 논문에 관한 기사가 신문에 실리는 경우 언제나 다음과 같이 씌어 있습니다. '과학자들에 따르면 이 새로운 발견은 암을 치료하는 데 매우 유용하게 쓰일 수 있다.' 신문은 언제나 새로운 생각이 어디에 쓸모 있을까 하는 것에만 관심이 있지 그 생각 자체에는 관심이 없는 듯합니다. 도대체 아무도 새로운 생각이 얼마나 중요한지를 이해하지 못한다는 것은 신기하기까지 합니다. 하지만 때로는 여기에도 예외가 있습니다. 간혹 어린이들은 그 중요성을 깨닫습니다. 어떤 어린이가 이와 같은 새로운 생각을 하고 깨닫는 바가 있을 때 우리는 새로운 과학자의 탄생을 보게 되는 것입니다. 대학생이 되면 너무 늦었다고 생각됩니다.[1]

이제는 과학이 지니고 있는 세번째 가치에 대해서 이야기하고자 합니다. 이 가치는 다소 비간접적인 가치입니다. 과학자들은 무지하다는 것과 회의한다는 것 그리고 불확실한 것에 대하여 많은 경험을 가지고 있습니다. 이러한 경험이 매우 중요하다고 생각합니다. 한 과학자가 어떤 문제의 해답을 모를 때 그는 무지한 것입니다. 어떤 문제의 결과가 어떻게 나올지 예상만을 할 수 있다면 그는 불확실한 것입니다. 그

---

1) 이제 와서 다시 말하라면 '대학생이 되면 너무 늦었다고까지는 않더라도 좀 늦었다고 생각됩니다' 라고 하고 싶다.

결과가 어떻게 될 것이라고 꽤나 자신 있더라도 그는 여전히 회의하는 것입니다. 우리는 과학의 발전과 진보를 이룩하기 위해서는 우리의 무지함을 깨닫고 확실시되는 것들에 대해서도 어느 정도는 회의를 한다는 것이 얼마나 중요한지를 배웠습니다. 과학적 지식이라는 것은 서로 다른 정도의 확실성─어떤 것은 매우 불확실하고, 어떤 것은 거의 확실하고, 그리고 '절대적으로' 확실한 것은 하나도 없다는─을 갖는 명제들의 모임입니다.

우리 과학자들은 이러한 생각에 매우 익숙해져 있어서 불확실하다는 것도 사실은 매우 일관성 있는 태도이며 살아가면서 많은 것을 모를 수도 있다는 것을 당연하게 받아들이고 있습니다. 하지만 나는 다른 모든 사람들도 이러한 사실을 깨닫고 있는지 모르겠습니다. 과학의 발달 초기에 인간은 권위와 맞서 싸워 회의할 수 있는 자유를 쟁취하였습니다. 그것은 매우 심오하고도 강력한 투쟁이었습니다. 확신하는 대신 물음을 던질 수 있는─회의할 수 있는─자유를 얻기 위해서였습니다. 이렇게 우리가 얻은 것을 다시 잃지 않기 위해서는 과거의 투쟁을 잊지 않는 것이 중요하다고 생각합니다. 그것이 사회에 대한 우리의 책임이라고 생각합니다.

인간이 갖고 있는 엄청난 가능성에 비해 무척이나 왜소해 보이는 인간의 성취를 생각하면 서글픈 생각마저 듭니다. 사람들은 과거 역사를 돌이켜보면서 좀더 잘 할 수 있었을 텐데 하는 생각을 하지만 똑같은 오류가 또다시 되풀이되고 있습니다. 과거 악몽 같은 암흑 시대를 살았던 사람들은 그들의 미래에 대한 꿈이 있었습니다. 하지만 그들의 미래인 우리가 살고 있는 지금, 그들의 꿈 중 일부는 이루어졌으나 많은 것들은 여전히 꿈으로 남아 있음을 알고 있습니다. 우리들의 희망

중 많은 것들은 어제의 희망이기도 했습니다.

한때는, 인간이 가지고 있는 무한한 가능성이 개발되지 않는 이유가 대부분의 사람들이 무지하기 때문이라고 생각했습니다. 그렇지만 교육을 받는다고 해서 누구나 볼테르(Voltaire)같이 될 수 있을까요? 나쁜 것도 좋은 것만큼이나 효과적으로 교육될 수 있습니다. 교육은 강력한 힘이지만 선을 위해 이용될 수 있는 것만큼 악을 위해서도 이용될 수 있습니다.

국가간의 통신은 상호 이해를 증진시킬 것입니다. 이로써 또하나의 꿈이 현실로 되겠지요. 하지만 통신기계가 조작되어 전달 내용이 진실이 아닌 거짓일 수도 있습니다. 통신은 강력한 힘입니다. 하지만 이 또한 선을 위해서 이용될 수 있는 만큼 악을 위해서도 이용될 수 있는 것입니다.

응용 과학은 인간을 최소한 물질적인 문제로부터는 해방시킬 것입니다. 의학은 병을 다스리므로 이 분야는 선을 위해서만 이용될 것 같지만 지금 이 순간에도 장차 전쟁에 사용할 목적으로 위험한 병을 퍼뜨리는 독약을 개발하는 데 인내를 갖고 일하는 사람들이 있습니다.

거의 모든 사람들이 전쟁을 싫어합니다. 오늘날 우리의 꿈은 평화입니다. 평화 시대에 인간은 자신이 갖고 있는 가능성을 최대한으로 개발할 수 있을 것입니다. 하지만 미래의 인간에게는 평화 역시 좋을 수 있는 만큼 나쁠 수도 있을지 모릅니다. 어쩌면 평화 시대를 살아가는 인간들은 단조로움에 지쳐 술에 의지할지도 모릅니다. 그러면 술이, 인간의 능력을 발휘하는 데 방해가 되는 가장 큰 이유가 될지도 모릅니다.

분명코 평화는 위대한 힘입니다. 절제, 물질적 능력, 통신, 교육, 정직 그리고 많은 이상가들의 꿈과 마찬가지로 말입니다. 우리는 과거 인류에 비하여 이러한 힘과 능력을 더 많이 보유하고 있습니다. 과거 어느 시대와 비교해도 가장 많은 힘과 능력을 갖고 있는지도 모릅니다. 그럼에도 불구하고 실제로 우리가 혼란 속에서 성취한 보잘것없는 것들에 비하면 우리가 할 수 있었어야 하는 것들이 너무 거대해 보입니다.

왜 그럴까요? 어째서 우리는 우리 자신을 정복하지 못하고 있는 것일까요?

왜냐하면 위에서 언급한 여러 가지 위대한 힘과 능력들 외에 그것들을 어떻게 사용하라는 분명한 지시가 없기 때문입니다. 예를 들어 물리적 세계가 어떻게 움직이는지에 대한 우리의 이해가 엄청나게 축적되면 될수록 이러한 움직임들이 일종의 무의미한 움직임일 뿐이라는 확신만을 주는 것입니다. 과학은 직접적으로 선과 악을 가르쳐주지 않는 것입니다.

과거 역사를 살펴보면 인류는 인생의 의미를 이해하려고 노력해왔음을 알 수 있습니다. 우리들의 행동의 방향이나 인생의 의미가 찾아지기만 하면 위대한 인류의 잠재력이 고삐라도 풀린 듯이 능력을 발휘할 것이라는 것을 깨달았기 때문입니다. 그리고 인생의 의미가 무엇이냐는 질문에 대한 수많은 대답이 제시되었습니다. 하지만 이 대답은 모두 서로 다릅니다. 어떤 대답을 신봉하는 자들은 다른 대답을 믿는 사람들을 두려움의 눈으로 보고 있습니다. 서로 상반되는 관점을 갖고 있으므로 한쪽의 대답이 다른 쪽 사람들이 보기에는 인류의 위대한 가능성을 잘못된 막다른 골목으로 몰고 가고 있다고 보여지기 때문입니다. 사실 인류가 가진 능력이 무한하고 엄청나다는 것을 철학자들이 깨닫게 된 것은 거짓된 믿음에 의해 창조된 거대한 괴물들이 과거 우리 역사를 얼마나 얼룩지게 했는가를 보면서입니다. 그러므로 우리의 꿈은 열린 길을 찾는 것입니다.

도대체 인생의 목적은 무엇일까요? 우리 존재의 신비를 벗겨줄 수 있는 것은 무엇일까요?

우리 조상들이 알고 있던 것뿐만 아니라 그들은 몰랐어도 현재 우리는 알고 있는 것들까지 포함하여 모든 것을 종합해볼 때 우리는 솔직히 '모른다'고 대답해야 한다고 생각합니다.

하지만 모른다고 대답할 때 오히려 우리는 열린 길을 찾는 것이 아닌가 생각합니다.

이러한 생각은 새로운 것이 아닙니다. 하지만 이성의 시대에서나 비로소 가능하게 된 것입니다. 이러한 생각이 지금 우리가 살고 있는 이 민주주의 사회를 만들어낸 사람들을 이끌었던 철학입니다. 한 나라를 어떤 방식으로 이끌어야 하는지를 아무도 알 수 없다는 생각이 기본적으로 있었기에, 새로운 생각이 개발될 수 있고 시도될 수 있고 필요하다면 또다른 새로운 생각을 받아들일 수 있는 시행착오적인 체계를 도입하게 된 것입니다. 이런 방식이 시도될 수 있었던 것은 18세기 말에 이미 과학이 성공적인 사업임이 증명되고 있었기 때문입니다. 그 당시에도 사회과학에 눈뜬 사람들은 가능성을 열어두는 것이야말로 우리가 가질 수 있는 기회이며, 회의(懷疑)와 토론이야말로 미지의 세계를 탐험하는 최상의 방법임을 깨닫고 있었습니다. 전에는 풀 수 없었던 문제를 풀기 위해서는 미지의 세계를 향한 문을 열어두어야 하는 것입니다.

현재 우리는 앞으로 인류가 누릴 긴 역사를 시작하는 시점에 있습니다. 따라서 많은 문제들을 가지고 허덕이며 싸우고 있는 것이 당연한 지도 모릅니다. 하지만 우리 앞에는 몇만 년의 미래가 놓여 있고, 이 시대를 사는 우리들의 책임은 우리가 할 수 있는 것을 하는 것이고, 우리가 배울 수 있는 것을 배우는 것이고, 문제들의 해답을 찾아나가는 것이고, 그 해답을 후세에 전하는 것입니다. 우리의 후손들을 자유롭게 하는 것이 우리의 책임입니다. 인류의 긴 역사에서 현재는 마치 충동적인 젊은 시절과 비슷하므로 우리는 심각한 오류를 범할 수도 있습니다. 그 때문에 오랫동안 인류의 성장이 방해받을 수도 있습니다. 아직 어리고 무지함에도 불구하고 우리가 이미 해답을 찾았다고 단정짓는다면 그것이야말로 심각한 오류를 범하는 것입니다. 만약 우리가 '이것이 바로 답이오, 친구들. 이제 우리는 구원을 받았소!' 라고 주장하면서 일체의 토론과 비판을 억압한다면, 우리는 현재 우리가 갖고 있는 제한된 상상력으로 권위의 쇠사슬에 인류를 얽매어두는 것입니다. 이전에도 우리는 그런 경험을 수없이 하였습니다.

　과학자로서의 책임이 바로 여기에 있습니다. 무지의 철학으로부터 위대한 발전이 이루어진다는 것을 깨닫고, 위대한 발전은 자유로운 사고의 결실이라는 것을 인식하며, 자유의 가치를 주창하는 것입니다. 회의한다는 것은 두려워해야 할 것이 아니라 오히려 환영해야 할 것이며 논의되어야 할 것임을 가르치고, 이러한 자유를 요구하는 것이 미래의 후손들에 대한 우리의 의무인 것입니다.

(『미스터 파인만!』, 홍승우 옮김, 사이언스북스, 1997)

---

* 이 글은 서강대학교 국어국문학과가 펴낸 『대학국어교정 I : 읽기』(서강대학교 출판부, 2000)에 수록되어 있다.

자연과학과 인문과학

박이문

극히 엄격하고 정확한 수학적 언어로 표현되는 과학적 지식은 대부분의 사람들이 거의 접근할 수 없는 신비롭고 어려운 존재이다. 그렇지만 그러한 과학적 지식의 산물인 과학기술의 엄청난 위력에 무감각할 수 있는 사람은 아무도 없다. 지난 몇백 년간 인류 역사의 크나큰 변화는 근본적으로 과학에 의해서 이루어진 것이고, 인류의 생활은 그만큼 편리하고 윤택해졌음을 부정할 이는 아무도 없다.

이런 문맥에서 여러 학문 가운데 과학의 가치가 더욱 높이 구가되고 상대적으로 과학 아닌 이른바 인문과학, 예컨대 철학, 문학, 예술 등의 학문적 가치와 의미가 축소되거나 아니면 더 나아가서는 그러한 것들의 존재 자체에 회의가 번져가고 있음이 오늘의 문화적 지적 분위기라고 보면 틀림없다.

그러나 다른 한편으로는 벌써 오래 전부터 소수의 철학자 혹은 지식인들에 의해 과학적 세계관의 협소성이 고발되어왔고, 최근에 들어선 과학기술 문화가 자연 환경을 파괴할 뿐 아니라 끝내는 인류, 아니 모든 생명체의 완전한 소멸을 초래하게 될 무서운 가능성에 이미 적지 않은 사람들이 경계심을 갖게 되었으며 막연하나마 인문과학의 중요성을 새삼 의식하게 됐다.

이런 마당에 과학이 정말 어떤 성질의 학문이며 그것이 인문과학과 어떤 관계를 갖고 있는가를 새삼 반성해보고 가능한 그런 물음에 대한 대답을 찾아보는 일은, 좁게는 교육 방침을 정하는 데, 넓게는 보다 바람직한 삶을 마련하기 위해서 결코 무의미한 작업이 아닐 것이다.

여기서 나는 첫째 자연과학과 인문과학의 차이점을 밝히고, 둘째 그 두 학문간의 관계를 분석하고, 그것을 바탕으로 어째서 인문과학교육이 개인적 차원에서나 사회적 차원에서 보다 중요시되어야 하는가를 검토하고자 한다.

1. 자연과학과 인문과학의 구별

과학이라는 개념이 '학문' 이라는 넓은 뜻으로 쓰일 때 그것은 크게 자연과학, 사회과학 그리고 인문과학으로 구별된다. 그러나 과학이라는 말이 '특수한 형태의 학문' 이라는 좁은 뜻으로 쓰일 때 자연과학은 대표적인 과학의 예가 되지만 사회과학이란 개념은 그 자체 모순된다. 인문과학이란 말이 성립될 수 있다면 그것은 오로지 '과학' 이란 개념이 넓은 의미로서 비유적으로 사용될 때만 가능하다. 따라서 여기서 우리는 주제를 '자연과학과 인문과학' 이라고 붙이긴 했지만 우리가 고찰하고자 하는 문제는 좁은 뜻에서의 과학으로서의 학문과 똑같은 과학일 수 없는 학문의 구별을 밝히는 작업이다.

학문을 크게 자연과학, 사회과학, 인문과학이라는 개념으로 묶는 일은 학계에서 하나의 관습이다. 순차적으로 자연과학은 물리학, 화학, 생물학으로 대표되고 사회과학은 사회학, 정치학으로 그리고 인문과학은 역사학, 철학, 문학, 예술에서 그 범례를 들 수 있음은 누구나 알고 있는 상식이다.

그러나 보다 엄격히 따져볼 때 자연과학이 '과학' 임은 의심할 수 없지만, 사회과학이 정말 과학이냐 아니냐는 아직도 시비의 여지가 남아 있으며, 그에 비추어보면 인문과학은 분명히 과학이 아니다.

그렇다면 과학적 학문과 비과학적 학문의 차이는 어떻게 규정될 수 있는가? 모든 학문이 앎을 찾는다면 그 앎이 과학적 아니면 비과학적 앎으로 구별될 수 있는 근거는 무엇인가?

여러 학문간의 구별을 전제하는 여러 가지 학문적 사례에서 검토해볼 때 과학적 · 비과학적 구별은 각 학문의 대상의 성질에 달려 있는 것처럼 보인다. 학문적 대상이 자연 현상일 때 그 학문은 과학으로 성립되지만, 학문적 대상이 철학, 문학, 예술 혹은 역사와 같이 인간의 표현물일 때는 과학 밖에 속하는 학문이며, 사회과학의 경우와 같이 그 대상이 자연과학으로 볼 수 있느냐 아니냐에 따라 그 학문은 과학으로도 볼 수 있고 그렇지 않을 수도 있을 것 같다.

그러나 대상의 성질에 바탕을 둔 과학으로서의 학문과 과학일 수 없는 학문의 구별은 과히 만족스럽지 않다. 왜냐하면 똑같은 대상도 관점에 따라 서로 상이한 시각에서 접근될 수 있고 그와 상대적으로 다른 종류의 학문을 성립시킬 수 있기 때문이다. 동일한 심리 현상은 물론 사회 현상도 관점에 따라 과학적 접근이 가능하고 동시에 그것과는 다른 학문의 대상으로 접근될 수 있다. 그래서 심리 현상, 사회 현상은 물론 역사 현상, 더 극단적으로 철학, 문학, 예술이 추구하는 학문적 대상도 근본적으로는 자연과학과 동일한 성질의 대상으로 환언될 수 있다는 주장이 나올 수 있고 '과학적 철학'이니 '인문과학'이라는 개념까지 생기게 되었다. 그러나 이러한 일부의 입장과는 달리 앞서 든 현상들은 자연 현상과 본질적으로 다르고, 앞에서 든 학문들은 그 대상의 성질상 절대로 과학이 될 수 없다는 입장이 아직도 승부를 가리지 못한 채 맞서고 있다.

그러므로 과학적 앎은 그 앎의 대상에 의해서 결정될 수 없다. 한 학문, 그 학문이 추구하는 앎이 과학적이냐 아니냐는 한 학문이 취한 방법에 의해서만 결정되는 것이다.

그렇다면 과학적 방법이란 어떤 것인가? 이런 물음에 대한 답변을 찾기에 앞서, 과학이 추구하는 앎이 도대체 어떤 종류의 앎인가를 알아보아야 한다. 독일의 철학자 딜타이(Wilhelm Dilthey)는 '설명적 앎'과 '이해적 앎'으로 구별하고 이 두 서로 다른 형태의 앎이 각기 '자연과학'과 '정신과학'에서 개별적으로 구분됨을 주장했다. 여기서 딜타이는 과학이라는 개념을 넓은 뜻에서, 즉 그저 '앎'이라는 뜻으로 사용하고 있지만 우리가 채택한 뜻, 즉 좁은 뜻으로서의 앎은 오로지 '설명적 앎'뿐이다. 따라서 '설명적 앎'만을 추구하는 자연과학만이 '과학'이고 '이해적 앎'을 요구하는 '정신과학'은 사실상 과학이 아니다.

한편으로 어떤 구체적인 개별 현상은 그것이 어떤 자연적 인과법칙에서 연역적으로 유추되었음이 인정되었을 때 '설명'되었다고 말한다. 또다른 한편으로 어떤 의미를 나타내는 기호 또는 언어가 어떤 약속적 규범에 기준하여 이해되었을 때 '이해' 되었다고 이야기한다. 가령 '하느님은 죄인에게 고통이라는 벌을 준다' 는 법칙이 있음을 인정할 때 내가 알 수 없는 큰 병에 들어 고통을 받는 구체적인 사실이 설명된다는 것이며 또 뉴턴의 '만유인력' 이라는 법칙이 전제될 때 구체적인 하나의 사과가 땅에 떨어지는 사건이 설명된다. 이와 같이 볼 때 과학의 목적은 어떤 자연법칙을 발견하는 데 있다. 그러나 모든 법칙에 의한 설명이 자동적으로 과학적인 설명인 것은 아니다. 하느님의 뜻에 의한 내 고통의 설명은 뉴턴의 법칙에 의한 사과가 땅에 떨어지는 현상의 설명과 다름은 누구나 직관적으로 납득할 수 있다. 전자의 설명이 종교적, 즉 비과학적인 데 반해 후자의 설명은 확실히 과학적이다.

이 두 가지 설명적 앎의 차이는 각기 설명에 필요한 법칙을 수용하게 된 절차에 있다. 학문의 분야에서 이와 같은 절차를 '방법' 이라고 부른다. 과학적 설명과 비과학적 설명의 차이는 어떤 방법에 의해서 어떤 현상을 설명해주는 법칙을 전제할 수 있느냐에 달려 있다. 위와 같은 설명적 앎을 '규범적 설명' 이라고도 부른다. 과학적 방법은 엄격한 논리와 확고한 실증의 양면을 동시에 갖고 있다. 더 구체적으로 말해서 어떤 구체적 현상을 설명해줄 수 있다고 가정된 어떤 법칙은 그 법칙으로부터 사건이 예측대로 구체적인 실험이나 관찰을 통해서 반증되지 않을 때 비로소 과학적인 법칙으로 성립되고, 그런 법칙에 의해서 하나의 사건 또는 사실이 설명되었을 때에야 비로소 그 설명은 과학적이며, 이런 설명을 비로소 과학적 앎이라고 부른다. 이와 같이 법칙을 발견 혹은 구성하는 방법을 '가설 연역적 모형' 이라고 부르기도 한다.

　이와 같은 방법에 의한 설명적 앎을 추구하는 과학은 과학으로서는 증명할 수 없는 하나의 형이상학적 신념을 전제로 한다. 결정론이 바로 그러한 전제이다. 결정론에 의하면 적어도 모든 자연 현상은 영원히 흔들릴 수 없는 인과적 법칙에 의해서 기계처럼 움직이고 있다는 것이다. 그리고 모든 사물 현상에 대한 앎은 오로지 과학적이어야만 하고, 모든 앎은 과학적으로 설명될 수 있다고 주장할 때, 그런 주장은 유물론이라는 또하나의 형이상학을 전제로 갖는다. 왜냐하면 인과적 법칙에 따라 기계적으로 움직이는 현상은 물질 속에서만 발견될 수 있기 때문이다. 이러한 과학의 형이상학적 전제를 놓고 볼 때 만약 유물론이 잘못된 형이상학이고, 과학적 앎과는 다른 형태의 앎이 있음을 전제한다면, 과학 더 정확히 말해서 자연과학 아닌 학문이 가능하고, 설명적 앎과는 다른 형태의 앎, 즉 이해적 앎의 가능성이 열린다.

　과학적 앎의 모델을 물리학에서 찾을 수 있는 이유는 물리학이 다루는 인식 대상이 가장 확실하게 인과적 법칙에 의해 지배되고 있는 물리 현상이기 때문이다. 적어도 현상적으로는 물리 현상과 구별되는 생물계를 대상으로 삼는 생물학이 물리학보다 덜 정확한 과학이 되는 이유는 생물들의 동태가 물리 현상과 같이 인과법칙에 의해서 지배되지 않는 것 같기 때문이며, 심리학, 사회학 등이 점차적으로 덜 정확한 과학이 되는 이유도 똑같은 근거에 기인한다. 따라서 심리학 특히 사회학 또는 역사학이 과학이냐 아니냐는 문제가 제기되기도 한다. 이러한 문제에 대한 대답은 위와 같은 학문들의 대상이 언뜻 보기와는 달리 물리적 현상으로 환원될 수 있느냐 없느냐에 달려 있다.

　모든 학문의 대상이 물리 현상으로 환원될 수 없는 특별한 존재 방식을 갖고 있다고 할 때 앞서 말한 딜타이가 주장하는 자연과학과 전혀 다른 성질의 정신과학이라는 학문의 영역이 있다는 것이다. 따라서 후자의 범주에 속하는 학문은 그 방법에서도 자연과학의 방법과 마땅히 달라야 한다는 것이다.

이른바 정신과학의 대상은 물리적 존재가 아니라 비가시적인 의미이며, 의미를 안다는 것은 그것을 인과법칙으로 설명함에 있지 않고 언어적 규범에 의거해서 이해하고 있다는 것이다. 어쨌든 간에 나 자신의 입장에서 볼 때 여러 분야의 정신과학, 예컨대 심리학, 사회학, 역사학 등은 어느 정도까지는 어떤 법칙에 의해서 설명될 수도 있고 동시에 어떤 언어적 규범에 의해서 이해될 수도 있다. 그 어느 한 규범만으로는 만족스럽지 않다.

과학적 지식, 즉 자연과학이 사물 현상에 대한 앎의 모델로서 정립되어왔고, 실제로 모든 학문은 자연과학과 같은 앎을 동경함으로써 스스로 '과학'이 되고자 노력해왔다. 과학의 이와 같은 권위는, 물리학에서 가장 모범적 예를 찾아볼 수 있는 두 가지 특징에 바탕을 둔다. 첫째는 과학적 명제의 보편성이며 둘째는 과학적 명제가 제공하는 예측성이다. 이와 같은 과학적 명제의 특징이 모든 학문의 동경이 되는 이유는 그러한 특징을 가진 과학적 지식은 인간의 삶을 위한 편리하고 귀중한 도구로 사용될 수 있기 때문이다. 과학은 사물 현상의 앞을 내다보게 하고 그런 예측에 따라 자연 현상을 조작하고 재조정하여 우리에게 필요한 새로운 물건을 만들 수 있게끔 한다. 사회과학은 물론 인문계열의 학문인 철학이나 문학 그리고 예술도 잘못된 생각에서 덩달아 과학이 되고자 스스로를 '인문과학'이니 '과학적 철학'이니 하는 말을 사용하기도 한 이유도 바로 거기에 있다.

그럼에도 불구하고 사회과학까지는 혹시 몰라도 인문과학은 사실과학이 아니며 과학이 될 수 없다. 인문과학의 대표적인 예로서의 철학이나 문학 그리고 예술이 뜻하는 것은 성질상 자연과학이 뜻하는 것과는 전혀 다르다. '철학한다' '문학한다' 혹은 '예술을 공부한다' 라는 말은 두 가지 서로 다른 뜻으로 쓰인다. 첫번째로 이미 세워진 철학적 이론, 이미 제작된 문학작품, 이미 존재하는 예술작품 들을 학문의 대상, 즉 인식의 대상으로 삼는다는 뜻이다. 두번째로 인문과학은 인식적 활동이기보다는 제작적 활동이기 때문에 학문이 아니다. 이런 점에서 인문과학은 분명히, 넓은 의미에서건 좁은 의미에서건 과학이 아니다.

그러나 첫번째의 뜻으로 볼 때, 비록 인문과학의 인식 대상의 성질이 자연과학은 물론 사회과학에서의 인식 대상과 다르기는 하지만, 일종의 인식 대상을 전제하고 그것을 인지하려는 작업이라는 점에서 과학과 근본적으로 다를 바가 없을 것같이 보인다. 그러나 이와 같은 경우에서 철학 이론이나 문학 혹은 예술작품을 공부한다는 것은 자연 현상이나 심리 현상 또는 사회 현상을 앎의 대상으로 대하는 경우와 전혀 다르다. 내가 철학을 공부한다 함은 무엇보다도 먼저 다른 이들이 생각한 철학적 문제와 대답을 이해하고 검토함으로써 나 자신의 문제에 대한 통찰력과 문제를 생각하고 풀어나가는 훈련을 함에 있다. 문학이나 예술작품을 공부한다 함은 그 작품들 내지 그 작품들을 구성하고 있는 여러 부분들이 어떻게 생겼으며, 어떤 법칙에 의해 결정되었는가를 밝히는 데 있지 않다. 문학 혹은 예술을 공부한다 함은 문학이나 예술작품에 접함으로써 모든 사물 현상에 대한 우리들의 감수성을 예리하게 닦으며 인간의 다양한 경험들에 대해 눈을 뜨고, 세계와 사물과 인간을 보는 안목을 끊임없이 새롭게 하며 삶에 대한 의미와 가치를 깊이함을 뜻한다.

이와 같이 볼 때 인문과학이 뜻하는 것은 이미 존재하는 것에 대한 인식적 작업이 아니라 과학적 지식, 과학적 기술, 과학적 활동을 망라해서 모든 인간 활동의 의미, 인간이 추구해야 할 가치에 대한 반성과 창조에 있다. 자연과학, 사회과학에 종사하는 사람은 말할 것 없이 인문과학을 한다는 사람 자신들이 흔히 잘못 생각하고 있는 것과는 달리 자연과학이나 사회과학이 뜻하는 바와 인문과학이 뜻하는 바는 전혀 다르다. 자연과학이나 사회과학은 기존의 사실에 대한 객관적 지식을 찾으려 한다. 이와는 달리 인문과학은 새로운 경험, 새로운 사고의 훈련적 도장이며 끊임없이 새로운 현상, 새로운 가치 창조의 치열한 시험장이다.

한마디로 이른바 인문과학은 과학이 아니다. 이와 같이 검토할 때 같은 교육의 터전에서 자연과학 혹은 사회과학 학과들이 인문과학 학과들과 나란히 존재하지만, 이 두 가지 종류의 학과들이 하고자 하며 할 수 있는 것들간에는 서로 아무런 관계가 없어 보인다. 그러나 막상 따지고 보면 사정은 좀 다르다.

2. 자연과학과 인문과학의 관계

고전적이고 상식적인 관점에 따르면 과학적 인식의 특징은 객관적인 데 있다. '객관적'이란 과학적 지식이 과학자의 주체성과는 상관없이 존재하는 사물 현상을 가치 중립적으로 서술하는 것을 의미한다. 이러한 과학 지식에 관한 입장은 60년대 초반까지만 해도 논리실증주의에 의해 철학적 뒷받침을 받아왔다. 과학 이론을 구성하는 데 지각을 빼낼 수 없지만 바로 그러한 지각은 이미 이론에 의존되었음이 핸슨(N. R. Hanson)에 의해서 보여졌고, 과학의 발전은 패러다임적, 즉 범례적 변화를 의미함을 쿤(Thomas S. Kuhn)이 주장하여 과학적 지식에 대한 종래의 생각을 완전히 뒤집어놓았다.

한편 독일의 철학자 하버마스(Jürgen Habermas)는 인식이 '이익'과 뗄 수 없다는 주장을 갖고 나타났다. 지각은 사물과 가장 직접적인 접촉으로 전제되어왔다. 그러나 그 지각이 이미 지각자가 채택하고 있는 사물 현상에 대한 이론에 의존한다는 말은 지각에 의해서 우리들의 의식 속에 비치는 사물 현상이 이미 우리들이 갖고 있는 생각의 큰 테두리에서 결정된다는 말이요, 우리들이 다른 이론의 틀을 갖게 되면 사물 현상은 달리 지각될 수밖에 없다는 말이다. 이와 같은 사실은 과학적 지식이 어느 정도 주관적이라는 말이며, 그것은 사물 현상에 관한 인간의 지식이 인간이 갖고 있는 관심이나 가치관과 떼어서는 이해되지 않는다는 말이 된다.

그리고 쿤이 말한 대로 이른바 과학적 발전이 지식의 저축성(貯蓄性)을 나타내는 것이 아니고 패러다임의 대치로써 이루어지는 혁명적 성격을 띠고 있다면, 과학이 우리에게 보여주고 설명해주는 자연 현상은 고정된 객관적 사실이 아니라 어떤 틀 안에서 본 현상의 한 측면에 불과함을 함의한다. 또한 하버마스의 주장대로 모든 인식이 '이익'을 떠날 수 없다면 어떤 패러다임에 의해서 자연 현상을 해석하느냐도 우리의 '이익'에 의존함을 말한다. 어쨌든 어떠한 각도에서 보아도 과학은 객관적 자연 현상을 있는 그대로 보장해주는 것이 아니고 근본적인 차원에서 우리들의 이익, 즉 우리들의 가치관과 뗄 수 없이 얽혀 있음을 인정하지 않을 수 없다.

지각이 이론에 의존하고, 과학적 발전이 패러다임의 혁명적 대치를 의미하며, 어떤 패러다임을 채택하느냐는 과학자의 이익에 의해 좌우된다면, 과학적 지식은 마치 한 개인이나 한 사회의 주관적 의사나 의욕에 의해서 자유롭게 결정되는 것으로 착각될 수 있다. 과학적 지식이 인간의 주관적 관심이나 이익에 의해 많이 결정된다는 말은 과학적 지식이 인식 대상의 객관적 존재의 양식과 더불어 인식 주체자의 주관적 관심, 즉 이익과 서로 얽혀 있음을 지적함에 지나지 않는다. 어떤 객관적 자연 현상에 관심을 갖고 그 현상의 어떤 측면에 초점을 두고, 그 현상을 어떻게 보고 어떻게 설명할 것인가를 크게 좌우하는 주관적 관점, 이익, 가치관은 공백 상태에서 자유자재로 창조되거나 선택되는 것이 아니라 사물 현상의 객관적 존재, 이미 수용되고 있는 과학적 지식을 떠나서는 생각조차 할 수 없으며, 오로지 그러한 객관적 여건에 뿌리를 박을 때에만 의미 있는 주관성과 효율적으로 작동될 수 있는 가치관이 성립될 수 있다는 것이다.

이와 같이 객관적 자연 현상과 우리들의 주관적 가치관은 순환적 구조 속에서 상호 보완적 관계로 얽혀 있다. 바꿔 말해서 올바른 가치관을 세우고 보람 있게 살기 위해서는 과학이 제공하는 자연 현상 혹은 심리·사회 현상에 대한 객관적 지식을 갖추어야 하고, 정말 그 본래의 기능을 할 수 있는 과학을 발전시키기 위해서는 건전하고 올바른 가치관을 먼저 세워야 한다. 그렇지 않은 경우 과학은 인간 생활에 도움을 주기보다는 공허한 하나의 지적 유희로 끝나게 되고 더 나아가서 과학적 지식과 기술은 인류의 번영은커녕 파멸을 재촉하는 도구로서 작동될 수 있다. 과학과 가치관의 관계, 과학적 지식의 객관성과 가치관의 주관성과의 위와 같은 관계, 달리 말해서 자연과학과 인문과학의 위와 같은 관계에 비추어볼 때 인문과학의 중요성이 이해될 수 있다.

3. 인문과학의 중요성

과학은 두 가지 측면에서 인간의 승리를 말해주는 가치를 지닌다. 자연 현상에 대한 일종의 객관적 지식이라는 점 자체로서 과학은 순수한 지적 가치를 갖는다. 왜냐하면 앎은 빛이요, 빛은 해방이요, 해방은 자유요, 자유는 기쁨이기 때문이다. 지식으로서의 과학은 또한 도구적 가치를 어떤 다른 종류의 지식보다도 더 잘 발휘한다. 과학기술이 인간에게 가져온 혜택을 조금이라도 의심할 사람은 없다.

과학은 이와 같은 귀중한 가치를 갖고 있지만 과학이 자처하고 있는 바와는 달리 지식으로서는 편협적이다. 그러한 지식의 기술적 결과로서 과학은 무서운 위험성을 내포하고 있다. 많은 사람들 가운데 특히 하이데거(Martin Heidegger) 같은 실존철학자나 마르쿠제(Herbert Marcuse) 같은 마르크스주의적 철학자에게 과학은 사물 현상에 관한 진리를 보여주지 못한다. 아무리 엄격한 과학적 지식이라 해도 그것은 사물 현상의 극히 한 측면만을 드러내줌에 지나지 않는다. 사물 현상은 과학만으로는 서술될 수 없고 그밖의 다른 방식, 가령 예술적 표상을 요청한다는 것이다. 만약 과학적 표상만을 보고 그것이 사물 현상을 객관적으로 보여준다고 생각한다면 그것은 큰 착각이다.

과학적 지식이 기술화되어 그 결과가 인류에게 가져온 혜택은 자명하나, 반면에 과학적 기술의 발달과 무계획적 이용은 인류뿐만 아니라 지구상의 모든 생명의 멸종을 가져올 위험성을 다분히 내포하고 있다. 상상만 해도 끔찍한 위와 같은 가능성은 지난 약 30년 전부터 이론적 가능성에 머물지 않고 자칫하면 현실로 될 징후가 구체적으로 여러 가지 형태로 나타나게 되었다. 한 민족, 한 국가, 한 지역을 초월해서 현재 온 인류는 과학기술의 발달에 따른 위와 같은 위험성을 절박한 상황으로 맞게 되었다.

이런 상황에서 과학적 지식을 축적하고 과학기술을 개발한 우리 자신은 이제 그런 지식의 의미와 그런 기술적 가치에 대해 생각해야 한다. 우선 무엇 때문에 과학적 기술을 개발해야 하는가를 반성해야 하며, 만일 일반적으로 보아 과학적 기술 개발의 가치를 인정했을 경우에는 구체적으로 어떤 목적, 어떤 가치를 위해서 어떤 기술을 어떻게 개발하고 사용할 것인가를 새삼 결정해야 할 것이다. 그렇지 않고 맹목적으로 무조건 아무렇게나 되는 대로 과학기술을 개발해서는 안 된다. 그것은 실질적으로도 불가능하다. 그뿐 아니라 이러한 결정을 하기 위해서는 우리가 추구하는 가치, 이룩하고자 하는 가치에 대한 반성이 또한 필요하다. 왜냐하면 우리가 선택했다고 해서 그리고 우리가 추구한다고 해서 한 가치나 또는 한 목적이 다같이 타당한 것은 아니기 때문이다. 그런 목적이나 가치가 잘못된 것일 수 있다는 것이다.

과학적 기술의 엄청난 위험성을 극복하기 위해서 우리가 해야 할 가장 근본적인 작업은 과학기술을 가능케 하는 과학적 지식이 지식의 전부가 아니며, 사물 현상에 대한 가장 정확한 진리를 보여주지 못함을 인정해야 한다. 과학적 지식의 위대성을 우선 인정할지라도 그 지식의 단편적 성격에 눈을 떠야 한다. 요컨대 우리는 인식의 차원에서부터 과학 제일주의의 환상을 깨고 그 다음 실용적 차원에서는 과학기술 만능주의의 착각을 버려야 한다.

오늘날 인류가 각별히 과학기술 때문에 처하게 된 절박한 위기를 극복하기 위해서는 사물 현상을 과학이라는 하나의 부분적이고 단편적인 시각에서 보는 습관을 깨뜨리고 모든 것을 상호간의 관련 속에서 총체적으로 보는 안목이 우선 필요하다. 그러한 시각에서 우리가 추구하는 가치, 우리가 세운 목적의 의미를 항상 반성하고 재검토하는 능력을 갖추어야 한다. 이러한 능력 없이는 그릇된 가치를 추구하고 잘못된 목적을 세워 그런 목적을 위해 과학기술을 개발하고 활용하게 될 것이다. 우리가 이러한 상황에 언제까지나 놓여 있게 된다면 그 결과가 어떨 것인가는 논리적으로 자명하다.

그렇다면 사물을 반성적으로 또 전체적으로 볼 수 있는 지식을 어디서 찾을 수 있고 무엇을 통해서 배울 수 있으며, 우리가 추구하는 가치를 검토케 하고, 올바른 가치를 선택하는 작업은 어디서 어떻게 나타나며, 그러한 작업을 할 수 있는 능력을 어떻게 배울 것인가? 이런 맥락에서 인문과학, 즉 철학, 문학, 예술, 역사 등의 학문의 절대적 중요성이 밝혀진다.

인문과학, 오로지 인문과학이야말로 반성적 사고의 결실이며, 부단히 사물 현상, 우리들의 활동, 우리들이 언제나 선택해서 추구하고 있는 목적 등에 대한 의미와 가치를 반성하고 비판하고 그것을 수정 혹은 보완해서 새로운 가치를 시험하고 창조하는 마당이다. 역사를 통해서 우리는 과거 인류가 생존하며 추구했던 것이 무엇인가를 배우고, 문학작품, 예술작품을 연구하고 감상함으로써 우리는 인간들이 무엇을 생각하고 어떻게 느끼고 어떤 가치를 위해 고민하고 살아왔는가를 배운다. 그리하여 우리는 삶에 대한, 특히 인간의 삶에 대한 체험을 간접적으로 넓히고 이해심을 보다 깊이 할 수 있다. 예술작품을 연구함으로써 과학적 방식은 물론 어떤 다른 방식으로도 표현할 수 없는 인간의 생각, 감수성, 가치를 발견한다. 한편 이미 창조된 문학, 예술작품의 연구나 해석이 아니라, 자신이 그것들을 창조하는 작업을 통해서 우리들은 우리들 자신의 지성과 감수성을 보다 예리하게 닦고 그것을 바탕으로 새로운 관점과 가치를 창조하며 실행해본다. 과거의 위대한 철학가들의 저서를 통해서 우리 자신이 미처 생각지도 못했던 문제와 그 해결 방법을 생각하게 되고, 나아가서 우리 스스로 문제를 만들고, 그것을 해결하고, 모든 문제를 보다 비판적이며 조직적으로 생각하는 능력, 즉 스스로 철학적 사고를 할 수 있는 힘을 닦는다.

과학적 지식은 물론, 모든 지식이 인간이 선택한 가치와 궁극적으로 떼어 생각할 수 있음을 상기할 때, 그리고 모든 이른바 과학적 기술 발달이 어떤 성질의 목적을 전제함으로써만 결정되고 의미를 갖는다는 것을 새삼 깨달을 때, 위와 같은 기능과 내용을 가진 인문과학의 교육이 개인적으로 모든 사람에게도 그렇지만, 특히 긍정적이기도 하며 부정적일 수도 있는 양면의 힘을 잠재적으로 발휘하는 과학에 종사하는 사람들에게 얼마나 큰 중요성을 갖는가를 쉽사리 알 수 있다.

과학적 힘이 더욱 압도적으로 지배하게 된 오늘날, 과학자들에게는 물론 인문과학에 종사하는 사람들 자신까지도 인문과학의 의미가 차츰 의심스럽게 여겨지는 경향이 있다. 그 까닭은 하나의 철학적 논리, 한 편의 시, 한 곡의 음악이 일상생활에서 당장 필요하게 되는 것도 아니며, 그 자체가 상품이 될 수 없는 데 있는 것 같다. 그러나 저자의 논지가 어느 정도 근거가 있다면 이와 같은 생각이 어느 정도 잘못된 것임이 쉽게 이해될 것이다. 당장 보기에는 식생활에 물질적인 기여도

하지 못하고 당장 상품이 될 수도 없고 별로 유용할 수 없어 보이는 인문과학이지만 좀더 신중히 생각하고 분석하면 그것이 얼마만큼 중요한지가 확실해진다. 인문과학의 작업이 자연과학적 작업과 아무 상관이 없어 보일 뿐 아니라 오히려 때로는 자연과학적 발전에 저해가 될 수 있어 보일지도 모르지만 인문과학은 과학과 뗄 수 없고, 과학적 작업에는 이미 인문과학적 작업이 전제되었음을 잊어서는 안 된다.

한 사람, 한 사회에 있어 인문과학적 소양이 교육적으로 중요하다는 주장은 그런 소양이 과학적 소양보다 더 귀중하다든가 아니면 과학적 교육이 중요하지 않다는 뜻이 전혀 아니다. 나는 과학이 인류의 복지를 위해 이룩한 공헌을 누구보다도 앞서 인정하고 싶으며 자연과학 교육을 더욱 강조하고 싶다. 기술력과 경제력과 국제 경쟁 시대에서 최소한 우리들 자신의 생존만을 위해서라도 과학 교육은 더욱 강조되어야 한다.

그러나 과학 교육의 중요성은 인문학 교육의 중요성과 배치되지 않는다. 내가 여기서 강조하는 것은 최대한 시간과 정력을 할애해서라도 모든 전문적 과학자들에게, 모든 과학도들에게 인문과학 계통의 교육이 뺄 수 없는 교육의 일부가 되어야 한다는 점이다. 과학도에게 인문 교육은 비단 한 인간으로서뿐만 아니라 순전히 과학도로서도 중요함을 역설하는 바이다. 이와 같은 점을 주장하는 이유는 오늘날 과학과 기술 교육을 중요시하는 나머지 인문 교육을 지나치게 소홀히 하는 분위기를 사회에서, 더 좁게는 교육계에서 강하게 느낄 수 있기 때문이다.

과학자에게 이르기까지 인문 교육의 중요성이 있음을 인정하더라도 과학 교육과 비교해서 얼마만큼의 비중을 인문과학에 부여하느냐 하는 문제가 남아 있다. 이러한 문제에 대한 일률적 대답은 불가능하다. 그 대답은 한 사회 혹은 그 국가의 입장에서 볼 때 그것이 처해 있는 시대와 구체적인 경우에 따라 달라질 것이다. 만약 한 국가나 사회가 다른 국가나 사회에 비추어 기술적으로 크게 후진된 상태에 있다면 과학기술 교육이 더욱 강조되어야 할 것이다. 한 국가나 사회가 전쟁이라는 위기에 처해서 패배를 면하려고 모든 과학적 기술을 최대한도로 동원하고자 한다면 마땅히 과학기술은 잠정적으로나마 더욱 강조되어야 할 것이다. 개인의 관점에서 볼 때 나의 생계를 위해서 과학적 지식의 축적, 과학기술의 습득이 다급하지 않다고 볼 때 나는 인문과학을 더욱 중요시할 수 있다. 과학 교육과 인문 교육의 비중을 한 국가의 교육 정책상에서 볼 때 그것이 모든 학교, 모든 학생에게 일률적으로 결정될 수는 없다. 그것은 어느 분야의 학생 교육이냐, 어떤 종류의 학교냐에 따라 달라져야 한다. 그러나 아무리 전문적인 기술 교육을 하는 교육에 있어서나, 고도로 전문화된 과학자의 양성을 지향하는 고등 교육에서도 정도의 차이는 있을망정 인문 교육은 반드시 절대적인 필수 교육의 일부가 되어야 한다.

(『과학철학이란 무엇인가』, 민음사, 1993)

---

*이 글은 숙명여자대학교 국어교재편찬위원회가 펴낸 『대학국어』(숙명여자대학교 출판부, 1998)에 수록되어 있다.

지식진화와 학문간의 상호 영향

장회익

1. 머리말

근대 자연과학이 분화 발전해온 추세에 발맞추어 사회과학을 비롯한 거의 모든 학문 분야에서 세분화·전문화가 지속되어왔으며 현재에도 지속되고 있다. 이러한 학문 발전의 경향은 한편으로 학문 자체의 속성이 지닌 필연적인 결과라고도 보아지며, 다른 한편으로 학문을 수행하는 학자들의 능력 및 취향의 제한성에서 오는 결과라고 해석되기도 한다.

그러나 이유가 어떠하든간에 학문이 전문화되면서 학문과 학문 사이의 교류가 두절되고 서로가 서로를 이해하지 못하게 된다는 것은 학문 자체의 발전을 위해서나 그 학문을 활용하게 될 사회를 위해서 결코 바람직한 방향의 상황 전개라고 생각할 수는 없다. 따라서 우리는 인위적으로라도 학문과 학문 사이의 벌어져 나가는 간격을 좁히고 서로간의 이해와 협동을 촉진시키는 노력을 펼쳐보지 않을 수 없다.

이러한 취지에 따라 이 글에서는 우선 자연과학과 사회과학 사이의 가능한 상호 영향 및 협동 가능성을 지식진화라고 하는 다소 독특한 관점에 따라 살펴보기로 한다.

일반적으로 자연과학과 사회과학이 협동함으로써 어떠한 학문적 발전을 가져올 수 있을까 하는 문제는 크게 두 가지 방향에서 접근해볼 수 있다. 그 첫번째의 것은 역사적 사례들을 중심으로 하여 지금까지 어떠한 협동이 이루어져왔으며 이러한 협동을 통하여 어떠한 성과가 얻어졌던가를 고찰하는 접근 방법이며, 다른 하나는 이러한 과학 이론이 지닌 일반적 성격과 과학이 발전해 나가는 보편적 양식에 대한 고찰을 통하여 이들 학문 사이에 어떠한 영향이 교환될 수 있을 것인가를 살펴나가는 접근 방법이다.

이 첫번째 접근 방법은 실제적인 사례들을 제시하고 이를 분석함으로써 어떠한 결론에 도달하려는 것으로, 구체성과 실증성을 지닌다고는 하겠으나 방대한 자료의 수집과 이것의 분석을 위한 적지 않은 노력이 소요될 작업이므로 여기서는 오직 그 두번째 접근 방법, 즉 과학 이론의 성격과 과학 발전의 양식에 대한 일반적 고찰을 통한 접근을 시도해보기로 한다.

이러한 고찰을 위하여 제일 먼저 생각해야 할 문제는 인간의 지식, 특히 과학적 지식은 어떠한 방법으로 발전해가는가 하는 점이다. 인간의 지식은 우주 내의 많은 다른 현상들과 마찬가지로 어떤 고정된 사물이 아니고 역사의 진행에 따라 그침없이 변해가며 자라나는 현상이다. 그리고 이와 같은 성장 현상은 다윈의 진화론 이래 과학적으로 이해되기 시작한 사물의 진화 현상이란 입장에서 이해될 수 있는 것이며, 구체적으로는 생물진화 과정의 발전적 형태라고 생각할 수 있는 현상이다.

그러므로 우리는 과학적 지식의 발전을 현재 비교적 잘 알려진 진화 현상의 한 형태라는 관점을 취하고, 이러한 관점 아래서 자연과학과 사회과학이 서로 어떠한 관계를 맺고 있으며, 어떠한 영향을 주고받을 수 있는가를 고찰해보기로 한다. 지식의 발전을 진화의 한 형태로 취급하는 것은 물론 이 글에서 처음으로 시도하는 바가 아니며, 이미 많은 사람들이 이와 같은 관점에서 인간의 지식 그리고 더 일반적으로 문화의 발전 과정을 이해하려고 노력해왔다.

포퍼(Karl Popper)가 그의 저서 『객관적 지식 *Objective Knowledge*』(1972)에 'An Evolutionary Approach(진화론적 접근)' 라는 부제를 붙일 정도로 지식 자체를 진화론적 발전 과정 속에서 이해하려고 애쓰고 있는 것이 하나의 좋은 예라고 볼 수 있다. 그러나 포퍼를 비롯하여 대부분의 경우, 지식진화 과정을 생물진화 과정과 일대일로 대비시켜 상응하는 개념들을 구체적으로 검토하지는 않았으며 오직 지식 발전의 개략적인 형태를 진화론적 관념을 통해 이해하려는 데 그치고 있다.

이 글에서는 과학적 지식의 발전 과정을 가능한 한 구체적으로 생물진화 과정에 대비시킴으로써 그 발전의 요건들을 구명해보려 시도하겠으나, 이러한 과제는 그 자체로서 하나의 독립적인 연구를 요하는 것이므로 여기서는 오직 자연과학과 사회과학의 관계를 조명하는 데 필요한 정도만으로 한정하고자 한다.

2. 생물진화와 지식진화

우리는 이제 지식의 발전 과정을 생물진화와 대비시켜 검토하기 위하여 생물진화 이론의 핵심적인 내용을 간단히 개괄하고 이를 어떻게 지식진화의 경우에 적용할 것인지를 고찰해보기로 한다. 생물진화론은 그 자체에 방대한 내용을 지닌 것이며 또한 아직 모든 사람들이 합의하는 완성된 이론의 형태를 가진 것도 아니어서 여기서 그 내용을 서술한다는 것 자체가 쉬운 일이 아니다. 그러므로 우리는 이 점에 관해 독립적인 서술을 시도하기보다는 현대 생물학계의 진화 사상을 대표한다고 볼 수 있는 영국의 생물학자 와딩톤(C. H. Waddington)의 견해만을 간결히 소개하고 여기에 맞추어 논의를 진행하고자 한다.[1]

다윈에 의하여 그 기본적인 체계가 수립된 생물진화 이론은 다윈 이후에도 여러 차례에 걸쳐 크고 작은 발전의 과정을 거쳐왔다. 다윈 이론의 핵심적인 사상은 각각의 개체들은 어떤 불규칙적인 변이(random variation)를 가지게 되며 이 변이는 생물체를 통하여 외형적으로 나타나기도 하고 유전을 통하여 후대에 전해지기도 한다는 것인데, 이러한 변이가 생존에 유리하게 나타나는 경우에 그 변이를 지닌 개체 및 그 후손이 적자로 살아남게 된다는 것이다. 그러나 다윈 당시에는 이 불규칙적인 변이가 어떠한 방법으로 후대로 전해져가는가 하는 데 대해서는 거의 아무런 이해도 없었다. 그러다가 유전자에 관한 개념이 서서히 명백해지고 멘델의 유전법칙과 유전자에 예측할 수 없

---

1) C. H. Waddington, "Evolution in the Subhuman World", in *Evolution and Consciousness*, edited by E. Jantsch and C. H. Waddington, Reading, Massachusetts, Addison-Wesley, 1976.

는 변화를 주는 돌연변이(mutation)에 관한 수학적 이론이 형성되어, 1930년경에 이르러서는 진화 현상을 단순히 우연에 의한 돌연변이와 필연적인 자연선택(natural selection)의 두 가지 과정의 반복에 따라 진행되는 현상으로 이해하게 되었다.

그러나 그후 진화 이론에는 두 가지의 중요한 진전이 이루어졌으며, 오늘날에 이르러서는 진화 과정이 '우연과 필연(chance and necessity)'의 단순한 반복만으로 이루어지는 것이 아닌 좀더 복잡한 과정이라는 점이 명백해지게 되었다.

진화에 관한 이러한 새로운 사실들은 진화 과정 자체에 대한 이해를 깊게 해줄 뿐 아니라 우리가 앞으로 적용하려는 지식진화에 관해서도 중요한 의미를 함축하고 있으므로 그 내용을 다소 상세히 소개하기로 한다.

종래에는 생물의 개체군(population)이 몇 개의 예외를 제외하고는 거의 동일한 유전자들을 가진다고 생각했음에 반하여, 주로 도브잔스키(Dobzhansky)의 실험 및 현장 연구에서 명백해진 새로운 사실은 한 생물종의 개체군 속에는 무수히 많은 조금씩 서로 다른 유전자들이 섞여 있다는 점이다.

종래의 관념에 의하면 하나의 진화적 변화가 이루어지기 위해서는 변화에 알맞은 돌연변이가 우연에 의하여 나타날 것을 기다려야 하는 것으로 생각되었으나, 실제로는 거의 어느 경우에 있어서나 이미 여기에 알맞은 변종의 유전자가 그 개체군 속에 들어 있어서 단지 자연선택 과정에 의하여 이것이 효과적으로 선발되어 나오기만 하면 된다는 것이다.

이때 필요로 하는 것은 오직 변화가 일어나려는 방향으로 미세한 경향을 지닌 많은 유전자들이 쉽게 밀집되고 결합될 수 있어야 한다는 사실이다. 돌연변이가 하는 역할은 개체군 내에 변종들을 지속적으로 만들어넣어 이것의 다양성을 유지시키는 것이며, 환경의 압력이 자연선택 과정으로 하여금 필요한 방향의 변화를 초래하도록 만드는 것이다.

근래의 관심을 끌게 된 또하나의 중요한 사실은 돌연변이가 발생되는 것은 유전자(gene)를 통해서이지만, 자연선택이 이루어지는 것은 유전자 자체를 통해서가 아니라 그 유전자를 지니고 있는 생물체를 통해서 이루어진다는 사실이다. 이것은 특히 유전정보를 간직하고 전달하는 세부 사항들이 규명됨으로써 명백해진 사실이지만 이러한 사실이 지닌 의미를 진화 과정 속에 철저히 그리고 체계적으로 적용함으로써 진화에 관한 매우 심오한 새로운 해석을 내릴 수 있게 된 것이다.

이러한 고찰에 의해 밝혀지는 하나의 중요한 사실은 유전에 의해서 전해지는 유전형(genotype)과 자연선택에 의해서 선별되는 표현형(phenotype) 사이에는 하나의 단순한 대응 관계가 성립되지 않으며, 유전형, 표현형 그리고 환경의 삼자 사이에 복잡한 상관 관계가 형성된다는 사실이다.

우리는 이제 생물진화에 관한 이와 같은 사실들을 지식진화 과정에 적용시킴으로써 인간의 지식, 특히 과학적 지식이 바람직한 방향으로 발전해가게 될 요건들을 찾아보기로 한다. 그러나 우리는 이러한 이론의 적용에 앞서서 과연 생물진화에 적용되고 있는 이러한 진화 이론이 지식의 발달 과정에도 적용될 수 있을 것인가 하는 점에 대하여 잠깐 고찰해보지 않을 수 없다.

우리가 위에서 논의한 진화의 이론을 면밀히 검토해보면 유전에 의하여 보존되고 돌연변이에 의하여 변화될 수 있는 어떤 종류의 유전형과, 또한 외형적으로 나타나고 자연선택 과정에 의해서 선발될 수 있는 어떤 형태의 표현형만 정의될 수 있으면 진화 현상이라고 하는 것은 그 대상이 생물체이건 아니건 관계없이 일어날 수밖에 없는 구조를 가졌음을 알 수 있다. 다시 말하면 우리가 고찰하는 대상이 생물이든 지식이든 또는 다른 어떤 추상적인 내용의 것이든 간에 일단 이 대상에 대하여 유전형과 표현형에 해당하는 개념들만 명백히 규정할 수 있으면, 진화의 이론은 자동적으로 적용되는 것이라고 해도 좋은 것이다.

그러면 이제 과학적 지식의 발전 과정에 대하여 이러한 개념들을 어떻게 설정할 수 있는지 고찰해보자. 우리는 논의의 편의상 과학적 지식의 내용을 이루는 모든 것을 통틀어 '이론'이라 부르기로 하고 이 '이론' 자체에 대하여 객관적 존재성을 인정하기로 한다. 여기서 '이론'이라고 하는 것은 물론 인간의 정신 활동을 통해서 만들어지고 전해지는 것이지만 일단 '이론'이 만들어지고 나면 이것은 이것을 만들어낸 당사자나 전해진 과정에 관계없이 하나의 독립된 존재로 인정받을 수 있다는 것이며, 이것은 또한 포퍼가 과학적 지식을 보는 입장과도 동일한 것이다.

그러나 이와 같은 '이론' 자체는 추상적인 것이어서 구체적으로는 논문이나 저서 등 각종 언어적인 표현에 의해서 외형적으로 나타난다. 이러한 상황 아래 우리가 지식진화 이론을 위한 유전형과 표현형을 설정하는 데 두 가지의 서로 다른 관점을 취할 수 있게 된다. 한 가지 관점은 과학적 지식에 관하여 언어적으로 표현된 모든 기록을 유전형이라고 보고, 이러한 내용을 인간이 판독하여 이를 생활 속에 나타낸 모든 결과들을 표현형이라 보는 관점이다. 이것은 생물진화에서 유전형인 기록과 문화진화에서의 언어적 기록 사이의 유사성을 강조하고, 과학진화도 크게 문화진화 내지 생물진화의 연장선에서 보는 관점이다.

그리고 또하나의 관점은 다소 추상적이기는 하나 '이론' 자체를 유전형으로 보고 그 이론을 외형적으로 나타낸 각종 표현 형태들을 표현형이라고 보는 관점이다. 이렇게 될 때 인간의 각종 정신 활동은 이러한 과학 지식의 자연선택을 담당하는 환경 여건이라고 생각될 수 있다. 이제 과학 발전 자체를 인간 활동의 소산이라 보고 특히 바람직한 발전 방향을 모색하려는 입장에서는 후자의 관점에 입각하여 과학의 발전 과정을 이해하는 것이 유익할 것이며, 따라서 이 글에서는 이러한 관점을 취하기로 한다.

이제 우리가 택하는 관점을 좀더 명백히 요약해보면 과학적 지식의 내용을 이루는 '이론'이 객관적으로 존재하고 이것이 진화 과정 속에서 유전형의 역할을 한다는 것이며, 이와 같은 유전형이 인간 활동에 의해서 문헌 등 각종 표현 장치를 통해 외형적 형태를 지니게 될 때 이것을 우리는 표현형으로 생각한다는 것이다. 그리고 이러한 각종 표현형들은 우리들의 학문 활동에 의하여 끊임없는 검토를 받아 그 생존의 성패가 결정되며, 이것을 우리는 진화론적 자연선택 과정이라고 생각하는 것이다.

그러면 과학적 지식의 진화 과정에서 돌연변이란 무엇이며 이것은 어떠한 역할을 하는가? 어느 특정한 개인에게 전수된 과학 이론은 대부분의 경우 그 개인에 의하여 이해된 후 다시 새로운 형태의 표현형으로 재생되어나간다. 그런데 이때 재생된 이론이 처음 전수된 이론과 크게 달라지는 경우, 우리는 이를 돌연변이에 비교할 수 있다. 많은 경우에는 전수된 이론이 제대로 이해되지 못하여 왜곡될 수 있으며 이러한 경우는 대부분 의미 있는 표현형, 즉 논문 등으로 재생되어 나오지 못하거나 설혹 표현형을 취하게 되는 경우에도 곧 사장되어 그 존재 가치를 잃게 된다. 그러나 때때로 전수된 이론이 창의적 과정을 거쳐 좀더 발전된 형태의 새 이론으로 재생되어 나올 수 있으며 이 경우는 성공적인 돌연변이에 해당한다고 말할 수 있다. 이때에 그 환경 여건, 즉 학문 사회의 풍토 및 활동 여건이 강한 선택압력을 가진 경우에는 즉시 다른 경쟁 이론들을 이겨내고 학문적 적자의 위치를 점유하게 된다. 그러나 선택압력이 대단히 높지 않은 경우에는 또하나의 변종으로서 다양한 이론의 풀(pool) 속에 들어가 당분간 다른 경쟁 이론들과 공존 상태를 유지하게 된다.

우리는 이러한 관점에서 쿤이 말하는 과학혁명의 구조도 이해할 수 있다. 쿤에 의하면 과학혁명은 하나의 위대한 발견이나 천재적 이론에 의해서 이루어지는 것이 아니라, 하나의 기존 패러다임에 대해서 이와 상충되는 새로운 패러다임이 공존하다가 결국 우세한 패러다임으로 일종의 게슈탈트(gestalt) 변환을 하게 됨을 의미한다. 이러한 상황은 하나의 지배적인 '이론'에 대하여 이와 양립하지 않는 '이론'이 변동으로 출현하여 이것의 표현형이 지배적 이론의 표현형과 공존하다가, 결국은 어느 시기에 선택압력(selection pressure)에 의하여 우수한 이론이 지배적인 위치를 점하게 되는 상황으로 해석될 수 있다.

또한 쿤의 이론은 진화의 과정이 일회의 급진적인 돌연변이에 의해 일어나는 것이 아니라는 사실과도 잘 부합한다. 예를 들어 산소 발견에 대한 그의 설명을 보면, 산소의 발견이 어느 특정 시기에 어느 특정 인에 의하여 이루어진 것이 아니라 일련의 사상적 발전 과정 속에서 이루어졌다는 것이다. 이와 같은 점들은 과학 발전에 대한 진화론적 관점에 의해서 잘 설명될 수 있는 것들이다.

3. 자연과학과 사회과학의 구조 및 상호 관계

우리는 이제 자연과학과 사회과학이 그 발전 과정에서 서로 미칠 수 있는 영향을 고찰하기 위하여 이들을 영역별로 나누고 이들이 지닌 구조적 특성과 이들 사이의 상호 관계를 논의해보기로 한다.

우리는 흔히 인간의 경험 대상을 크게 자연 현상과 사회 현상으로 구분하여 각각의 현상에 대한 체계적인 지식을 자연과학과 사회과학으로 호칭하고 있으나, 구조적으로 볼 때 자연 현상을 다시 물리 현상과 생명 현상으로 구분하고 이들을 취급하는 물리과학과 생명 과학을 생각하여 사회과학과 함께 세 개의 과학 분야를 서로 비교해가며 고찰하는 것이 적절할 것 같다.

일단 과학을 이와 같이 세 분야의 학문으로 나누어놓고 보면 이들 사이에는 하나의 공통된 구조적 특성이 존재함을 곧 알 수 있다. 즉 이들은 모두 어떤 특정한 성격의 개체와 이러한 개체들의 집합체를 취급하고 있다고 말할 수 있다. 예를 들면 물리학에서는 원자라고 하는 개체를 중심으로 하여 한편에서는 이들의 구조 및 구성요소들에 관하여 연구하고 있으며, 다른 한편에서는 원자들의 모임, 즉 각종 분자 또는 응집체(condensed matter)의 성격에 관하여 연구하게 된다. 또한 생명과학에서는 생명의 최소단위라고 할 수 있는 세포(cell)를 중심 개체로 삼고, 한편에서는 세포의 구성요소 및 작용에 관해서 연구하며, 다른 한편에서는 이 세포들이 모여서 이루어진 생물체(organism) 또는 개체군에 관해서 연구를 해나간다. 사회과학의 경우에도 사회의 구성단위인 개인(person)을 중심 개체로 하여 개인, 즉 하나의 개별적 인간이 가지는 성격 및 이를 결정짓는 구성인자들을 연구하는 부분과 이러한 개인들이 모여서 이루는 공동체, 즉 각종 사회집단의 성격을 연구하는 부분으로 구분해볼 수 있다. 물론 이와 같은 개략적인 구분은 지나친 단순화의 위험을 안고 있으며 많은 분야의 연구 활동들이 이 모형에 부합되지 않는 것이 사실이지만, 한편 이와 같은 모형은 전반적인 특성을 한눈에 볼 수 있도록 제시해준다는 이점을 지니고 있다. 이제 이와 같은 구조적 특성을 도식화해보면 다음과 같다.

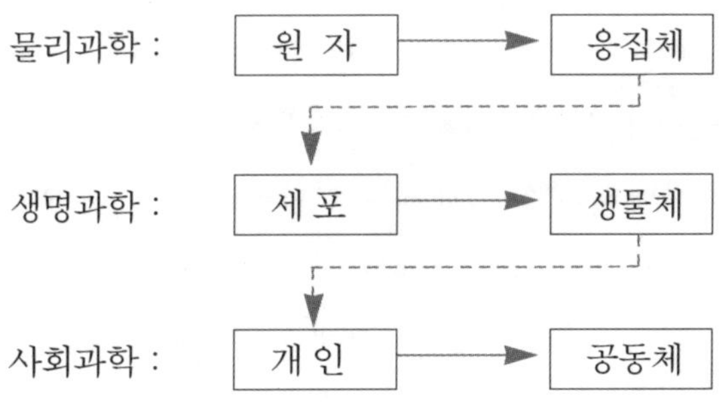

또한 과학의 학문 분야를 이와 같이 세 가지로 나누어 도식화해놓고 보면 이들 사이에 수직적인 연계성이 존재한다는 사실도 곧 파악할 수 있다. 위의 그림에서 점선으로 표시해놓은 바와 같이, 물리과학의 응집체는 곧 생명과학의 세포와 관련되고 생명과학의 생물체는 곧 사회과학의 기본단위인 개인과 관련을 맺고 있다. 말할 것도 없이 물리 현상으로서의 응집체, 예를 들면 대형분자(macromolecule)들의 구조와 성격을 이해하면 이것이 곧 생명 현상의 기본단위인 세포의 성격과 기능을 이해하는 데 크게 도움을 주며, 또한 생리 현상으로서의 두뇌의 구조와 작용을 이해하면 사회의 구성단위가 되는 한 개인의 심리적 상황을 이해하는 데 크게 기여할 것이 틀림없다. 그러나 과학 분야간의 이러한 연계성이 통합과학론자들의 이른바 미시환원(micro-reduction) 관계를 말하고 있는 것은 아니다.[2] 이들 관계는 오히려 물질·생명·정신에 대한 계층적 존재론에 바탕을 두고, 이 세 가지 분야의 과학이 각각 이들 각 계층에서 나타나는 현상을 취급하는 과학이라는 입장을 취하는 동시에 이들 세 계층간의 상호 중첩 관계를 표현해준 결과라고 할 수 있다.

그러면 이제 과학의 이와 같은 구조적 특성과 분야간의 관계에서 얻어지는 몇 가지 결과에 대해 고찰해보자. 이 세 분야의 과학들은 모두 하나의 중심적인 개체 및 이들의 집합체를 취급한다는 공통된 특성으로 인해 이론 형태에서 두 가지 커다란 유사성을 가진다. 첫번째 유사점은 이들이 하나의 중심적 대체를 취급하는 데 있어 이것을 비교적 소수의 상이한 구성요소들로 분리하고 이 구성요소들이 어떠한 방법으로 서로 얽혀 하나의 특성적인 개체를 이루는가 하는 점에 관심을 모은다는 공통점에서 오는 유사성이다.

가령 원자를 취급할 때 이들을 원자핵과 전자들로 구성요소를 분리하고 이들간의 상호 작용에 따라 이들이 어떻게 결합하여 하나의 특성적인 원자의 성격을 나타낼 수 있는가 하는 문제를 취급하게 되며, 또한 하나의 세포를 취급하는 경우에도 세포의 구성요소들을 세포막, 세포핵, 미토콘드리아 등으로 구분하여 이들이 가지는 성격과 기능을 검토한 후 이들이 어떻게 서로 모여 세포의 기능을 할 수 있게 되는가 하

---

2) R. L. Causey, *Unity of Science*, Dordrecht, Holland, Reidel, 1977.

는 점을 연구하게 된다. 마찬가지로 하나의 개인을 놓고 그 심리적 특성을 연구하는 데도 개인의 성격을 규정하는 각종 요인들, 즉 본능이라든가 감정, 지능 등을 검토하고 이러한 요인들의 배분 및 결합 방식에 의하여 한 개인의 성격적 특성을 추출해볼 수 있을 것이다.

그리고 두번째 유사점은 이 세 분야의 과학들이 모두 개체들로 구성된 하나의 집합체들을 취급한다는 데서 나타난다. 이들 각 분야의 과학에서 물리적 응집체, 유기적 생물체 그리고 사회적 공동체 들이 비교적 다수의 서로 흡사한 개체들로 구성된 것으로 보아, 이들간의 비교적 약한 상호 작용에 의해 이들이 어떻게 유기적인 또는 규칙적인 시스템을 이룰 수 있는가 하는 데 관심을 가지게 된다. 이것은 물리과학에서 오래 전부터 문제삼아온 이른바 '다체 문제(many-body problem)'이며, 이때는 개체 상호간의 특정된 협동 작용으로 인해 개체 자체의 성격만으로는 쉽게 예상할 수 없는 '협동 현상(cooperative phenomena)'이 나타나게 된다. 이러한 협동 현상들은 말할 것도 없이 물리 현상, 생명 현상, 사회 현상에 모두 나타나는 것으로서 이들 사이에 긴밀한 유사성이 존재하리라는 것은 쉽게 추측할 수 있다.

우리가 구분한 세 분야의 과학들 사이에 존재하는 이러한 유사성들은 경우에 따라서는 거의 피상적인 것에 불과할 수도 있고 또 이러한 유사성을 지나치게 강조함으로써 발생하는 오류도 경계해야 되겠지만, 한편 학문의 연구 방법이나 이론 체계의 구성에서 이러한 유사성을 최대한으로 활용하여 학문 분야간에 서로 도움을 준다는 것은 매우 바람직한 일이라 할 수 있다. 근자에 여러 분야에서 관심을 끌고 있는 일반시스템 이론(general system theory)은 이러한 유사점에 기초를 두고 시스템을 구성하는 구체적 개체들의 성질에는 관계없이 이들의 모임 속에 나타나는 현상들을 연구하는 데 초점을 두고 있으며, 이러한 면에서 앞으로 분야간의 협동을 도모하는 데 크게 기여할 것으로 생각된다.[3]

우리가 과학을 이와 같이 세 영역으로 나누어볼 때, 앞에서 언급한 바와 같이 이들 사이에는 유사성뿐 아니라 수직적인 연계성이 존재한다. 이제 이 점에 대해 좀더 구체적으로 고찰해보자. 물리과학의 응집체에 관한 이해가 생명 현상을 이해하는 데 도움을 주고 있는 사실은 최근에 크게 각광을 받고 있는 분자생물학에서 그 예를 찾아볼 수 있다. 세포 내에서 유전정보를 보존하고 이를 전달하며 지시된 현상을 실현시키는 DNA와 단백질의 구조 및 기능이 분자론적으로 밝혀짐으로써 오늘날 우리는 생명 현상의 본질적인 이해에 한층 접근하고 있다. 물론 이러한 학문적 진척은 그 자체로써 생명 현상을 물리 현상으로 환원시켰다거나 또는 환원시킬 수 있음을 보인 것은 아니다. 아직도 단순한 물리적 현상만을 나타내는 응집체의 성질과 생명 단위로서의 살아 있는 세포들 사이에는 뛰어넘기 어려운 간극이 존재하고 있으며, 이들의 관계를 좀더 명백히 밝혀내는 것은 현대 과학의 커다란 과제로 남아 있다.

이와 매우 유사한 관계가 하나의 생물체로서의 인간과, 인격 및 정신의 소유자로서의 인간 사이에 존재한다. 현대의 신경생리학은 인간의 두뇌 작용에 대한 많은 새로운 사실들을 밝혀주고 있으며, 머지않아 인간의 정신 현상과 신경세포들의 생리 현상 사이에 존재하는 깊은

---

3) L. Bertalanffy, *General System Theory*, New York, George Braziller, 1968, E. Laszlo, *Introduction to Systems Philosophy*, New York, Harper and Row, 1972.

관련성이 규명될 전망을 보이고 있다. 물론 여기서도 정신 현상이 생리 현상으로 환원된다거나 환원되어야 한다는 것을 의미하는 것은 아니다. 그러나 데카르트 이래로 오랜 논쟁의 대상이 되어오던 이른바 '신체정신(body-mind) 문제'라는 철학적인 문제에 대해서도 현대 과학은 해결을 위해 커다란 진척을 보여주고 있는 것이 사실이다.

4. 현재의 상황과 당면한 과제

우리가 앞에서 검토한 바와 같이 자연과학과 사회과학은 그 구조적 특성으로 보아 유사성과 연계성을 통해 서로간에 크게 영향을 주고받을 수 있는 관계를 지니고 있다. 그러나 현실적으로는 특별한 연계성을 지니고 있는 몇몇 분야를 제외하고 거의 모든 연구 활동이 자연과학과 사회과학 사이에 거의 완벽하게 격리되어 진행되고 있다.

우리가 이와 같은 상황에 도달하게 된 원인을 진화론적 입장에서 생각해본다면 이들 과학들의 진화 과정에서 선택압력이 지나치게 전문화의 방향으로 작용했다고 해석할 수 있다. 이제 과학 발전을 크게 지식 축적과 이해 증진이라는 두 가지 면으로 생각한다면, 전문화의 경향이라고 하는 것은 이해 증진보다는 지식 축적에 역점을 두는 경향이며 이는 다시 즉각적인 응용 가능성을 추구하는 데서 빚어지는 결과라고도 말할 수 있다.

물론 지식을 축적하고 응용 가능성을 추구하는 것 자체가 잘못된 것이라고는 할 수 없겠으나, 여기에 상응한 이해의 증진이 수반되지 않을 때 몇 가지 문제점이 따르게 된다. 그 첫째는 과학 자체의 발전 가능성을 축소시키는 것이다. 앞에서 논의한 바와 같이 진화의 과정은 한두 개의 돌연변이로 이루어지는 것이 아니라 수많은 상이한 유전자의 풀(pool) 속에서 환경의 압력에 따라 새로운 변종이 효과적으로 결합되고 선발되어 나옴으로써 이루어지는 것이다. 그런데 지나친 전문화의 과정은 이러한 풀의 다양성을 감축시키고 상이한 유전자들간의 결합 가능성을 감소시키는 결과가 되어 더이상 발전적인 진화를 어렵게 하는 것이다. 둘째로 전문화의 경향이 초래하는 위험성은 학문간의 균형된 발전을 저해하고 이미 조성된 불균형의 상태를 더욱 조장할 수 있다는 점이다. 모든 학문 분야들은 그 당시 처해진 상황에 따라 좀더 빨리 발전할 수도 있고 그렇지 않을 수도 있다. 그런데 전문화의 경향은 필연적으로 이러한 격차를 더욱 증대시킴으로써 불균형을 심화시킨다.

그러므로 우리는 현재 지나치게 전문화의 방향으로 작용하고 있는 선택압력을 되도록 보편화의 방향으로 돌리는 것이 학문 자체의 균형된 그리고 장기적인 발전을 위하여 요망되는 일이라 할 수 있다. 그러면 우리는 어떠한 방법으로 이 선택압력을 조절할 수 있는가? 앞에서 논의한 바와 같이 자연선택을 수행하는 것은 인간의 각종 정신 활동이며 자연선택이 이루어지는 세상은 과학 지식의 표현형인 각종 문헌 등의 표현물이다. 그러므로 우리는 의식적으로 과학 지식의 각종 표현물에 대하여 새로운 방향으로 선택압력을 행사하지 않으면 안 된다.

그런데 현실적으로는 이와 같은 선택압력의 조정이라는 것이 대단히 어려운 작업임을 지적하지 않을 수 없다. 이 점을 이해하기 위하여 우리는 현대 학문의 대표적인 표현형인 각종 학술지의 성격에 대하여 간단히 고찰해보자.

첫째로 대부분의 학술지들은 게재 대상을 극히 좁은 전문 분야에 한정하고 있다. 최근에 이르러 학문간(interdisciplinary) 연구 내용을 대상으로 하는 소수의 학술지들이 등장하고 있으나, 아직 보급면에서나 영향면에서 일반 전문지들에 비교할 정도가 되지 못한다. 그러므로 이러한 방향의 연구가 수행되었다 하더라도 응분의 공적 인정이 수반되는 발표의 창구를 발견하기 어렵다. 그리고 둘째로 전문적인 학술지에서는 게재용 논문의 심사 기준으로서 이해의 증진이라는 면보다는 새 지식의 발굴이라는 면에 더 치중하고 있으며, 더욱이 신빙성이 우려되는 주장에 대해서는 강력한 규제를 하고 있다. 이것은 물론 그 학술지 자체의 신빙도를 높인다는 면에서 당연히 납득할 만한 사실이지만, 이러한 것이 전문화의 경향을 조장시키고 학문의 폭을 좁혀가고 있는 것이다. 그리고 세번째로 거의 어느 분야의 학술지에서나 해당 분야의 전문가 이외에는 해독하는 것이 거의 불가능할 정도로 표현 방식이 전문화되고 있다는 점이다. 이것 역시 내용의 정확성을 기하고 중복을 피하며 책의 분량을 조정해야 하는 현실적 배려에서 나온 현상이지만 학문의 전문화를 촉진시키는 중요한 구실을 하는 것이다.

그러므로 이제 학술지의 성격 하나만 보더라도 전문화로 지향된 선택압력의 방향을 조정한다는 것이 현실적으로 얼마나 어려운 일인가를 추측할 수 있다.

여기에 더하여 전문화를 목표로 하는 교육 제도의 문제, 전문성을 위주로 하는 취업의 문제 등이 모두 이러한 추세로의 전환을 어렵게 해주는 요소들이라 할 수 있다.

이러한 상황에 접하여 우리는 시급히 새로 발생된 현상, 즉 인간의 과학적 지식이라는 현상을 연구하는 또하나의 과학, 즉 과학의 과학을 탄생시키지 않을 수 없다.[4] 그리고 이 새로운 과학의 연구 결과로 이러한 상황에 대한 본격적인 시정을 수행해야 하리라고 생각된다.

그러면 이제 자연과학과 사회과학 사이에 좀더 활발한 교류가 가능하다고 하면 이 두 분야의 과학은 어떤 면에서 서로 혜택을 얻을 수 있을 것인가? 먼저 사회과학의 측면에서 볼 때 그간 자연과학에서 개발된 각종 이론 체계, 특히 그 수학적 구조 속에 들어 있는 아이디어들을 검토하여 사회과학의 이론 구성에 적용해볼 수 있을 것이다. 예를 들면 물리학에서의 자성 규칙화(magnetic ordering) 현상은 하나의 유비(analogy)로서 사회심리학에서의 유행성 등을 이해하는 데 적용될 수 있다.[5] 그리고 사회과학의 난점의 하나로 실험 및 관측의 곤란성을 지적할 수 있으나, 이는 비교적 실험 및 관측이 용이한 자연과학 속에서 그 아날로지를 찾을 수 있으면 어느 정도 극복될 수 있을 것이므로 자연과학과의 유사성을 통하여 사회과학에서 취할 수 있는 이점들은 적지 않을 것으로 예상된다.

그러나 한편 자연과학으로 인한 불리한 영향도 배제할 수 없다. 이것은 주로 인식론적인 문제로서 자연과학에서 개발된 학문 형태를 무모하게 답습함으로써 사회과학 고유의 발전 방향을 찾아내는 데 지장을 초래할 수도 있는 것이다. 그러나 크게 보아 사회과학 발전을 위한 선택압력이 어느 방향으로 미치든 간에 인접한 자연과학 속에 저장된 아이디어 풀(idea pool) 속에서 필요한 아이디어들을 선발하여 활용할 수 있다면 사회과학의 진전을 위하여 크게 도움이 될 것임은 틀림

---

4) 송상용, 『교양과학』, 우성문화사, 1980.

5) E. Callen and D. Shapero, "A Theory of Social Imitation", *Physics Today*, July, 1974.

없는 사실이다.

　다음에 자연과학측 입장에서 사회과학과의 교류에 의해 얻을 수 있는 이점을 살펴보자. 현재의 학문 발전 단계에서 보면 자연과학이 사회과학에 비해 월등히 앞서 있으므로 이론 체계에서나 연구 방법에서 직접적으로 도움을 받을 일이 많지 않을 것이나, 자연과학은 자체의 특성을 보완한다는 점에서 간접적인 도움을 받을 수 있다. 즉 자연과학에서는 진화의 선택압력이 매우 강하여, 두 개 이상의 상반된 이론 체계가 공존하는 경우가 매우 드물다. 그러므로 많은 경우에 기존의 패러다임 속에 안주하여 기존의 이론 체계를 과신하는 경향이 있다. 여기에 비해 이웃 사회과학에서는 거의 언제나 상반된 패러다임들이 대결하여 지적 긴장을 유지시키고 있으며, 이러한 상황은 간접적으로 자연과학에 대해서도 패러다임 비판을 일깨워주는 역할을 할 수 있다. 특히 이러한 패러다임이 자연과학과 사회과학 사이에 서로 유사점을 가진 문제와 결부될 때는 더욱 중요한 영향을 주게 될 것이다.

　사회과학이 자연과학에 좀더 직접적인 영향을 줄 수 있는 것은 사회과학 자체가 독자적인 방법으로 학문적 진전을 얻었을 때이다. 자연과학의 측면에서 볼 때 사회과학은 자연과학보다 훨씬 복잡한 문제를 지니고 있으며 이 복잡한 문제에 대해 의미 있는 해결을 얻었다는 것은 항상 복잡한 문제의 근사적 해법을 찾기 위해 고심하는 자연과학에 대해 새로운 활로를 열어주는 결과가 될 수 있기 때문이다. 그리고 자연과학 측에서 보더라도 다양한 아이디어 풀을 옆에 지니고 있다는 것은 진화의 선택압력에 성공적으로 대처하는 데 커다란 도움을 줄 것임은 물론이다.

　마지막으로 자연과학과 사회과학의 성공적인 교류를 통해서 얻을

것으로 기대되는, 어쩌면 가장 중요한 또하나의 성과는 자연과학도 사
회과학도 아닌 통합과학의 성취 가능성이다. 이는 반드시 어느 하나가
다른 하나 속으로 환원되는 것을 의미하는 것이 아니라, 자연 또는 사
회 현상이라는 제약 조건을 떠난 좀더 광범위한 적용 대상을 지닌 과
학의 출현을 의미하는 것이다. 앞서 언급한 시스템 이론을 비롯하여
정보 이론[6], 카타스트로피(catastrophe) 이론[7] 등 최근에 관심을 모으
는 많은 연구들이 이러한 경향을 띤 것이라고 말할 수 있다.

5. 맺음말

　인간의 과학적 지식은 오늘날 커다란 불균형 상태에 놓여 있다. 현
재 우리의 과학적 지식 가운데 가장 정확하고 보편적인 지식은 아마
원자, 특히 수소 원자에 관한 지식일 것이다. 이는 자연 및 사회 현상
을 망라하는 전체 과학을 하나의 스펙트럼에 펼쳐놓고 볼 때, 물리과
학의 한쪽 귀퉁이를 점유하는 부분이다. 그리고 이 원자로부터 대상
시스템의 규모가 커질수록 우리의 지식은 거기에 비례해서 점점 불확
실해지며, 마지막에 사회 현상으로 오면 거의 아무런 체계적인 이론을
찾아내기 어려운 상황이다. 인간의 지식에 대한 이와 같은 불균형은
지식진화 과정에서 비롯한 거의 필연적인 결과이겠지만, 한편 급속히
극복되어야 할 사항이기도 하다. 특히 사회 문제에 대한 이해의 부족

---

6) S. Guiasu, *Information Theory with Applications*, New York, McGraw-Hill, 1977.
7) R. Thom, *Structural Stability and Morphogenesis*, Reading, Massachusetts, Benjamin, 1975.

은 그것의 영향력이 날로 증가하는 것에 비례하여 우리가 점차 알지 못할 사회로 이끌려가면서도 속수무책의 상황 속에 남아 있게 된다는 불안을 야기시킨다.

그러면 과연 어떤 방법으로 극복을 시도할 수 있을 것인가? 이것은 어쩌면 현재 지식의 상태와는 정반대의 극단에서 출발해야 할는지도 모른다. 현재 우리 지식이 원자에 관해서 가장 철저하다면, 새로 출발할 지식은 우리의 생존권에 대한 철저한 지식에서 출발하여 이것으로부터 모든 다른 지식들을 위한 규범을 만들어나가야 할 것으로 생각된다. 그리고 이 두 극단을 조화 있게 연결한 하나의 균형된 지식이 우리의 생존에 대한 의미와 편의를 제공하게 되도록 우리 모두가 노력해야 할 시기에 이르렀다고 생각된다.

(『과학과 메타과학』, 지식산업사, 1990)

---

* 이 글은 서울대학교 대학국어작문편찬위원회가 펴낸 『대학국어작문』(서울대학교 출판부, 2000)에 수록되어 있다.

물리학을 연구하다

베르너 하이젠베르크

　나의 고교 시절과 대학 시절 사이에는 깊은 단절이 있었다. 고등학교 졸업시험 뒤, 지난봄에 슈타른베르크 호(湖)에서 원자론에 관해 논쟁을 벌였던 그 친구들과 다시 프랑켄 지방을 여행하였고, 그 뒤 나는 심한 병에 걸려 몇 주일 동안 고열에 시달리지 않으면 안 되었다. 이같이 아주 위험했던 몇 달 사이에 나는 어려워서 절반 정도밖에는 이해할 수 없었지만 그 내용이 나를 매혹시킨 한 권의 책을 입수하였다. 수학자 헤르만 바일(Herman Weyl, 1885~1955)이 아인슈타인의 상대성 이론의 원리를 수학적으로 서술한 『공간 시간 물질』이라는 저서였다. 이 책에 전개된 어려운 수학적 방법에 대한 분석과 그 뒤에 깔려 있는 추상적인 상상 체계는 나를 흥분시켰다. 이 책은 이미 뮌헨 대학에서 수학을 전공하려고 마음의 결정을 짓고 있었던 내 결심을 더욱 굳히게 해주었다.

　　그러나 대학에서의 바로 첫날, 나에게는 참으로 뜻밖의 기이한 일이 벌어졌다. 뮌헨 대학에서 중세 그리스어와 근대 그리스어를 가르치고 있었던 아버지가 나에게 수학 교수 린데만(Ferdinand von Lindemann, 1852~1939)과의 상담을 마련해주었던 것이다. 린데만 교수는 그때까지도 해결되지 않았던 오래된 문제인 원의 구적법(求積法)에 대한 최종 해결을 이룩한 것으로 유명한 교수로 대학 행정에도 참여하고 있었다. 나는 고등학교 시절에 쌓아올린 수학 실력이 린데만 교수의 세미나에 참석하기에 충분하다고 자부하고 있었기 때문에 교수에게 그 세미나에 참가하도록 허락해달라고 요청하려던 참이었다.

　　나는 기묘하게 고풍으로 장식된 어두컴컴한 대학 건물 이층에 자리 잡고 있는 연구실로 린데만 교수를 방문하였다. 어딘지 딱딱한 방 분위기가 나를 약간 위축시켰다. 아주 천천히 일어선 교수와 이야기를 나누기 전에 그의 책상 바로 옆에 웅크리고 앉아 있는 검은 털이 난 작은 강아지 한 마리가 눈에 띄었다. 이같은 분위기 속에서 이 강아지는 나에게 파우스트의 서재에 있었던 삽살개를 즉각 연상시켰다. 거무스름한 이 네발짐승은 나를 적의에 찬 눈초리로 응시하고 있었다. 녀석은 분명히 나를 자기 주인의 평안을 방해하려는 침입자로 간주하는 모양이었다. 나는 순간 당황할 수밖에 없었다. 그래서 말을 더듬으면서 용건을 말하게 되었다. 그러나 말을 해놓고 보니 나의 태도가 얼마나 불손하였는가를 나 자신도 느낄 수가 있었다. 하얀 구레나룻을 하고 약간 피로한 기색인 노교수도 나의 이 불손한 태도가 마음에 거슬렸는지 다소 불쾌한 기색이 감돌았고, 그것을 눈치챘는지 강아지가 무섭게 짖기 시작했다. 교수가 그것을 멈추게 하려고 애를 썼으나 막무가내였다. 이 작은 짐승은 점점 기승을 부리며 사납게 짖어 우리의 대화를 점점 더 어렵게 만들었다.

　그래도 교수는 나보고 최근에 무슨 책을 공부했느냐고 물었다. 그래서 나는 바일의 저서 『공간 시간 물질』을 공부했다고 대답하였다. 작고 검은 '파수꾼'의 지속적인 소란 속에서 교수는 "그렇다면 자네는 이미 수학을 하기에는 너무나 비뚤어진 길을 갔구먼"이라는 말로써 대화를 끝내버리고 말았다. 나는 하는 수 없이 물러날 수밖에 없었다.

　수학 공부는 이렇게 해서 끝장이 나고 말았다. 실의에 찬 나는 아버지와 상의한 끝에 수리물리학을 시도해볼 수 있겠다는 결론을 얻을 수 있었다.

　그래서 좀머펠트(Arnold Sommerfeld, 1868～1951) 교수를 방문하기로 합의를 보았다. 그는 당시 뮌헨 대학에서 이론물리학 분야를 대표하고 있었고, 그 대학에서 가장 우수한 교수의 한 사람으로 꼽히고 있었을 뿐만 아니라 젊은이들의 좋은 이야기 상대로 알려져 있기도 했다. 좀머펠트는 환한 방에서 나를 맞이하였다. 방의 창문을 통해 교정 안의 큰 아카시아나무 아래 놓여 있는 벤치에 학생들이 앉아 있는 모습을 볼 수 있었다. 군인풍의 검은 콧수염을 기르고 있는 작달막한 이 사람은 일견 엄한 인상을 풍기고 있었다. 그러나 나는 그의 첫마디에서 그의 솔직한 호의를 느낄 수 있었고, 지도와 충고를 찾아서 자기에게 온 젊은이에 대한 친절을 느낄 수 있었다. 학교 공부 틈틈이 추구하였던 내 수학 공부와, 바일의 책 『공간 시간 물질』에 관한 애기가 나왔을 때 좀머펠트는 린데만과는 전혀 다른 반응을 보였다.

　그는 다음과 같이 말했다.

　"학생은 너무나 야망이 크군요. 가장 어려운 것부터 시작했다고 해서 더 쉬운 문제가 저절로 이해된다고는 말할 수 없지요. 나는 학생이

상대성 이론의 문제 영역에 매혹되어 있다는 것을 충분히 이해합니다. 현대 물리학에서는 여러 다른 영역에 걸쳐 철학적 기본 명제가 문제로 제기되고 있으며, 또한 전혀 새로운 종류의 인식을 문제삼는 영역에까지 진출하고 있는 것도 사실입니다. 그러나 그곳으로 가는 길은 지금 학생이 생각하고 있는 것보다 더 먼 곳에 있습니다. 따라서 학생은 전통적인 물리학의 영역에서부터 겸손하고 세심한 작업을 해나가기 시작해야 할 것입니다. 학생의 이야기를 들으니 이론물리 쪽으로 기울어지고 있는 것 같군요. 학생은 고등학교 시절에 가끔 도구를 사용하여 실험을 해본 적이 있을 터인데……"

나는 고등학교 다닐 때 조그마한 실험장치나 모터, 그리고 유도 코일 등을 즐겨 만들어보았다고 답하였다. 그렇지만 전체적으로는 실험장치의 세계와 친숙하지 못한 편이고, 별로 중요하지도 않은 데이터를 정밀하게 측정하기 위해서 세심한 주의를 기울여야 한다는 것은 아주 견뎌내기 어려운 일이었다는 것도 말했다.

"그러나 학생이 이론물리를 한다 하더라도, 학생에게 별로 중요하다고 생각되지 않는 작은 문제들도 역시 세심하게 다루어야 합니다. 가령 아인슈타인의 상대성 이론이나 플랑크의 양자론과 같은, 철학에까지 미치는 큰 문제를 다루는 데 있어서도 이제 겨우 초보를 넘어선 사람들 정도가 해결해야만 하는 작은 문제들이 있습니다. 이와 같은 문제들을 포괄하는 전체 안에서 비로소 새롭게 개척되는 영역의 한 상을 파악할 수 있게 되는 것입니다."

내가 이때 "그러나 저는 그같이 사소한 문제들보다는 그 뒤에 가로 놓여 있는 철학적 문제에 훨씬 더 흥미를 느끼고 있습니다"라고 수줍게 반박하였지만, 좀머펠트 교수는 좀처럼 흡족해하지 않았다.

"그러나 학생은 실러가 칸트와 그의 주석자들에 대해 한 다음과 같은 말을 기억하겠지요. '왕이 공사에 착수해야 비로소 일꾼들에게 할 일이 생긴다.' 처음에 우리들은 모두 일꾼입니다. 학생도 보다 작은 일을 세심하게 그리고 성실하게 해나가서 그 결과로 우리가 바라는 무엇인가 뜻있는 일이 생긴다면 그때 참다운 기쁨을 알게 될 것입니다."

그리고 교수는 이제부터 내가 연구를 시작하는 데 필요한 사항을 지시해주었고, 내가 나의 능력을 시험할 수 있도록 최근의 원자론에서 논쟁이 되고 있는 조그마한 문제 하나를 제시해줄 것을 약속하였다. 이렇게 해서 그후 몇 년 동안 좀머펠트 문하에 몸을 담게 되었다.

현대 물리학에 정통하고 상대성 이론과 양자론에서 중요한 발견을 한 이 석학과의 첫 대화는 그후 오랫동안 나에게 영향을 끼쳤다. 작은 일에 세심하라는 요청을 나는 잘 이해할 수가 있었다. 왜냐하면 아버지한테서도 이와 같은 주의를 자주 들었기 때문이다. 그러나 내가 깊이 관심을 가지고 있었던 영역이 아직도 먼 곳에 있다는 사실은 나를 매우 실망시켰다. 따라서 좀머펠트 교수와의 첫 대화에 관해서 친구들과 많은 이야기를 나누게 되었는데, 그중에서 현대 물리학이 우리가 살고 있는 이 시대의 문화적 발전과 어떤 관련성을 가지고 있는가에 관한 대화가 기억에 남아 있다.

나는 그해 가을, 앞에서 말한 프룬 성에서 '샤콘'을 연주했었던 바이올리니스트와, 훌륭한 첼리스트인 발터라는 친구 집에 자주 모였다. 우리는 고전적 삼중주곡을 마스터하려고 노력하고 있었고, 어떤 축제를 위해서 유명한 슈베르트의 삼중주 B장조도 연습하고 있었다. 발터의 아버지는 일찍 돌아가셨기 때문에 그의 어머니가 두 아들과 같이 엘리자베트 가(街)에 있는 세련되게 정돈된 꽤 큰 집에서 살고 있었다. 그 집은 호엔졸레른 가에 있는 우리집에서 몇 분밖에 안 걸리는 거리에 있었는데, 그 집의 거실에 있는 베크슈타인 회사 제품의 훌륭한 그랜드 피아노는 내게 피아노 연주의 기쁨을 한층 북돋워주었다. 협주 연습을 하느라고 우리는 밤늦게까지 앉아서 이야기에 꽃을 피우곤 하였다. 때로는 내 전공에 관한 이야기도 나오곤 했다. 발터의 어머니는 내게 왜 음악을 전공하지 않았느냐고 물었다.

"학생은 연주 솜씨로 보나 음악에 대해 얘기하는 투로 보나 자연과학이나 기술보다 예술에 더 마음이 끌리고 있는 것같이 보이는구나. 그리고 근본적으로 그와 같은 음악의 내용을 도구나 수식 또는 정교한 기술적인 장치에서 표현되는 과학적인 사고보다 더 아름답게 생각하고 있는 것 같고. 그런데 왜 자연과학을 공부하려고 결심하였는지 알고 싶구나. 이 세계가 나아가는 길은 젊은이들이 무엇을 하고자 원하는가에 달려 있어. 젊은이가 아름다움을 선택하면 이 세상은 그만큼 아름다워질 것이고, 실용적인 것을 택하면 이 세상에는 실용적인 것이 더 많이 생길 거야. 따라서 한 사람 한 사람의 결정은 자기 자신을 위해서만이 아니라 인간 사회에도 큰 뜻을 갖는 거지."

나는 이렇게 나의 선택을 합리화해보려 했다.

"저는 도대체 사람들이 그렇게 쉽게 미래를 선택할 수 있다고 생각하지 않습니다. 그 까닭은 내가 훌륭한 음악가가 안 될 수도 있다는 가능성은 차치하더라도 오늘날 사람들이 어느 영역에서 가장 많은 성과를 거둘 수 있느냐 하는 문제가 남게 되기 때문입니다. 그리고 이 문제는 그 영역의 상황에 따라 달라집니다. 음악의 경우, 최근의 작곡가들은 옛날의 작곡가에 비해서 충분히 이해가 가지를 않습니다. 17세기의 음악은 그 당시의 생활 속에 깔려 있었던 종교적인 내용과 알맹이를 표현해주었고, 18세기의 음악에선 개개인의 감정 세계로의 이행이 성취되었으며, 낭만주의적인 19세기의 음악은 인간 영혼의 가장 깊은 곳까지 침투해 들어갔습니다. 그러나 최근의 음악은 이상하게도 불안감이 짙으며 도리어 허약한 실험 단계에 빠진 것같이 느껴집니다. 이 단계에서 이미 정해진 궤도에 따라서 전진하려는 확실한 의식보다는 이론적인 고찰이 더 큰 역할을 하고 있는 것같이 보입니다. 그러나 자연과학, 특히 물리학에서는 상황이 다릅니다. 그곳에서는 이미 설정된 궤도의 추구—20년 전까지만 하더라도 그 목표는 전자기적 현상의 이해였음에 틀림없었지만—는 저절로 공간과 시간의 구조라든가, 인과 법칙의 타당성과 같은 철학적인 근본적 위치가 문제되는 그러한 곳에까지 이르게 되었습니다. 즉 절대로 간과해서는 안 될 신천지가 열렸으며, 따라서 명확한 대답을 얻기 위해서는 많은 물리학자들이 여러 세대에 걸쳐 활동하지 않으면 안 되리라고 믿어집니다. 이러한 분야에서 내가 무엇인가 다른 과학자들과 함께 공동작업을 할 수 있다는 것은 매우 매력 있는 일로 생각됩니다."

바이올리니스트인 친구 롤프는 내 말에 만족하지 않았다.

"네가 현대 물리학에 대해 한 말이 오늘의 음악에도 그대로 타당하게 적용되지 않을까? 물론 정도는 다르겠지만 말이야. 음악에도 이미 설정된 궤도는 존재한다고 생각한다. 예부터 내려오는 음악의 조성(調性)의 한계는 이미 극복되었으며, 우리는 화음과 리듬은 거의 마음대로 할 수 있는 자유를 가질 수 있는 신천지에 들어와 있어. 따라서 네가 말하는 자연과학에서와 같이 음악에서도 풍부한 성과를 기대할 수 있지 않을까?"

그러나 발터는 이 비교에 많은 의문점을 느꼈다. 그는 다음과 같이 반박하였다.

"나는 표현수단의 선택의 자유가 바로 성과가 풍부한 신천지가 되는 것인지 잘 모르겠다. 언뜻 보기에는 보다 큰 자유는 가능성을 풍부하게 하고 가능성의 증가를 표현하는 것 같다. 그러나 나는 과학에서보다는 보다 가까이 있는 예술에서는 그와 같은 것을 도대체 인정할 수가 없다. 예술의 발전은 인간의 삶을 개조하는 더딘 역사적 과정과 비슷한 방법으로—이 과정에는 개개인의 영향력을 행사할 수 없다—새로운 내용을 창출한다. 개개의 재능이 뛰어난 예술가들은 자기의 예술을 위한 소재, 즉 색조나 악기 등으로부터 새로운 표현 가능성을 얻으며 이 새로운 내용에다 눈으로 볼 수 있거나 귀로 들을 수 있는 어떠한 외형을 부여하려고 시도하는 것이다. 이 변동(만약 그렇게 부르기를 원한다면) 표현의 내용과 표현수단의 한정 사이의 투쟁은 실제로 예술이 탄생하는 필요부가결의 전제라고 생각한다. 따라서 이와 같은 표현수단의 제한이 없어진다면, 가령 음악에서 사람들이 제멋대로 음색을 내도 좋은 것이라면 이미 이와 같은 싸움은 없어지는 것이고 예술가들의 노력은 말하자면 공허 속에 부딪치고 말 것이다. 그러므로 너무 큰 자유에 대해선 나는 좀 회의적이다."

발터는 계속하였다.

"그러나 자연과학에서는 새로운 기술에 의해 새로운 실험들이 항상 되풀이 가능한 것이고, 또한 이 가능성이 실현되면서 새로운 경험들이 모여질 것이다. 그래서 새로운 내용이 생기게 될 것이다. 여기서 표현수단이라는 것은 새로운 내용을 파악하고 그것을 이해해 나가야 할 개념들이다. 예를 들면 네가 그렇게 흥미 있어하는 상대성 이론만 하더라도 세기의 전환기에 공간에서의 지구의 운동을 빛의 간섭현상을 이용해서 증명하려고 시도했을 때 경험한 어떤 사실에서 발단되었다는 것을 어떤 대중과학 서적에서 읽은 적이 있다. 그런데 이같은 증명이 실패했을 때 사람들은 이 새로운 경험—새로운 내용물이라고도 할 수 있다—이 표현 가능성의 확장, 다시 말해서 물리학의 개념 체계의 확장 없이는 이 문제를 해결할 수 없다는 사실을 알게 되었다. 그때는 공간과 시간과 같은 기본적인 개념이 철저하게 변화되어야만 한다는 것을 예견한 사람은 한 사람도 없었을 것이다. 그런데 그때 시간과 공간에 관한 개념에 무엇인가 변화가 있어야 하고 또 변화하지 않으면 안 된다는 것을 처음으로 인식했다는 것은 아인슈타인의 위대한 발견이 아닐 수 없다. 그러므로 나는 너의 물리학에 대한 이야기를 18세기 중엽의 음악의 발전과 비교하고자 한다. 당시 개개 인간의 감정 세계는 더딘 역사적 과정을 통해 우리들이 루소 또는 괴테의 『베르테르의 슬픔』에서 알 수 있는 바와 같이 시대의 의식 안으로 들어왔고, 그래서 저 위대한 고전파들인 하이든, 모차르트, 베토벤, 슈베르트 등이 표현 수단을 확장함으로써 이같은 감정 세계의 적절한 표현을 성공시켰던 것이다. 그러나 오늘의 음악은 지나치게 부정적인 방향으로 달리고 있는 느낌이 든다. 사람들은 옛날의 조성(調性)을 포기해야 한다고 말하고 있다. 그 조성을 가지고는 더이상은 표현할 수 없는 새로운 강한 내용이 있어서가 아니라, 그 영역은 이미 다 소진되었다고 생각하기 때문이다. 그러나 사람들이 그 조성을 버린 후에 어디로 가야 하는지에 대해서는 아직 음악가들 사이에 정설이 없다. 다만 더듬는 시도만이 있을 뿐이다. 현대 자연과학에 있어서는 문제 설정이 뚜렷하며 그 설정된 문제의 해답을 찾는 것이 과제이다. 현대 예술에 있어서는 바로 그 문제 설정 자체가 애매하다. 네가 말하고 또 믿고 있는 물리학에서 앞으로 개척해 나가려 하고 있는 그 신개척지에 대해 좀더 자세히 이야기해주기 바란다."

나는 병석에서의 독서와 대중적인 해설서에서 얻은 원자물리학에 대한 작은 지식을 다른 사람들에게 이해시켜보려고 했다. 그래서 발터에게 이렇게 대답했다.

"상대성 이론의 경우에는 네가 아까 지적한 실험이 분명히 다른 종류의 실험들과 잘 들어맞아서 아인슈타인으로 하여금 지금까지의 '동시성'이라는 개념을 포기하게 만들었다. 이같은 사실만으로도 이는 매우 자극적인 말이 된다. 왜냐하면 모든 사람은 먼 거리에서 일어나는 사건에 있어서도 '동시성'이라는 말이 무엇을 뜻하는지 정확하게 안다고 믿고 있기 때문이다. 그러나 그것은 분명히 잘못 알고 있는 것이다. 다시 말해서 만일 사람들이 그같은 두 사건이 동시적인지 아닌지를 어떻게 확인할 수 있는가를 묻고 그 결과를 토대로 다양한 확인 방법의 가능성을 살핀다면, 그 대답이 결코 일의적이 아니라 관찰자의 운동 상태에 따라 변한다는 정보를 자연으로부터 얻게 될 것이다. 따라서 공간과 시간은 이때까지 사람들이 믿고 있었던 바와 같이 서로 독립적인 것이 아니다. 아인슈타인은 매우 간결한 수학적 형식을 빌려 이같은 공간과 시간의 새로운 구조를 완결하게 서술하고 있다. 나는 병석에 누워 있는 몇 달 동안 이 수학적 세계를 약간 파고들어가보았다. 그러나 내가 이미 좀머펠트에게서 배운 대로, 이 영역은 이미 상당히 광범위하게 해명되어 있으며, 따라서 그것은 이미 신개척지라고는 말할 수 없다. 지금 가장 흥미 있는 문제들은 다른 방향, 즉 원자론에 있다. 이곳에서는 어째서 물질 세계에서는 항상 반복되는 같은 형태나 성질이 존재하느냐는 근본 문제가 제기되고 있다. 예를 들면 물이라는 액체는 얼음이 녹는다든지 수증기가 액화할 때, 또는 수소가 연소할 때도 항상 그 모든 특성을 그대로 가지고 있는 똑같은 것이 새롭게 형성되는데, 그 이유가 무엇이냐 하는 근본적인 물음이 제기되고 있는 것이다. 지금까지 물리학에서는 이와 같은 사실이 항상 전제되어왔으나 한 번도 설명해본 일은 없었다. 예를 들어 사람들이 물은 원자로 구성되어 있다고 가정한다면, 화학은 이 개념을 효과 있게 사용해왔지만 우리가 학교에서 배운 뉴턴의 운동법칙을 가지고는 그같은 물질의 최소 부분의 운동의 안정성을 설명할 수 없을 것이다. 따라서 이곳에서는 원자들이 항상 반복하여 같은 상태로 배열되어 운동하고, 그 결과 동일한 안정된 특성을 가진 원소들이 반복해서 생성된다는 사실을 설명할 수 있는 다른 종류의 자연법칙이 작용하지 않으면 안 된다는 말이 된다. 이와 같은 새로운 자연법칙에 관해서는 20년 전에 발표된 플랑크의 양자론에서 최초로 시사된 바 있다. 그리고 덴마크의 물리학자 보어가 플랑크의 아이디어를 영국에서 러더포드가 발전시켰던 원자의 구조에 관한 표상과 결부시켰다. 그때 그는 처음으로, 내가 지금 이야기한 원자 세계에서의 기이한 안정성에 관한 문제를 부각시킬 수 있었으나 좀머펠트가 생각하는 바와 같이 이 영역을 명백하게 이해하기에는 아직 거리가 멀다. 따라서 앞으로 수십 년 동안 이 영역에서 사람들이 새로운 관련성을 발견할 수 있는 신개척지가 열려 있다고 생각된다. 아마도 사람들이 이 영역에서 자연법칙을 올바로 정식화한다면 화학 전체를 원자물리학으로 귀속시킬 수 있을 것이다. 따라서 새로운 영역을 올바르게 찾아내기 위해서는 새로운 개념을 찾아내는 일이 중요할 것이다. 그러므로 나는 오늘날에는 사람들이 음악에서보다는 원자물리학에서 더 중요한 연관성과 더 중요한 구조를 추적할 수 있다고 생각한다. 그러나 지금부터 150년 전에는 상황이 정반대였다는 사실을 나는 또한 기꺼이 인정한다."

발터가 대답하였다.

"그렇다면 너는 그 시대의 정신적 구조에 기여하려고 생각하는 개인은 역사적인 발전이 바로 그 시대에 그에게 설정해준 가능성에 따라서 한다는 말이냐? 모차르트가 우리 시대에 태어났다면 그도 역시 오늘날의 작곡가들과 같이 무조(無調)의 실험적 음악만 작곡하고 있었을까?"

"물론 나는 그렇게 생각한다. 아인슈타인이 12세기에 살았다면 그는 확실히 별다른 중요한 자연과학의 법칙을 발견할 수 없었을 것이다."

이때 발터의 어머니가 반대하였다.

"그러나 항상 모차르트나 아인슈타인과 같은 위대한 인물들에 관해서만 이야기하는 것은 옳지 않을 것 같구나. 대부분의 개인들에겐 결정적인 위치에서 기여할 수 있는 가능성이 거의 없으며, 그들은 훨씬 조용한 조그마한 영역에 참여하게 될 거야. 그러니까 슈베르트의 삼중주 B장조를 연주하는 편이 어떤 장치를 만들거나 수학 공식을 쓰는 것보다는 아름다운 일이 될 수 있지 않은가를 잘 생각해보아야 하지 않겠니."

나는 이 점에 관해 많은 고민을 했었다는 사실을 인정했다. 그리고 좀머펠트 교수와의 대화와, 나의 장래의 스승이 실러의 '왕이 공사에 착수하여야 비로소 일꾼들에게 할 일이 생긴다'는 말을 인용하였다는 이야기도 했다.

그러자 롤프가 이렇게 말했다.

"그 점에서는 우리 모두가 마찬가지라고 생각한다. 음악가의 경우 우선 악기의 기술적 숙달을 위해서 무한히 많은 노력을 기울여야 하며, 가령 그것이 이루어졌다 하더라도 이미 수백 명의 음악가들의 해석을 거친 곡을 반복해서 연주하지 않으면 안 될 것이다. 네가 물리를 공부하는 데도, 처음에는 다른 사람들이 이미 고안해놓은 장치를 끈기 있게 힘들여서 만들지 않으면 안 될 것이고, 이미 다른 사람들에 의해서 예리하게 통찰된 수학적인 고찰을 뒤따르지 않으면 안 될 것이다. 그리고 이 모든 것이 이루어졌다 하더라도, 우리가 '일꾼'에 속하는 한 우리는 끊임없이 훌륭한 음악과 접촉해야 할 것이며, 그러다가 가끔 어떤 해석이 특별히 잘 되었다는 데 만족을 느끼는 것이 우리가 누릴 수 있는 최고의 기쁨이 될 것이다. 너의 경우에는 때로 어떤 관계를 종전보다 더 잘 파악한다든가 어떤 현상을 선배들보다 더 정확하게 측정하는 데 성공할 수 있을 것이다. 사람들이 좀더 중요한 것에 기여할 수 없는지, 또는 어느 결정적인 자리에서 한 발짝 더 나아갈 수 있다든지 하는 것을 너무 지나치게 계산해서는 안 될 것으로 생각한다. 아직 개발될 여지가 많이 남아 있는 신개척지가 있는 영역에서도 지나친 계산은 금물이라고 생각한다."

깊은 생각에 잠겨 귀를 기울이고 있던 발터의 어머니가 우리를 향해서라기보다는 자기 자신에게 타이르듯이 입을 열었다.

"아마도 '왕과 일꾼'에 대한 비유는 항상 잘못 해석되고 있는 것 같구나. 물론 우리들에게는 모든 영광은 왕의 행위로부터 나오고, 일꾼의 노동은 다만 보조적인 부속물같이 생각되고 있지만 사실은 그 반대가 아닐까? 왕의 영광은 근본적으로는 일꾼의 노동에 기초를 두고 있는 것일 게다. 도대체가 그 영광이라는 것은, 오로지 일꾼들의 다년간에 걸친 힘든 노동과 그 노동으로부터 기쁨과 성과가 거두어질 때 비로소 가능한 것이지. 아마도 바흐나 모차르트 같은 인물들이 음악의 왕으로서 우리 앞에 나타난 것은 수많은 무명의 음악가들이 이백 년에 걸쳐 최고의 세심성과 성실성을 가지고 그들의 사상을 재현하고 새롭게 해석함으로써 청중들에게 그 음악을 듣고 이해할 수 있는 가능성을 주었기 때문이라고 생각해. 그리고 청중들 자신도 이 세심한 연주와 해석의 작업에 동참함으로써 저 위대한 음악가들에 의해서 표현된 내용이 비로소 생생한 현존의 것으로 될 수가 있는 것이지. 이것은 예술에서나 과학에서나 마찬가지라고 생각해. 역사적인 발전 과정을 보면 모든 분야에 '긴 침묵의 시대'와 '천천히 발전하는 시대'가 반드시 있게 마련이야. 그러나 이와 같은 시대에 있어서도 가장 세부적인 데까지도 성실하고 정확한 작업이 매우 중요한 거지. 전력을 바치지 않은 일들은 모두 잊혀지게 마련이며, 언급할 가치도 없다고 생각해. 그러나 이 느린 과정에서 시대의 변천에 따라 문제되는 분야의 내용도 변하게 되고, 이래서 전연 예기치 않았던 새로운 가능성과 새로운 내용들이 돌연히 나타나게 되지. 위대한 천재들은 이와 같은 과정 속에서 그 모습을 나타내는 성장력에 마술적으로 끌려 들어가서 2, 30년에 불과한 동안에 대단히 우수한 예술작품을 창조하거나 아주 중요한 뜻을 갖는 과학적 발견을 성취하게 돼. 이와 같이 해서 18세기 후반에는 고전주의 음악이 빈에서 성립되었고 15, 16세기에는 회화가 네덜란드에서 탄생하게 되었던 거지. 위대한 천재들은 새로운 정신적인 내용에다 외면적인 표현을 부여하고, 또 그 이상으로 발전을 가능케 하는 가치 있는 형식을 창조하지만 그들 자신이 새로운 내용을 오로지 혼자 힘만으로 창조해내는 일은 거의 없어. 물론 우리는 지금 큰 결실을 볼 수 있는 자연과학 시대에 서 있는지도 모르지. 그리고 사람들은 한 젊은 이가 시대의 요구에 참여하고자 하는 것을 막을 수는 없을 것이며, 예술 분야와 과학 분야에서 동시에 눈부신 발전을 요구할 수도 없을 거야. 오히려 직접적인 목격자로서나 적극적으로 기여할 수 있는 자로서 이와 같은 발전에 공헌할 수 있다면 그야말로 감사해야 할 일이지. 그이상의 것을 기대한다는 것은 무리일 거야. 그러므로 현대 예술—그것이 현대 음악이든 현대 회화이든 간에—에 대하여 자주 던져지는 비난도 역시 부당한 것이라고 생각해. 18세기로부터 19세기에 걸쳐 음악이나 조형미술 분야에 커다란 과제들이 설정되었고, 그것이 해결된 다음에는 안정된 조용한 시기가 뒤따랐을 거야. 이 시대에서는 옛것이 보호되고 새것은 불확실하게 실험적으로 시도될 수 있을 뿐일 거야. 현재의 음악에서 구성 가능한 것과 고전주의 음악의 위대한 시대적 성과를 비교하는 것은 부당한 처사라고 생각해. 그건 그렇고, 오늘밤은 너희들이 한 번 더 슈베르트의 삼중주 B장조의 느린 악장을 되도록 아름답게 연주하는 것으로 끝내는 것이 어떻겠니?"

그래서 롤프는 이 곡의 제2악장에서 C장조 같은 다소 우울한 바이올린 선율을 연주하였고, 우리는 거기서 유럽 음악의 위대한 시대는 완전히 지나갔다고 간주하고 있는 그의 서글픈 기분을 느낄 수 있었다.

며칠 후 좀머펠트 교수가 강의를 하곤 했던 대학의 강의실에 들어간 나는 넷째 줄에서 검은 머리에 약간 불안한 듯하면서도 어딘가 사려 깊은 얼굴을 하고 있는 학생 하나를 발견하였다. 그는 이미 내가 좀머 펠트 교수와 첫 대면을 끝낸 후 그의 세미나실에서 본 적이 있는 인상

깊은 학생이었다. 좀머펠트 교수는 그를 나에게 소개해주면서, 이 학생을 문하생 중에서 가장 재능 있는 학생으로 생각하고 있으며 이 학생에게서 많은 것을 배울 수 있을 것이라고 말했었다. 그래서 나는 물리학에서 무엇인가 이해하기 곤란한 것이 있을 때는 안심하고 그에게 질문을 던질 수 있었다. 그의 이름은 볼프강 파울리(Wolfgang Pauli)였다. 그는 그후 평생 동안 나에게 날카로운 비판자와 항상 변함 없는 친구의 두 가지 역할을 담당해주었다.

그래서 그날도 나는 그의 옆에 앉았고, 강의 뒤에 공부를 위한 조언을 해달라고 부탁했다. 그때 좀머펠트 교수가 강의실에 들어왔다. 그가 강의를 시작하자마자 볼프강은 내 귀에다 대고 "교수가 늙은 기병대 연대장처럼 보이지 않니?"하고 속삭이는 것이었다.

강의 후 이론물리학 연구소 세미나실로 돌아갔을 때, 나는 볼프강에게 다음과 같은 두 가지 질문을 제기하였다. 즉 만약 이론물리학을 전공하려 할 때 사람들은 어느 정도 실험기술을 배워야 하는지, 그리고 현대 물리학에서 상대성 이론이 원자론과 비교할 때 어느 정도 중요한 것인지에 대해 그의 의견을 물었다. 그는 이렇게 대답하였다.

"나는 좀머펠트 교수가 우리에게 어느 정도 실험을 익혀야 한다고 주장하고 있는 것을 알고 있다. 그러나 나에게는 특히 이것은 거의 불가능한 일이다. 나는 도대체가 실험장치와는 인연이 멀다. 나는 모든 물리학이 실험의 결과로 이루어지고 있다는 사실을 잘 알고 있다. 그러나 일단 결과가 나온 다음의 물리학은 지금까지는 어쨌는지 모르지만 오늘날에는 실험물리학자들에게 너무나 어려운 것이 되고 만다. 이것은 분명히 우리의 일상생활의 개념을 가지고는 도저히 적절히 서술할 수 없는 그러한 자연 영역에까지 밀고 들어갔다는 데 그 원인이 있다고 생각한다. 그러므로 사람들은 현대 수학의 철저한 훈련을 받아야만 이해할 수 있는 추상적 언어에 의지할 수밖에 없다. 나에게는 바로 이 추상적 수학의 언어가 도리어 쉽게 이해가 되며, 그러므로 나는 이것으로써 물리학에 무엇인가 공헌할 수 있기를 바라고 있다. 물론 어느 정도의 실험적 지식은 필요하고 불가결한 요소다. 순수수학자는 제아무리 우수하다 하더라도 물리학 일반에 대해서는 아는 바가 없다.”

계속해서 나는 연로한 린데만 교수와의 대화, 그의 애완용 검은 삽살개, 그리고 바일의 책『공간 시간 물질』의 독서에 대해 말했다. 볼프강은 나의 말에 몹시 재미있어했다.

그는 말했다.

“그것은 네가 상상한 대로이다. 린데만 교수는 말하자면 수학적 엄정성에 대한 광신자이다. 따라서 그에게는 모든 자연과학, 특히 수리물리학은 허튼 수작에 불과하다. 바일은 확실히 상대성 이론에 관해서 무엇인가를 이해하고 있다. 까닭에 린데만 교수에게 바일은 정통적인 수학자의 반열에서 제외된 존재일 수밖에 없다.”

상대성 이론과 원자론의 의의에 대한 나의 질문에 대해 볼프강은 다음과 같이 대답했다.

“소위 특수상대성 이론은 이미 완전히 완결되었으며, 따라서 사람들은 예부터 내려오는 물리학과 마찬가지로 그것을 쉽게 배우고 또 응용하지 않으면 안 된다. 그러므로 그것은 새로운 것을 발견하려는 사람들에게는 더이상 흥미거리가 안 된다. 아인슈타인의 일반상대성 이론, 또는 중력 이론은 그런 의미에서 완결되었다고 생각할 수 없다. 가장 어려운 수학적 유도식(誘導式)을 가진 백 페이지가 넘는 이론인데도, 그 이론에서 단 하나의 실험만이 나왔다는 사실만 가지고도 그 이유는 불충분하다고 말할 수밖에 없다. 따라서 사람들은 이것이 과연 옳은 것인지 아닌지를 확실히 알지 못하고 있다. 그러나 이 이론은 새로운 사고의 가능성을 열었으며, 따라서 사람들은 그것을 매우 신중하게 다루어야 할 것이다. 나는 최근 일반상대성 이론에 관해 논문을 하나 썼는데, 바로 그 때문에 원자론을 근본적으로 훨씬 더 흥미 있는 것으로 생각하게 되었다. 원자물리학에서는 아직 이해되지 않은 실험 결과들이 얼마든지 나뒹굴고 있다. 한 곳에서는 자연을 이렇게 진술하고 있는데 다른 곳에서는 전혀 모순된 진술들이 나오고 있다. 현재로서는 불충분한 대로라도 어떤 연관성을 갖는 모순 없는 상을 그릴 수가 없는 상태에 놓여 있다. 덴마크의 닐스 보어는 외계로부터의 교란에 대한 원자들의 기묘할 정도의 안정성과 플랑크의 양자가설을 결부시키는 데 성공했으며—물론 그것도 충분한 것은 못 되지만—극히 최근에 보이는 원소들의 주기적 체계와 개체원소들의 특성을 완전히 이해하는 데 성공했다고 듣고 있다. 그러나 그도 앞서 말한 모순들을 완전히 극복한 것은 아니기 때문에 앞으로 그가 어떻게 이것을 성취해나갈 것인지는 나도 알 수가 없다. 그러니까 이 모든 영역에 걸쳐서 사람들은 암중모색의 상태를 벗어나지 못하고 있는 것이 사실이고, 바른 길을 찾기까지는 아직도 몇 해가 더 걸릴 것이라고 생각된다. 좀머펠트 교수는 사람들이 실험을 근거로 하여 새로운 규칙성을 추측할 수 있기를 고대하고 있다. 옛날 피타고라스 학파의 학자들이 흔들리는 현의 진동의 조화를 믿었던 것과 같이 좀머펠트는 수의 관계를 믿고 있으며, 일종의 수의 신비교를 믿는 신자라고 말할 수 있다. 그러므로 그는 과학의 이와 같은 측면을 '원자 신화'라고 즐겨 부르고 있지만, 지금까지 아무도 그 이상은 모르고 있는 것이 사실이다. 아마도 지금까지의 물리학의 커다란 폐쇄성을 잘 모르고 있는 사람들이 더 쉽게 올바른 길을 찾아낼지도 모르는 일이다. 아마도 그러한 뜻에서 너는 유리한 자리에 서 있는지도 모른다. 그렇다고 모른다는 것이 반드시 성공한다는 보장은 없다."

이렇게 말하면서 볼프강은 짓궂게 미소지었다.

이와 같이 약간 무례한 말을 하면서도 그는 내가 지금까지 물리학을 전공하기 위해 기초로서 준비한 모든 것을 대체로 잘된 것으로 인정해주었다. 나는 순수수학 쪽을 전공으로 택하지 않게 된 것을 다행으로 생각하게 되었고, 린데만 교수의 사무실에 있는 그 검은 강아지는 '끊임없이 악을 원하는, 또 끊임없이 선을 창조하는 저 힘의 한 부분'이라는 파우스트의 글로서 항상 나의 기억 속에 남아 있게 되었다.

(『부분과 전체』, 김용준 옮김, 지식산업사, 1982)

＊이 글은 연세대학교 국어교재편찬위원회가 펴낸 『글과 삶』(연세대학교 출판부, 2000)에 수록되어 있다.

2부

동양과 서양의 과학

동양 과학과 서양 과학

박성래

서양에서 '근대' 는 언제 시작되는 것일까? 사람에 따라 그 기점을 르네상스, 종교개혁, 지구의 대발견, 심지어는 계몽주의 시대부터라고 하거나 혹은 산업혁명 이후부터라고도 짚어보는 사람이 있을 것이다. 물론 서양사를 공부하는 사람들이라면 당장 르네상스를 대는 수가 많겠지만……

그러면 동양사에서는 근대의 시작을 언제부터로 잡아야 할까? 보통 동양 삼국의 근대사는 '문호 개방' 을 시작으로 삼는다. 1842년 아편전쟁에 진 청나라는 영국 등 서양 여러 나라에 나라의 문을 열었고, 일본의 도쿠가와 막부는 1854년 미국의 군함과 대포의 위력 앞에 수백 년에 걸쳤던 쇄국에 끝장을 보았다. 그로부터 재빨리 서양을 배운 일본은 22년 뒤인 1876년에는 미국의 페리 제독이 일본에서 사용한 것과 똑같은 수법을 사용하여 대포와 군함의 위협으로 조선 왕조로 하여금 문호를 개방케 했다. 전세계를 한 몫으로 국제 정치사의 측면에서 볼 때 이러한 문호 개방은 새로운 시대를 가져오는 큰 사건이었음에 틀림 없다.

그러나 역사에 아무리 무관심한 지식인이라도 당장 생각해볼 수 있는 동양 삼국의 문호 개방에 공통되는 특징은 그것이 힘에 의해 강요되었다는 사실이다. 또 이 문호 개방을 불러온 서양 또는 '아서양(亞西洋, 일본)'의 힘은 월등한 과학기술의 수준에서 온 것임을 누구나 간파할 수 있을 것이다. 동양은 서양의 과학기술 앞에 굴복하여 문호를 개방할 수밖에 없었고 바로 이것이 동양 근대사의 시작이라고 평가되는 것이다.

이처럼 19세기에 와서 갑자기 동서 사이의 낙차가 크게 나게 된 까닭은 무엇인가? 두말할 필요도 없이 17세기 이후 서양이 과학기술을 눈부시게 발전시킨 데 반해 동양은 그렇지 못했다는 데 있다. 근대의 세계사를 특징짓는 가장 두드러진 사실은 동서의 만남에 있고, 그 만남은 평등 관계가 아닌 불평등 관계에서 이루어졌고, 이는 제국주의와 식민지의 관계에서 그 대표적 예를 볼 수 있다. 그리고 이러한 불평등 관계는 오늘까지도 세계에 짙은 그림자를 남기고 있다. 바로 이 불평등 관계를 가능하게 해준 것이 '근대 과학이 서양에게 준 힘' 바로 그 것이었다.

그렇다면 왜 근대 과학은 서양에서만 크게 발달한 것일까? 아니 동양에 과학이 있기나 했던 것인가? 있었다면 어떤 종류의 과학이었고, 없었다면 또 그 이유는 무엇이었을까? 이런 의문들이 일어나기 마련이다. 그리고 이런 의문들이야말로 단순한 과학사의 문제만이 아닌 세계사의 큰 의문이며, 아직도 동서의 관계가 원만하지 않은 오늘날 우리가 사는 세계를 보다 잘 이해하기 위해서도 생각해두지 않을 수 없는 문제이다.

르네상스 이전의 서양은 과학기술 수준이 결코 같은 시대의 동양보다 나을 것이 없었다. 그러나 코페르니쿠스에서 케플러와 갈릴레오를 거쳐 뉴턴에 이르는 동안 서양의 과학은 엄청난 변화가 일어났다. 오늘날 16세기에서 17세기까지 또는 그후까지에 일어난 과학의 놀라운 발전은 '과학혁명(Scientific Revolution)'이라고 명명되어 서양 근대사의 중요한 일부로 여겨지고 있다.

왜 서양은 이러한 과학혁명을 낳았던가? 지적 풍토만을 가지고 이야기한다면 서양의 근대 과학이 갑자기 나온 것은 그리스 시대부터 전해 내려온 어떤 지적 전통 때문이라고 대답할 수 있다.

예를 들면 아리스토텔레스를 대표로 하는 그리스 학자들의 논리적 사고 방식은 후세의 과학 발달에 중요한 유산이었던 것이다. 유클리드 기하학은 이런 논리적 사고 방식의 한 가지 뚜렷한 예가 되기도 한다. 유클리드는 우리의 생활 주변에서는 있을 수 없는 이상(理想) 상태의 직선·원·삼각형 등을 연구의 대상으로 삼고 거기에 순수하고 논리적 사고만을 적용하여 기하학을 연구한 셈이다.

이와 비슷한 기하학적 논리성은 또다른 측면에서도 나타난다. 피타고라스 학파는 우주를 동심원 모델을 써서 설명했고, 이 모델이 그후 그리스인들에 의해 확립되어 중세 말까지 계승된 서양의 우주상이었다. 원 모양의 지구가 우주의 중심에 정지해 있고, 그 주위를 달 수성 금성 태양 화성 목성 토성 그리고 항성(恒星)들이 차곡차곡 겹을 이루어 동심원을 그리면서 각각의 천구(天球) 위를 따라 돌고 있다는 그런 우주의 모습이었다.

플라톤 역시 기하학적 모델을 써서 자연을 설명한 일이 있다. 그에 의하면 그리스 사람들이 믿고 있는 4원소는 각각 네 가지의 정다면체로 되어 있다는 것이다. 그리스 사람들의 논리적 사고 방식은 자연 현상을 기하학적 모델을 써서 설명하는 방향으로 발전했다고 말할 수 있다.

또 한 가지 그리스 시대에 발달한 것은 자연 현상을 수학화하기 시작했다는 점이다. 아르키메데스는 지렛대의 원리를 처음으로 수학적으로 증명해냈다. 또 "유레카! 유레카!" 하며 아르키메데스가 옷을 입을 사이도 없이 거리를 뛰었다는 그의 부력 발견 역시 수학화된 자연 현상의 예가 된다.

이와 같은 그리스의 전통은 17세기에 들어와 크게 발달한 실험정신과 결합하여 종래의 과학 체계를 온통 뒤엎어버리게 된다. 그리스 시대에 발달했던 논리적 사고와 그것이 낳은 기하학적 모델과 수학적 자연관이 중세 후기부터 나타난 실험정신과 결합하여 '과학혁명'을 낳았다는 뜻이다.

그러면 어째서 그리스 시대에 이미 그 싹을 보이고 있던 과학은 중세라는 1천 년 이상을 잠자고 있다가 17세기에서야 '혁명'을 일으켰던 것인가? 여기에는 여러 가지 역사적 요인이 있다. 그중 한 가지는 그리스가 멸망하면서 그 전통이 로마에 의해 제대로 계승되지도 않았고 게다가 게르만 족의 이동 이후엔 그리스의 사고적 전통은 더욱 설 자리를 잃게 되었다는 사실이다. 결국 그리스 자연철학의 산물들은 모두 그후 아랍 세계로 전파되어 그곳에 보관되었다. 프톨레마이오스의 천문학과 아리스토텔레스의 동물학은 모두 12~13세기에 와서야 유럽에 재수입되었다. 과학사에서의 '르네상스'는 12세기 유럽에서 시작된 셈이다.

그러나 보다 중요한 원인은 '12세기의 르네상스' 가 자극해서 일어난 아리스토텔레스의 자연관에 대한 도전이다. 새로 나타나기 시작한 대학의 학자들은 그때까지 기독교 세계의 자연관을 지배해온 아리스토텔레스의 사상에 터놓고 의문을 제기하기 시작했던 것이다. 물론 아리스토텔레스의 권위에 대한 도전은 그보다 앞서 오랫동안 쌓였던 '의심의 축적' 에 그 원인이 있을 것은 당연한 일이다.

1543년 코페르니쿠스가 자전설을 들고 나온 것은 이미 도전받고 있던 아리스토텔레스 체계에 결정적인 타격을 주었다. 그후 케플러, 갈릴레오, 뉴턴 등을 거치면서 서양의 우주관은 완전히 다른 것으로 바뀌고 만다. 프톨레마이오스와 아리스토텔레스가 갖고 있던 우주의 모습은 유한한 공간의 중심에 지구가 정지해 있고, 그 둘레를 달 수성 금성 태양 화성 목성 토성 항성 등이 달려 있는 여러 겹의 천구가 돌고 있다는 것이었다. 뉴턴 까지의 '과학혁명' 은 이러한 우주의 모습을 송두리째 부숴버렸다. 이제 우주는 유한한 것이 아니라 무한하다고 믿게 되었고, 지구는 우주의 중심에 있기는커녕 태양 주위를 공전하면서 스스로 자전한다고 믿게 되었다. 하늘의 별들은 천구에 붙어 도는 것이 아니라 무한한 우주의 여기저기에 흩어져 있다고도 새로 알려지게 되었다.

이러한 우주관의 변화는 우선 신과 인간이라는 중세 서구의 가장 중요한 문제에 근본적인 수정을 강요했다. 지구가 우주의 중심에 있지 않다면, 인간이 하나님의 아들로서 우주의 중심에 위치하고 있다는 주장은 더이상 성립할 수 없게 되었다. 또한 완전한 조화와 질서의 세계로서 모든 천체가 완전 원 운동을 한다는 우주관이 끝나게 되자, 그런 세계를 계속 유지시켜주는 존재로서의 신도 자기 자리를 잃게 되었다. 이제 천체는 원 운동은커녕 타원 운동을 하고 있고, 하늘의 천체가 계속 움직이는 까닭은 신의 계속적인 추진이 있어서가 아니라 인력과 관성 때문임이 드러났다. 게다가 모든 천체의 운동은 수학적 계산으로 예측까지 할 수 있게 되어버렸다.

'과학혁명'은 중세의 신과 인간을 동시에 추방해버렸다. 신은 우주를 창조했을지는 모르지만, 그것을 계속 움직여주고 있지는 않다는 결론이 난 셈이었다. 우주란 커다란 자동 시계와도 같아서 한번 만들어놓으면 계속 저절로 움직인다는 '기계론적' 우주관이 등장한 것이다. 신→인간→자연의 상하 관계에서 신이 물러간 자리에는 인간→자연의 관계만이 남게 되었고, 여기서 서양은 인간 중심적 경향(휴머니즘)을 낳고, 자연 정복에의 길(과학기술)에 발벗고 나설 수가 있었다.

위에 소개한 서구의 과학 전통은 중국을 중심으로 한 동양의 그것과 대비하여 설명하기 위한 것이어서 아주 간략하다. 그중 중국의 전통 사상에서는 볼 수 없는 서구 과학 전통의 두드러진 특징은 ① 기하학적 모델을 이용한 자연의 설명과 ② 신→인간→자연의 관계가 아닐까 생각한다.

우선, ① 기하학적 모델을 이용한 자연의 설명에 대해 생각해보자. 그리스 이래 서양의 자연철학은 천체를 완전 원 운동하는 것으로 설명하려 했고, 그 때문에 그 천체들을 돌려주는 보이지 않는 천구들을 가상했으며, 또 유한한 세계를 가정했었다. 이에 비해 고대로부터 천문이 크게 발달한 중국에서는 결코 천체의 운동을 어떤 기하학적 모양으로 가정하려 하지 않았다. 그 대신 서양보다 안정된 사회에서 끊임없는 천체의 관측을 통해 막대한 데이터가 수집됐고, 그것은 상당히 발달한 계산기술에 의해 계산되어 천체의 운동을 정확히 예측할 수 있었다. 중국의 전통적 역법(曆法)은 이러한 천문 관측과 계산을 통해 이룩된 것이다.

그러기에 중국의 전통에는 뚜렷한 우주관이 없다. 한편에서는 무한 우주관이 있는가 하면 다른 한편에는 유한 우주관도 몇 가지로 존재했다. 우주가 어떤 기하학적 모습을 하고 있건 중국인들에겐 별로 관심이 없었던 것이다. 따라서 인간이 우주의 중심에 살고 있건 말건, 이는 동양 사람들에게 중요한 관심사가 되지 않았다. 코페르니쿠스의 지동설이 서양에서는 근대를 불러오는 혁명적 사건이었지만, 그것도 동양 사람들에겐 별반 중요하지 않았다. 동양인들은 19세기에 코페르니쿠스, 뉴턴의 새 우주관이 들어오자 아무 동요도 없이 평온한 태도로 이를 받아들였다. '코페르니쿠스적 전환'이란 서양사의 얘기이지, 동양사에서는 찾아볼 수 없는 일이다.

우리는 18세기 말에 홍대용이 지구의 자전을 주장했음을 잘 알고 있다. 여기에는 약간의 독창성이 있기는 했다고 생각한다. 그러나 그의 지전설(地轉說)은 그후의 우리나라 지식층 사이에 아무런 지적 동요도 일으키지 못했다. 당연한 일이다. 당시의 지식층에서는 지구가 돌거나 말거나 그런 것은 별로 중요한 일이 못 되었기 때문이다.

서양에서는 지동설이 2천 년 동안 믿어져왔던 우주 모델의 종말을 뜻했기에, 또 우주관에 바탕을 둔 신학 체계 전체에 수정을 강요했기에 '혁명적'이었던 것이다. 그러나 똑같은 지동설 혹은 홍대용의 지전설이 중국이나 한국에서는 아무것도 파괴한 것이 없었다. 동양인들은 지구 중심의 천동설을 바탕으로 그들의 우주 모델을 만들어놓지도 않았고, 그 위에 신학 체계를 구축해두지도 않았기 때문이다. 동양의 천문학은 계산을 통한 천문학이었지 기하학적 모델에 의한 것이 아니었고, 그 때문에 하늘의 모양이 어떻게 되었건 상관 없다는 태도를 그 밑에 깔고 있었다.

중국의 전통 사상은 유신론적 경향을 항상 지니고 있었다. 그러나 서양과는 달리 그것은 결코 지배적인 사상으로 부각되지는 않았다. 우선 춘추전국 시대 중국의 사상을 특징짓는 것으로는 제자백가 가운데 유가·도가·묵가의 셋을 들 수 있다. 세 파의 학자들은 하느님〔人格天〕을 본다. 그에 의하면 인간은 이웃을 자기 자신처럼 사랑해야 한다. 이것이 소위 겸애(兼愛) 사상이다. 그런데 만약 인간이 겸애를 하지 않는다면 천(天)은 그런 사람에게 벌을 내리고, 겸애를 실행하는 자에게는 상을 내린다는 것이다. 기독교와 비슷한 경향을 겸애설과 천의 사상에서 발견할 수 있다.

도가 사상은 이와 같은 인격천의 개념을 완전 부인하고 있다. 그렇다면 유가는 어떻게 천을 보았는가? 공자는 때로는 하늘에 기도하는 자세(獲罪於天 無所禱也)처럼 유신론적 경향도 보이긴 하지만, 인간 세계의 문제는 인간 스스로 해결해야 한다는 천인분권(天人分權) 사상을 펴고 있다. 하느님은 있는지도 모르지만, 그는 인간 세계의 일에까지 직접 깊이 관여하지는 않는다는, 그런 입장에 서 있었다고 할 수 있다.

이와 같은 서로 상반되는 생각은 전국 시대가 끝나고 중국이 통일된 뒤, 위대한 사상가 동중서에 의해 지금부터 2천 년 전에 종합된다. 표면상 그는 공자와 맹자의 전통을 계승한 유가 사상가였다. 그러나 그 알맹이는 도·묵은 물론 음양오행 사상이 흠뻑 담긴 전국 시대 사상의 혼합체였다. 그는 겸애설은 가르친 적이 없지만, 분명히 하느님〔人格

天]을 얘기하고 있다. 그의 유명한 재이설(災異設)에 의하면, 자연에 일어나는 모든 천재지변은 인간 세계의 정치가 잘못되는 데 대한 하늘의 노여움이 표현된 것이다. 하늘은 인간의 잘못을 노여워하고, 그런 사람을 벌 주는 인격신이었다.

이만큼의 유신론적 경향을 유교는 갖고 있었다. 때로 유교가 종교냐는 질문을 하는 수가 있다. 동중서의 유교는 확실히 종교적 특색을 충분히 가진 것이었고 그 전통은 후대에도 오래오래 계승되었다. 그만큼은 유교도 '종교적'이었다고 해도 좋다.

그러나 동중서의 유신론은 기독교와는 사뭇 다른 특징을 가지고 있다. 기독교의 신이 이 세상을 창조하고 또 주재한다고 생각하는 데 반해 동중서의 천(天)에는 그 한쪽 특성만이 주어져 있다. 즉 동중서의 천은 결코 창조주 또는 조물주는 아니고, 단지 세계의 주재자일 뿐이었다. 동중서의 유교를 종교로 보고 그것을 기독교의 신과 비교해본다면, 유교는 '1/2' 종교가 되는 셈이다.

그나마 송나라 때 특히 발달한 신유학(新儒學)―주자학 또는 성리학 등의 다른 이름도 많지만―은 이 정도의 신마저 유학의 전통에서 추방해버린다. 신유학은 오늘날의 우리 눈에는 비합리적으로만 보이는 재이설 등은 계승하면서도 동중서의 인격천만은 추방해버렸다. 그 대신 동중서의 '천(天)'에 가장 가까운 개념인 '태극(太極)'이라는 단어가 신유학에서 각광을 받게 되었다. 태극이란, 즉 '이(理)'라고도 할 수 있고 '천'이라고도 할 수 있다고 주희(朱熹)는 말한다. 태극은 음양을 낳고, 음양은 다시 사시(四時)를 낳고, 사시의 변화는 만물을 낳아 이 세상이 되었으므로, 태극은 우주를 창조한 조물주이며 만물을 지배하는 주재자이다. 그러면서도 태극은 하느님 혹은 신이 아니라 '최고의 원칙' 같은 것이다.

유신론적인 서양은 신 밑에 인간이 있고, 또 그 아래에 자연이 존재한다는 신→인간→자연의 계급성 또는 위계성을 인정했다. 중세의 기독교 사회에서 인간은 자연과는 전혀 다른 신의 선택이었다. 신은 인간을 만들었고 자연도 만들었지만, 인간과 자연은 동등의 피조물이 아니라 상하 관계에 있는 불평등한 피조물이었다. 신은 인간에 봉사하기 위해 자연을 만든 것이다. 이처럼 신→인간→자연의 계급적인 배열을 하고 있을 경우 일단 신의 존재를 의심하기 시작하면 자연 위에 군림하는 것은 인간뿐이 된다. 신 대신 인간의 이성을 믿기 시작한 17세기 이후의 서양인들이 자연을 인간의 이성이 정복해야 할 대상으로 파악한 것은 이 때문이다. 신의 존재가 없어진 그들이 자연을 정복하고, 그것이 가져온 무한한 힘을 갖게 된 것은 당연한 일이었다. 이렇게 해서 서양은 자연과학을 크게 발달시킬 수 있었다.

그와는 달리 무신론적 경향을 간직한 동양에서 인간과 자연의 관계는 결코 상하 관계로 파악되지 않았다. 유학자들도 인간이 만물 가운데 으뜸가는 존재임을 인정하였다. 그러나 이 경우 인간은 '만물 가운데' 으뜸일 뿐이지, '만물 위에' 군림한다는 뜻은 아니었다. 동양에서의 인간과 자연은 차라리 수평 관계에 있었다고 말할 수 있고, 이 관계에서는 '자연의 정복'이란 생각은 나오기가 어려웠다. 자연은 공생의 대상일지언정 정복의 대상은 아니었다.

인간은 그 생겨남에서부터 자연과 더불어 태어났다고 믿어졌다. 사람만이 중뿔나게 다른 동물·식물·무생물보다 먼저 또는 특별히 생겨났다는 생각은 애당초 있지도 않았다. 이 세상 만물이 어떻게 태어났는가를 설명하는 동양의 생각 가운데 으뜸을 이룬 것으로 『회남자

(淮南子)』라는 책이 있다. 한나라 때 씌어진 이 책은 도가의 영향을 다분히 받은 것으로서 후에도 대충 이런 정도의 사상이 동양에서는 지배적이었다.

이 책에 따르면 세계는 본래 혼돈 상태에 있다가 거기에서 시간과 공간이 생겨나 질서의 세상이 되었다고 한다. 이렇게 생겨난 질서의 세계, 즉 '우주'는 다시 '원기(元氣)'를 낳고, 이 물질적인 것〔元氣〕이 밝고 가벼운 물질과 무겁고 탁한 물질의 두 가지를 낳을 때 천(天)과 지(地)는 생긴다. 이 천과 지가, 즉 양과 음이다. 이리하여 우주의 물질적 요소에서 태어난 음양은 조화를 부려 사시의 변화를 낳고 만물을 태어나게 해준다. 인간은 그렇게 태어나는 만물의 하나일 뿐인 것이다.

여기 음양이란 것도 그렇다. 얼핏 보기에 음양은 대립 투쟁의 관계에 있는 듯이 보이는 것이 사실이다. 예를 들면 음양오행설을 충분히 흡수한 한대(漢代)의 유학―동중서를 대표로 하는―은 군(君)은 양이고 신(臣)은 음이며, 부(父)는 양이고 자(子)는 음이며, 부(夫)는 양이고 부(婦)는 음이라는 식으로 가르쳐 그 관계가 대립의 관계인 것처럼 되어 있다. 그러나 여기에서 특히 주의해야 될 사실은 동양은 음양 개념을 결코 양이나 음 어느 한쪽이 다른 쪽보다 절대적으로 중요하다거나 귀하다고 여기지 않았다는 점이다.

음과 양은 언제나 상대적이면서 상보적으로서 어느 쪽도 없어서는 안 되는 요소로 파악되었다. 음과 양이 서로 대립 투쟁하여 한쪽이 다른 쪽을 이기는 것도 바람직한 것으로 생각되지 않았다. 선과 악, 명과 암, 신과 악마를 절대적인 대립 투쟁의 대상으로 파악하는 서구의 전통과는 전혀 다른 특징이 여기 있는 것이다. 서양에서의 신과 악마는 각각 선과 악을 대표하는 존재로서 한쪽이 다른 쪽을 물리쳐 이겨야 하는 것으로 파악된다. 그러나 동양에서는 음이나 양은 저절로 한쪽이 성하면 다른 쪽은 쇠하며 이러한 기복(起伏)을 반복하는 것일 뿐, 그것을 인간이 어째야 한다고 희망하지도 않았다. 음과 양은 서로 대립 투쟁하기보다는 상보하며 조화를 이루어야 하는 것으로 믿어졌다.

음양의 상호 관계는 오행에서도 똑같은 모습으로 나타난다. 한대 이후 동양의 지식층들은 계절, 방향, 동물, 오장(五臟), 숫자, 오색(五色), 오음(五音) 등 온갖 것을 모두 오행과 연결지어 설명했다. 그러나 이 오행 사이에는 어느 것이 더 고귀하고 어느 쪽이 비천하다는 투의 해석은 없다. 오행의 상호 관계에는 대표적인 설명이 두 가지가 있다. 무엇이 무엇을 낳는다는 식의 상생(相生) 관계로 木-火-土-金-水의 사이클이 있는가 하면, 이와는 달리 무엇이 무엇을 이긴다는 상극(相克) 관계의 사이클도 있다(木克土, 土克水, 水克火, 火克金, 金克木).

여기에서도 오행의 어느 것이 다른 것보다 절대적 우위를 차지하는 법이 없음을 우리는 알 수 있다. 오행의 상호 관계는 절대적 상하가 없는 하나의 '폐회로(閉回路)'인 것이다. 이것은 서양의 4원소설과는 좋은 대조를 이룬다. 여기에서는 완전한 세계인 하늘에 가까이 있는 원소일수록 보다 고귀하다. 따라서 土보다는 水가, 水보다는 氣가, 氣보다는 火가 더 고귀하다. 그리고 가장 완전한 하늘의 세계는 지상 세계에는 없는 가장 고귀한 원소, 즉 '제5원소(quintessence)'로 만들어져 있다는 것이다.

서양에서의 신과 악마, 선과 악, 그리고 4원소는 모두 위아래로 직선상에 배치되어 있음에 반하여 동양에서의 음양이나 오행은 모두가 빙빙 돌고 있는 원 주위에 자리잡고 있어 어느 것도 절대적인 상위에 있지 않는 것이었다. 인간과 자연의 관계도 바로 이와 똑같은 것이었다. 서양에서는 인간이 자연 위에 군림해야 한다고 믿어졌지만, 동양에서는 인간과 자연은 조화의 대상으로 파악되었지 결코 정복의 대상으로 보지 않았던 것이다.

서양의 근대 과학은 절대자와 자연을 함께 보려는 자연철학의 경지에서 벗어나면서 시작되었다. 그리스 사람들이 만든 완전한 질서와 조화의 우주 모델이 부서지면서 그 위에 세워진 상층 모델인 신도 사라져갔다. 신이 없어진 뒤의 자연은 비로소 객관화가 시작되었고, 그때부터 서양의 자연관은 자연철학에서 자연과학으로 바뀌게 되었다.

애당초부터 무신론적이거나 혹은 반종교적이었던 중국의 전통 속에서는 이런 적극적인 변화는 일지 않았다. 반쯤은 종교적이던 한대의 유학은 송대의 무신론적 신유학(성리학)으로 바뀌어갔다. 그러나 이런 변화는 중국인들의 전통적인 자연관에 이렇다 할 변화를 주지 않았다. 한대의 유학에서나 송대의 유학에서나 여전히 인간과 자연은 명확히 구분되지 않은 채 서로 조화를 이루어야 할 상대라고 믿어졌다.

이와 같은 자연관은 원시 도가의 사상에서 유래한 것이다. 노자와 장자를 시작으로 하는 도가의 전통은 동양화 속에 가장 잘 그려져 있다. 또 당시(唐詩)를 보아도 마찬가지다. 동양화가 즐겨 다루는 것은 풍경이지만 대부분의 경우 그런 풍경 속에는 목동이나 어부 또는 농부 등이 나타난다. 그런데 특이한 사실은 결코 이들 인간은 그림 속에 큰 공간을 차지하지 않는다는 사실이다. 자연 속의 인간—그러나 그 인간은 자연을 압도하는 그런 것은 결코 아니라는 말이다. 물론 동양화에는 사군자도 있고 봉황이나 학, 거북 같은 상서롭다는 동물의 그림도 있다. 그러나 동양인들은 이들 동물이나 식물을 그릴 경우 반드시 그들을 자연 상태로 두고 그리고 있음을 알 수 있다. 결코 서양화에서와 같이 잘라낸 꽃을 꽃병에 꽂고, 나무에서 따낸 사과를 쟁반 위에 놓고 정물을 그리는 것을 즐겨하지 않았다. 서양화에서는 자연은 인간 활동의 배경으로 그려넣는 경우가 많지만 동양화에서는 그렇지가 않았다. 서양화가 인위(人爲)를 주제로 한다면, 동양화는 자연을 주제로 하면서 그 속에 인간도 자연의 일부로 그려넣는 것이었다.

자연과 인간을 항상 같은 차원에 두고 보려는 전통은 중국 사상의 정통을 이룬 유학에 의해 흡수되어, 한대 이후에는 도가의 자연주의가 유학자들의 혈관에 흐르게 되었다. 한대를 대표하는 유학자 동중서는 天·地·人의 삼재(三才)가 서로 유기적 관계를 갖고 있는 것이라고 생각했다. 그는 왕(王)이 天·地·人의 '三'을 관통하는 자(者)이기 때문에 '三'자의 가운데를 관통하여 '王'자로 만들었다고 주장하였다.

동중서에 의하면, 우주는 '음양지기(陰陽之氣)'로 가득 차 있어서 인간 사회에서 일어난 일에 대해 기뻐하거나 화를 내기도 한다. 천(天)의 희비(喜悲)는 다시 그것이 하늘과 땅의 자연 현상 속에 반영된다. 천의(天意)가 자연에 반영되어 나타나는 것이 일식, 한발, 홍수, 혜성 등의 온갖 변이나 기린, 감로(甘露), 백치(白雉) 같은 상서라고 동중서의 재이설은 설명한다. 자연 현상은 그냥 '자연적으로' 일어나는 것이 아니라 자연과 인간을 한데 묶은 유기체 내에 일어나는 변화라는 것이다. 그러기에 동중서의 자연관은 그냥 과학적 측면에서만 다루고 넘어갈 수 없는 정치 및 이념 사상과 연결되어 있는 것이다.

동중서가 반신(半神) 정도의 천(天)을 인정하는 데 반해 신유학(성리학)은 그러한 천 대신 흔히 '태극'을 말한다. 그리고 '태극'에는 인격신 같은 흔적을 찾아볼 수가 없다. 성리학은 동중서가 인정한 반쯤의 신성(神性)을 유학으로부터 추방해버린 셈이다. 그러나 天·地·人

을 하나의 유기체로 보려는 태도만은 여전하다. 따라서 신유학에서는 자연 속에 일어나는 모든 이변(異變)은 우주를 지배하는 리듬을 파괴할 때 일어나는 것이라고 파악하고, 그러한 우주의 리듬(또는 음양의 조화)은 주로 인간 세상의 도덕적 타락 때문에 생긴다고 설명했다. 신유학식으로는 자연과 인간은 도덕성을 바탕으로 서로 연결된 유기체가 되는 셈이다.

인간과 자연을 서로 뒤엉켜 한 덩어리를 이루는 유기체로 보려는 시각은 한대와 송대에 두 번의 큰 변화를 거치면서도 유학 속에 의연히 살아남은 전통이었다. 한대의 그것이 보다 포괄적으로 '정치적 유기체'였던 것이 송대에는 '도덕적 유기체'로 방향은 좀 바뀌지만, 인간과 자연을 서로 떼어놓을 수 없는 연속체로 보려는 경향에는 변함이 없었다.

그리스의 과학은 자연 현상을 모델로 만들어 설명하려는 데 그 특징이 있었다. 천체의 운동은 모두 원을 그리는 것으로 가정하고 구형(球形)의 우주 모델이 만들어졌다. 여러 겹의 천구를 가진 구형 우주관에 그럴듯하지 않은 구석이 발견되면 다른 소구형(小球形)을 더하여 수정해가려고 했다. 실제로 자연 현상에서 관찰할 수 있는 약간의 불규칙성을 무시한 채 하나의 이상적 상태를 가상하여 그 모델로 우주를 설명하려 했던 것이다. 구체적 현상을 이처럼 추상화하려는 노력은 이 세상의 물질이 네 가지만으로 구성돼 있다거나(4원소설), 그것과 함께 발달한 인체에는 네 가지 체액이 흐른다거나, 또는 아리스토텔레스가 동물을 열두 가지로 나눈다거나 하는 모든 노력에서 공통되는 경향이다.

서양 사람들은 우선 인간과 자연을 둘로 딱 나눠놓고 자연 현상도 분석적으로 들여다보아, 어떤 특성을 기준으로 삼아 인위적 분류를 강행했던 것이다. 서양인의 신(절대자)은 바로 이러한 모델 발견 혹은 추상화의 과정에서 나온 또하나의 모델인 셈이다. 그런데 동양의 전통은 바로 이와 같은 모델의 설정을 바람직하지 못한 것으로 보아왔다. 왜냐하면 모델이란 항상 부분만을 설명하려는 노력일 뿐 전체의 이해에는 미치지 못하기 때문이다. 동양인들은 부분에서 찾아낸 지혜를 전체에 응용하는 것이 옳지 않다고 보았다. 그러기에 동양인은 항상 부분보다는 전체를 생각했고, 추상보다는 구체적인 것을 논하려 했다. 이와 같은 사고 방식의 차이는 결국 동양인보다는 서양인들을 먼저 근대 과학에의 길로 이끌어준 셈이다.

그러면 이런 사고 방식의 차이는 어디서 온 것일까? 그것은 동양인이 머리가 까맣고 체구가 작은 데서 온 것이 아님은 분명하다. 수천 년간에 걸친 단절된 두 지역의 역사 경험이 이와 같은 사고 구조의 차이를 낳았다고 보아야 한다. 그리고 이들 두 지역의 역사가 어떻게 서로 다르게 전개되어왔는지는 간단히 특징지어 말할 수 없는 일이다. 동서가 가진 이와 같은 과학 사상의 차이는 여러 가지 서로 다른 역사적 특성의 일부분일 뿐이다. 그 자체를 놓고 어느 쪽이 더 좋고 더 성공적이었는가를 평가한다는 것은 무의미한 일이다. 동과 서는 서로 다른 역사의 흐름 속에 서로 다른 이상을 그려가며 서로 달리 노력해왔기 때문이다. 그렇게 서로 다른 삶을 살던 동양과 서양이 부딪쳤을 때 거기 과학의 낙차는 있었고 그 낙차 때문에 동양인은 일백 년의 서러운 삶을 살아야 했다. 그러나 그렇다고 해서 우리는 우리의 조상이 서구식 사고 방식을 좇아 서구식 이상을 향해 살지 않았다고 욕할 수는 없을 것이다. 가치관은 시대에 따라 그리고 개인에 따라 크게 다르다. 역사의 흐름을 판단할 수 있는 절대적인 가치 체계란 있지 않다고 생각한다.

　오늘날 세계적인 자연 파괴는 인류를 '생태학적 위기 의식' 속으로 밀어넣고 있다. 이렇게 되자 일부 지식층은 동양의 전통적 사고 방식이 결국 서양의 과학 정신보다 더 바람직했음을 강조하고 있다. 도가의 전통 속에 흐르던 '자연 속의 인간' 혹은 '자연과 인간과의 조화' 라는 생각은 분명히 오늘날 우리들에게 좋은 교훈의 뿌리를 마련해주고 있다. 그러나 여기서도 역시 우리는 지나친 자기 도취를 경계해야겠다. 이것 때문에 이번에는 동양의 지혜가 서양의 지혜보다 뛰어난 것이 되지는 않는다. 역사적 조건에 따라 서로 다른 특징을 가졌을 뿐, 동양의 유기체적인 자연관이나 서양의 분석적이고 기계론적인 자연관은 모두 인류가 누려야 할 위대한 유산이기 때문이다.

(『교양과학』, 우성문화사, 1980)

＊이 글은 숙명여자대학교 국어교재편찬위원회가 펴낸 『대학국어』(숙명여자대학교 출판부, 1998)에 수록되어 있다.

연기계와 현대 과학

김용운

연기의 과학

생각의 에너지

종교는 유한한 인간이 무한을 갈망하는 데서 출발한다. 동서고금을
막론하고 적어도 종교의 이름이 붙은 것은 반드시 무한이 내재된 저승
의 문제를 생각한다. 눈에 보이는 물질적인 세계를 넘어 이승과는 다
른 세계를 믿는 데서 인생의 깊은 의미를 음미하게 된다.

희미하게나마 저승과 이승 사이를 실감케 하는 일을 일상생활 속에
서 때때로 체험하기도 한다. 불교에서는 이승과 저승 사이에 가로놓인
교량은 업(業)이며, 저승을 연기계(緣起界)로 삼는다. 연기계는 낱낱
의 인간의 사념(생각), 언행을 포함하여 과거에 있었던 모든 일과 함께

부처와 신까지도 포함한다.

명재계와 암재계 그리고 현실계와 연기계

봄(David Bohm)은 인간이 평상시 자각하는 세계의 배후에 있는 시공간을 초월하는 암재계(implicate order)의 존재를 주장했다. 인간이 오감을 통해서 접근하는 세계는 여러 가지 사물로 분할되어 있으며, 이들은 암재계에 대한 명재계(explicate order)로서 존재한다. 명재계의 사물은 하나하나 구별되어 이들 사이에 관계가 없는 것처럼 보이지만 그에 대응하는 암재계에서는 모두가 전일적(全一的)인 존재로서 움직이고 있다. 암재계에서는 명재계의 모든 물질, 정신 공간 등 '전체가 하나로 뒤섞여 분리할 수 없다'. 이 사실을 좀더 새겨 말한다면 색맹을 가려내는 시험지를 예로 들 수 있다. 같은 그림도 색맹에게는 보이지 않고, 정상인에게만 보이는데, 그 반대의 경우도 있다. 암재계의 홀로무브먼트(전일운동)는 오감으로는 파악할 수 없고, 뇌가 이들 현상을 반영(홀로그램)한다. 인간이 사물을 알아차리는 것은 실제의 상당 부분을 버리고 명재계의 사물로써 파악하는 것이다. 봄에 의하면 인간은 항상 자연을 하나의 렌즈를 통해서만 보고 있다. '실상보다는 일부만을 보고 있다.' 바꾸어 말하면 이 특수한 렌즈를 통해서만 보이는 세계의 실상은 현실의 뒷면에 숨어 있어 언어로서는 설명하지 못한다. '인간의 사고는 사고의 틀을 초월하는 대상을 여과한다'는 것이다.

이 사실은 우주를 연기계와 현실계로 보는 입장과도 같다. 연기가 현실화되는 과정은 '인연의 장'과 '연기파'인데 봄은 이 사실을 홀로무브먼트로 설명한 것이다.

현실과 초현실의 세계

불교에서는 현실을 지배하는 것을 눈에 보이지 않는 연기(緣起)로 본다. 즉 연기의 세계는 눈에 보이지는 않는다. 그러나 마치 전파에 의해 텔레비전 화면이 나오는 것처럼 연기 세계가 현실을 연출하는 것이다. 다시 봄의 말에 귀를 기울여보자.

이 우주는 이중 구조로 되어 있다. 하나는 우리가 잘 알고 있는 물리적인 우주이며, 그 배경에는 또하나의 '보이지 않는 우주'가 존재한다.

'연기'는 곧 암재계이며, 그 속에 물질, 시간 공간, 정신 등 온갖 것들이 뒤섞여 파묻혀 있다. 우리는 연기를 눈으로 볼 수 없다. 그러나 하나의 계기가 주어짐으로써 현실 세계에 연기 또는 업의 결과가 나타나는 것이다. 봄이 위에서 말한 내용은 곧 불교적임을 감지할 수 있다. 암재계와 명재계의 존재가 곧 불교 철학의 '법(法, darma)'이며, 모든 존재의 배후에서 현실을 연출하는 잠재적인 법칙이다. 이 법을 알아차리기 위해 석가모니는 '법등명(法燈明, 법을 알아차려라)'을 강조하였다.

우주는 빅뱅으로 태어났으며 은하의 분포 상태와 은하 속에 있는 별들의 대, 소에 관한 분포 상태, 심지어 인간의 몸 속에 있는 여러 세포들의 분포 상태도 프랙탈(fractal)적이다. 연기계는 법에 따라 과거에 있었던 일들이 모두 업이 되어 뒤섞이면서 수시로 작동하여 현실 세계에 영향을 준다. 또한 일단 현실로 나타난 일은 새로운 연기계의 요소로서 연기계에 되먹임된다. 이들 엄청난 구도는 모두가 여러 연과 인으로 구성되고 그것이 없어질 때는 사라져간다.

반야심경의 세계

반야심경에서는 '이 세상 모든 존재에는 실체가 없다. 생기는 것도 멸하는 것도 없고 더러워진 것, 또 더러움에서 벗어나는 것도 없으며, 늘어나지도 줄어들지도 않는다(是諸法空相 不生不滅 不垢不淨 不增不減)'라고 한다. 곧 모든 존재의 기본은 공(空), 즉 '색즉시공(色則是空)'이다. 이 명제를 현실계의 눈으로 접근할 때는 무의미하고 당혹스럽기만 하다. 그러나 연기계에서는 현실의 모든 물질, 정신, 공간을 보이게 하는 것들이 함께 프랙탈적으로 뒤섞여 있는 것이므로 서로 분리할 수 없다. 여러 텔레비전 수상기에서 나타나는 똑같은 화면을 보자. 원상(原像)과 여러 화면이 프랙탈적으로 대응하는 모습은 연기계와 현실계의 대응 구도이다.

홀로그래피는 곧 프랙탈(자기닮음)로 꽉 메워져 있는 세계이다. 이 사실은 곧 연기계에서는 시간과 과거, 현재, 미래의 순으로 되어 있지 않음을 뜻한다. 연기의 장이 현실화될 때 비로소 시간, 순서가 나타난다. 가령 전형적인 프랙탈 구조인 고사리 잎사귀의 한 점은 전체 속의 한 점이기도 하고, 그 부분인 작은 잎사귀의 한 점이기도 하다. 점은 하나이지만 전체의 한 점이면서 부분의 한 점일 수가 있다. 그것은 공간상의 여러 개의 자리를 나타내고 있다. 전체적으로는 A가 B 위에 있었다 해도 부분적으로는 B가 A 위에 있을 수 있다는 사실은 곧 시간적으로는 과거 앞에 미래가 있을 수 있다는 말이다. 가령 부모가 태어나지도 않은 아이의 자식일 수도 있다. 연기계에서는 서울과 부산이, 그리고 고려 시대와 조선 시대가 혼연일치되어 있고, 연에 따라 법에 의해 명재계에 수시로 나타난다.

이 설명은 저승의 귀신이 수시로 어디에도 나타날 수 있는 것처럼 들릴 것이다. 그러나 우리의 언어로 그 이상 설명하기에는 한계가 있다.

'시간과 공간에 위아래가 없는 것이라면 태어나는 것도 사라지는 것도 늘어나는 것도 감해지는 것도 없다'는 것으로 설명할 수밖에 없다. 반야심경의 세계에서는 현실 세계가 독립적으로 존재하는 것이 아니라 연기계와 현실계가 일체화되어 프랙탈적으로 뒤섞여 있다. 불생불멸(不生不滅), 부증불감(不增不減)은 곧 연기 세계의 법이다. 이 법을 현실계에 투영하면 인과율로 지배되는 시간과 공간의 개념 속에 있는 분별지(分別智)를 넘어선다. 중생은 현실계에서 연기계를 생각하고 있다. 그러나 반야심경의 작자는 높은 차원에서 연기계와 현실계를 동시에 본 것이다. 저승과 이승이 일체화되었을 때 죽음과 태어남도 없다는 논리이기도 하다.

반야심경의 다음 글은 암재계(연기계)와 명재계(현실계)가 불이(不二)이며 여일(如一)임을 말하고 있다·

색불이공(色不異空) 공불이색(空不異色) 색즉시공(色卽是空) 공즉시색(空卽是色)

<table>
<tr><td>1+1=1
부증불감(不增不減)</td><td>1=0
색불이공(色不異空)</td></tr>
</table>

즉 색(현실계)과 공(연기계)이 다름이 없는 경지를 의미한 내용이다. 연기계는 본래 아무것도 없는 공의 세계이며, 현상에 관한 직접적인 원인인 '인'과 간접적인 원인인 '연'이 얽혀 있다고 설명한다.

상대주의

연기의 무한성

인간은 카오스적으로 살아간다. 형식적으로 카오스를 설명한다면 다음과 같다.

여러 개의 요소가 서로 영향을 주고받으며 프랙탈과도 같은 패턴을 형성하고 때때로 예상밖의 변화, 즉 나비효과를 보이기도 하며 또한 일단 발생한 일은 즉시 기존의 질서에 되먹임된다.

가령 인간의 행동은 물질적 욕망, 생명에 대한 집착 등으로 그 행동 양식은 여러 패턴을 형성하고 각 단계에는 새 질서가 자기 조직화된다. 오늘 행하는 일이 되먹임되어 내일에 영향을 주고 때로는 예상치 않았던 엉뚱한 일, 나비효과를 야기할 때가 있다. 오늘의 나는 지난 역사적 경로에 의해 규정되는 '경로의존성(徑路依存性)', 즉 되먹임 또는 업의 결과이다.

나를 여기에 있게 한 것은 헤아릴 수 없이 많은 인연에 따른 자기 조직화의 결과이다. 그러나 왜 하필이면 이 순간에 저기에 있지 않고 여기에 있는 것일까? 나는 지구의 탄생 이래 인류가 쌓아온 엄청난 연기의 결과인 업을 등에 업고 존재한다. 광대 무변의 대우주 속에 마치 거품과도 같이 잠깐 생겼다가 사라지는데, 일단 실존의 의미를 묻게 되면 누구나 엄청난 연기의 얽힘에 전율을 느끼게 된다. 그것은 곧 무한한 공포이다. 위대한 수학자이면서 독실한 종교가이기도 한 파스칼은 우리를 둘러싸고 있는 무한의 압력을 느끼며 다음과 같이 말한다.

나를 둘러싸고 있는 무서운 우주 공간을 본다. 내가 이 광대한 공간의 한구석에 매여 있는데 왜 다른 곳도 아닌 여기에 있는가? 내가 살아가는 짧은 시기에 이미 지나간 무한 속이나 앞에 가로놓인 영원 속이 아닌 이 시점에 할당되어 있는지 알 수 없다. 나는 모든 방향의 무한 외에 아무것도 보이지 않는다.

전율을 느끼게 하는 무한은 업으로 되먹임되어 우리 주변을 가득 메우고 있다. 이 무한 속에 그보다 더 많은 무한의 전개 양식이 내재하고 있다.

한편 불자는 오히려 무한에서 부처의 자비를 느낀다. 그 예로『관무량수경(觀無量壽經)』(서정주 옮김)의 한 구절을 인용한다.

연꽃 마음을 내 그 연꽃 잎잎으로 일백 가지 좋은 빛을 내어보아라. 팔만 사천 이랑 맥이 하늘의 그림같이 거기 있으니 맥에 있는 팔만 사천의 빛이 모두 다 눈을 떠 두루 보게 하여라. 아무리 작은 꽃잎사귀도 가로세로 뻗쳐서 일만 리는 가느니……

상호 작용

　상호 의존성이란 하나가 타의 존재를 가능케 하고 역으로 타가 하나의 존재를 정하는 현상이며 모두가 고립적으로 존재할 수 없음을 의미한다. 서로가 타의 존재를 가능하게 하는 일즉다 다즉일의 세계이기도 하다.

　모든 것이 실체가 있는 것처럼 보이지만 마치 강물의 한 방울의 물과도 같이 찰나마다 복잡한 연의 얽힘 속에 나타나고 사라지는 데 불과하다. 한 방울의 물이 강물을 이루고 강물과 한 방울의 물은 서로 얽혀 있다.

　생명은 유일한 분자적 기본단위에서 발생하지는 않으며 여러 분자적 존재의 상호 작용 결과로 발생하는 것이다. 곧 모든 현상이 색(色), 수(受), 상(想), 행(行), 식(識)으로 이루어진다(『오온설』). 각각은 단순히 화학적 단위에 불과하지만 그것의 상호 작용, 즉 연기로 생명을 발생시키는 것이다. 여러 요인이 얽혀 카오스가 되고 생명은 카오스의 언저리에서 자기 조직으로 발생하는데, 종을 위하는 긍정적인 새로운 질서의 형성은 불심의 결정(結晶)이다.

인간은 기계론적으로 해석할 수 없다

　인간은 머리로만 생각하고 그 지령에 따라 행동하는 것일까? 불과한 세대 전까지만 해도 컴퓨터의 구조를 이용한 인간 지능의 본질을 이해할 수 있다고 생각하여 컴퓨터로 인간의 지능을 대신하는 '인공두뇌'의 개발이 인류의 큰 관심사가 되었다. 즉 '인간은 외부로부터

들어오는 정보를 뇌에 입력하여 머릿속에서 기호, 정보를 처리하는 우수한 정보 기계라고 볼 수 있다'는 입장이었다.

이 생각은 인간의 인식 능력을 오직 대뇌만의 역할로 귀착시킨 데 있다. 생물체의 성장 과정을 유전자에, 경제 동향을 경제 참여자(경제 단위)에만 한정시키는 식으로 어떤 대상을 단순한 요소로 귀착시키는 것과 같은 입장이다. 이 생각대로라면 인간의 인지 능력은 기호 또는 정보 처리가 핵심이 되는 것이므로, 뇌를 끄집어내고 '인공두뇌'를 대신 집어넣는다 해도 아무런 문제가 발생하지 않을 것이다. 그러나 나의 뇌를 다른 몸에 붙인다면 나와 같을 수는 없다.

컴퓨터가 인간의 이성을 대신할 수 있다는 인공두뇌에 대해서는 인간이 우수해진 컴퓨터를 지배한다는 낙관론과, 컴퓨터가 인간 지성의 한계를 넘어 인간을 지배할지도 모른다는 비관론의 엇갈린 견해가 있다. 어쨌든 이 상반된 두 견해는 모두 인간의 복잡성, 또는 연기성을 무시한 채 컴퓨터를 과대 평가하고 인간의 인지 능력을 오해하고 있는 것이다.

뇌, 신체, 환경은 삼위일체

인간은 뇌를 포함한 몸 전체로써 환경에 대응하여 판단하며 행동한다. 때로는 인간의 판단은 머릿속에서 하는 기호 처리보다는 오히려 환경적 요소에 큰 비중이 있다. 인간은 몸 전체로 수시로 변화하는 환경과 정보를 주고받으며 대상을 인식하고 행동한다. 즉 인간의 몸 전체가 정보를 처리하는 유기적인 매체인 것이다.

생태심리학에서는 '어포던스(affordance)'를 '인간 행동에 결정적인 영향을 주는 환경적 요소'로 정의한다. 이 사실은 불교적 표현으로는 '여러 환경적 요소와 자신과의 연기 관계'라고도 할 수 있다. 가령 운전중에 갑작스럽게 위험이 나타나면 반사적으로 급브레이크를 밟는다. 기계를 능숙하게 다루는 솜씨도 마찬가지로 머리에서 판단한 행동이 아닌 몸 전체가 위험에 직관적으로 대처한 것이다. 생각에 앞서 손발이 먼저 움직이는 것이다.

이 현상을 경제학으로 옮겨서 생각해보자. 인간은 과거의 경제학에서 말해온 것처럼 이익 추구의 방향으로 합리적으로만 행동하는 것은 아니다. 오히려 이익 타산보다는 감정이나 습관 등 다양한 심리적 환경적 요소의 영향을 받고 경제적 행위를 한다. 가령 갑자기 치솟은 주식을 갖고 있는 사람이 머리로는 다시 하락할 것을 알면서도 혹시나 하는 마음(꿈의 암시나 습관 등으로)에 그 주식을 팔지 않는 것은 이익 타산에는 맞지 않는 짓이다. 사회학은 이것을 '몸 속에 파묻혀 있는 사회'라고도 표현하는데, 이것 또한 어포던스이다.

어포던스에는 역사 체험 또는 자연적 환경도 포함된다. 인간의 경제적 정치적 사회적 행위는 단순히 이성에만 의존하지는 않으며 과거의 문화적 전통이나 관행 등에 영향을 받는다. 문화 전체가 어포던스로서 인간의 행동에 영향을 주고 있다. '인간은 몸 전체로서 사회를 담고 있는 복잡계'이며 역사와 사회의 여러 요소와의 사이에 이루어지는 연기의 결과로서 존재하는 것이다. 연기를 야기하는 요소는 수없이 많고 그 전개 양식 또한 다양하다. 뇌, 몸, 역사를 포함한 넓은 의미의 환경은 하나의 복합체로서의 인간을 형성한다. 이들은 서로 따로 존재하지는 않으며 상호 깊이 관련되어 있다.

불치로 여겨온 암도 치료할 정도로 발달한 의학이 신경성 두통이나 신경성 위장염 등과 같은 병에 대해서는 그 원인을 정확히 밝혀내지도, 또 완벽하게 치료하지도 못한다. 그것은 종래의 의학이 인간의 병인에 대해 정신적인 측면을 배제한 채 세포 또는 병균의 차원에서만 파악했기 때문이었다. 그러나 불교는 처음부터 모든 것이 연으로 연결되어 있다는 입장이다. 희로애락과 생로병사 등을 포함하여 인간에 관한 모든 것을 연기로 파악한다.

어포던스의 관념은 한 인간을 둘러싼 연기 관계를 노래한 무량수경의 세계가 결코 과장이 아님을 시사하고 있다.

환경과의 대화

인간은 의식과 대상의 관계에서만 물건의 의미를 생각하는 것이 아니라, 몸 전체로 환경과 대응하면서 그 속에 있는 여러 대상을 인식하고 행동을 취한다. 이를테면 몸 전체가 정보를 처리하는 매체인 것이다. 인간을 둘러싸고 있는 환경적 요소가 모두 연기의 관계, 즉 상호작용을 이루는 어포던스인 것이다.

최근에는 비언어적인 지(知)를 이용하는 과학기술이 등장하고 있다. 이른바 '바이오 되먹임 기술'도 그중 하나다. 실제로 암치료에 사용되고 있는 심층 심리적인 요법은 많은 효과를 거두고 있다.

또한 가상현실 기술의 매우 높은 정보 전달 효과가 인식되고 앞으로 오락에서부터 교육, 의료 분야에까지 실용화가 될 것이다. 특히 심리학과 정신분석의 분야에 이용 범위가 넓다. 이것과 관련해서 인간의 심층 의식이 더욱 주목받게 되고 이와 관련된 선의 연구도 활발해질 것이다. 비언어적인 지의 전달 기술의 발달이 비언어적 정보를 주체로 하는 상호간의 교류를 가능하게 하는 것이다. 정보 사회에서는 뜻하지 않게 불교적 비언어의 세계가 현실적인 의미를 지니게 될 것이다.

심층 의식을 이용한 새로운 치료법의 발달, 즉 인간의 무의식에 영향을 주는 과학, 기술은 사회적 병리의 진단에서도 계속 연구되고 인간의 무의식에 잠재하는 무한의 상상력이 발휘되고 창조적인 지적 세계가 열릴 것이다.

진리의 재해석

연기관에서는 하나의 현상이 나타날 때 서로가 타에 의존하는 것이므로 그 존재 의미를 비교하는 것은 무의미하다. 상식의 세계에서는 비교와 우열, 경중을 따질 수 있으나, 일단 세속적인 상대성을 초월할 때는 세속의 가치는 의미를 잃는다. 선은 철저하게 세속의 가치를 초월한다.

동곽자(東郭子)가 장자(莊子)에게 물었다. "도(道)는 어디에 있는가?" 장자는 "어디에도 있다. 없는 곳이 없다"고 대답했다. "좀더 명확히 말해줄 수는 없는가?" "개미와 같은 벌레에게도 있다." "아주 천한 것들에게도 있다는 말인가?" "불 같은 곳에도 있다." "더욱더 천해지네." "기왓장에도 있다." "천하기가 끝이 없네." "똥, 오줌에도 있다." 동곽자는 더이상 말하려 하지 않았다. 노장(老莊)의 무는 유에 대한 상대적인 것이 아닌 유를 낳은 절대적인 무이므로 무는 무한이기도 하다. 무한에는 중심이 없다. 가령 무한대의 원의 중심을 생각해보자. 원이 무한대이므로 임의의 점에서 원둘레까지의 반지름은 무한이다. 그러므로 유일적인 중심은 없으며 어느 곳도 중심이 될 수 있다. 진리는 절대 무, 즉 어디에도 있다.

불교에서는 모든 것에 절대적인 본체, 또는 실체는 없다고 말한다. 그렇기에 역설적으로 어디에나 상대적인 진리(부처)가 있다. 이것과 관련해서 선문답에는 "불성은 어디에 있는가"라는 물음에 "어디에도 없다" 또는 "어디에도, 아니 개똥에도 있다"(『무문관(無門關)』)고 말한다.

불교와 상대주의

원효대사가 노숙하면서 목마름을 달래기 위해 마신 해골에 담겨진 물맛에 관한 이야기는 여러 곳에서 인용되어왔다. 이 내용은 곧 인간의 판단은 선입견에 좌우되며 그 기반 위에 세워진 지적 체제의 허약함을 말한다. 인간의 의식은 항상 환경에 지배되고, 선입견에 차 있으며, 완전한 이성이 존재할 수 없다. 나 자신도 완전할 수 없고 너도 완전할 수 없다.

화엄 철학에는 불교의 거의 모든 종파가 공통적으로 수용하는 세계관이 담겨져 있다. 절대를 배제하고 세계를 상대적으로 받아들이는 태도야말로 광명의 총화에 수렴되어가는 유일한 길이다.

만물은 광명을 우러러보며 서로가 서로를 비추는 거울이므로 작게는 원자, 분자의 차원에서 크게는 우주 전체에 이르기까지 모두가 다른 것에 의존하며 존재한다.

〔그림1〕 상대성. 보는 위치에 따라 천사 또는 악마로 보인다.

상대적 가치관

세계에 대한 해석

기독교는 초월자 신을 믿는 절대주의 종교이다. 기독교가 지배했던 서구 사회에는 오랫동안 상대주의가 등장할 수 없었다. 상대주의의 등장은 19세기 말 니체까지 거슬러 갈 수 있을 것이다. 그는 "신은 죽었다"고 하여 기독교적인 가치관의 붕괴를 선언하고 니힐리즘(허무주의)에 빠졌다.

상대주의에 관해서는 레비–스트로스(C. Levi-Strausse)의 인류학적인 업적이 있다. 그는 서구인이 비합리적인 것으로 여겼던 원시 사회의 관행과 제도에 명백한 의미를 부여했다. 특히 기독교적인 가족관에서는 미신으로밖에 생각할 수 없는 집단간에서의 여성의 교환 방식이 의미 있는 제도임을 밝혔다.

실제로 오스트레일리아 북부 지방에서 실시한 현지 조사 결과 원주민 물퀸 족의 혼인 규칙은 족내혼과 족외혼의 혼합이며, 그 조합 양식이 매우 까다로웠다. 레비-스트로스는 운 좋게도 부르바키(Bourbaki)학파의 수학자 베유(A. Weil)에게 물퀸 족의 혼인 제도에 관한 자료를 전하고, 그것의 수학적인 구조 분석을 부탁할 수 있었다. 베유는 얼핏 풀릴 수 없을 만큼 복잡하게 보이는 이 혼인 제도를 적절한 기호를 사용함으로써 명쾌하게 현대 수학의 기법으로 설명하고, 이것이 나름의 합리적인 제도라는 결론을 내렸다.

레비-스트로스의 문화 상대주의는 서구 사회에 엄청난 충격을 주었으며, 이는 서구적인 지의 개념에 관한 자기 비판으로 이어졌고, 인간과 이성, 그리고 진리에 대한 전통적인 개념이 무너지기 시작했다. 또한 프로이트와 융의 무의식에 관한 연구는 인간 의식의 명증성을 부정하는 근거를 제시했으며, 이들 일련의 지적 작업은 곧바로 데카르트적인 합리주의에 대한 회의를 불러일으켰다.

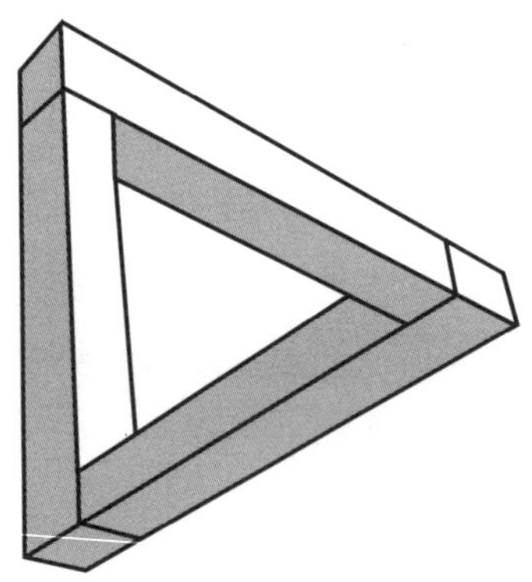

[그림2] 펜로스의 삼각형. 삼각형 내각의 합이 직각이므로 부분적으로는
참이나 전체적으로는 270도가 되어 모순이다.

인간이 신을 만들어냈다

인간이 생각할 수 있는 가장 숭고한 것은 절대적인 존재 '신'이다. 희랍의 시인이자 철학자 크세노파네스(Xenophanes, BC 6세기)는 인간 사고의 한계를 다음과 같이 비꼬고 있다.

어리석은 인간은 신들도 사람처럼 태어난 것으로 생각하고 있다. 자기들과 같은 옷을 입고 같은 모양새를 하며 같은 소리를 낸다고 생각한다. 만일 소와 말들이 손을 가지고 인간과 같이 그림을 그릴 수 있다면 말은 말을, 그리고 소는 소를 닮은 신의 모습을 그려낼 것이다. 에티오피아인은 자기들의 신은 매부리코이며 검은 피부색을 하고 있으며, 토라기아인은 푸른 색깔의 눈과 붉은 머리털을 하고 있다고 믿는다.

요컨대 크세노파네스는 신이 사람을 만든 것이 아니라 사람이 신을 만든 것이며, 인간은 자기가 생각할 수 있는 것 이상의 것을 상상할 수 없음을 강조하고 있는 것이다. 유태 기독교에서는 크세노파네스의 논리에 따라 인간과 신의 모습의 관계를 다음과 같이 말한다.

하나님이 가라사대 우리의 형상을 따라 우리의 모양대로 우리가 사람을 만들고…… 하나님이 자기 형상, 곧 하나님의 형상대로 사람을 창조하시되 남자와 여자를 창조하시고 그들에게 복을 주시며……
—『성서』「창세기」1 : 26~28

자신이 소속된 집단 사회에서 얻어낸 사고, 즉 인간이 신을 만든 것이 아니라 역으로 신이 자신의 모습에서 인간을 만들어놓았다는 것이다. 이 논리에 따른다면 유태인의 신은 유태인처럼 생겼기에 그 모습에 따라 유태인을 만들었다. 즉 유태인의 신은 유태인처럼, 그리고 에티오피아인의 신은 에티오피아인처럼 생겼다는 생각을 갖게 한 것이다. 인간은 신을 생각할 때도 사회적 통념으로부터 자유로울 수 없음을 시사하고 있다.

포이어바흐(L. A. Feuerbach)는 그의 저서 『기독교의 본질』에서 "신학이란 결국은 인간학이다"라고 말했다. 신과 종교는 인간이 자신의 무의식 속의 바람이나 환상을 투영한 것이라는 주장이다.

신은 말이나 소의 모습을 하고 있지는 않지만, 에티오피아인이나 토

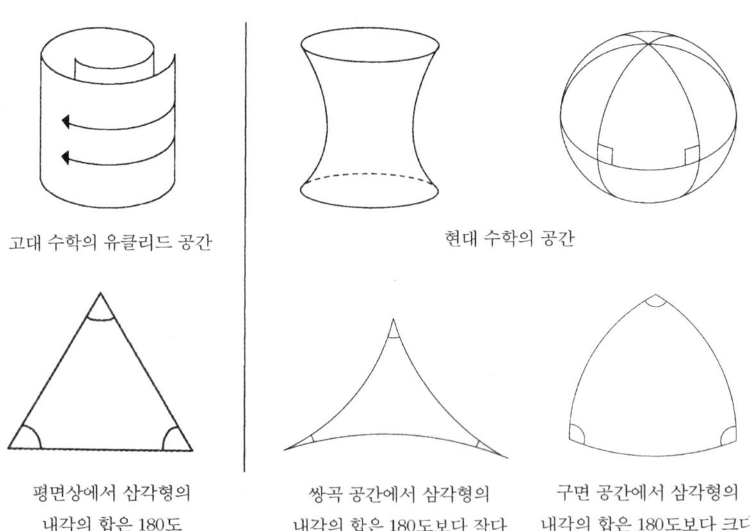

[그림3] 기하학의 상대적 개념

라기아인처럼 생기지도 않았다. 물론 이스라엘인도 흑인도 아니다. 아니다, 아니다, …… 아니다. 모든 것을 부정하고 난 뒤에 도달하는 것은 공(또는 무)일 수밖에 없을 것이다. 공의 철학과 상대주의는 같은 맥락에 있는 것이다. 그러나 눈앞에 전개되고 있는 현상은 무엇인가? '연기의 소생'이라는 말이 불교적인 답이다. 불자가 향하는 길은 일상적으로 당연시하는 좁은 틀에서 벗어나는 일에서 출발한다.

진리는 상대적이다. 기하학은 절대 진리가 아닌 가설에 불과하다. 삼각형의 내각의 합은 180도라고 알려져 있지만, 180도보다 작을 수도 클 수도 있다.

(『카오스와 불교』, 사이언스북스, 2001)

노장 철학의 자연관

이강수

1. 도가와 도교의 차이

노장 철학이란 무엇인가? 중국의 학파를 유가, 도가, 묵가, 명가, 법가, 음양가로 구분하자면, 노장 철학은 보통 도가에 속한다. 기원전 1세기경 사마천의 부친인 사마담이 위의 여섯 가지 학파의 요지를 설명하는 가운데 처음으로 도가라는 명칭을 사용하였다. 그 다음으로 서기 1세기경 『한서예문지』를 쓴 반고가 십가(十家)를 소개하면서 도가라는 말을 사용하고 있다. 십가는 육가에 농가, 잡가, 소설가, 종횡가의 학파를 포함한 것으로서, 이때부터 도가라는 학파의 명칭이 결정되었다고 할 수 있다.

도가 학파의 창시자는 노자이며, 그의 사상을 계승 발전시킨 장자의 사상을 합쳐서 우리는 노장 사상이라고 총칭한다. 이러한 도가, 즉 노장 철학은 동한(東漢) 말 서기 142년경, 민간에 유입되어 사천성의 장도릉에 의해서 중국의 유일한 민간종교라고 할 수 있는 도교로 탄생된다.

도가와 도교의 다른 점은 도교가 종교적 성격을 지니며, 불로장생하는 신선이 되는 것을 목표로 하는 것에 비해, 도가는 하나의 학파로서, 철학적이며 어떤 일에도 흔들리지 않는 정신력을 기르는 것을 목표로 하고 있다는 점이다. 그러나 도가에 기초해서 하나의 민간신앙으로 탄생하게 된 도교가 근본적으로 다를 수는 없다. 그래서 도가와 도교는 개인의 생명을 그 어떤 것보다도 소중하게 여기고 중시하는 것을 공통점으로 한다.

도교 사상의 한 면을 보여주는 양주를 유아주의자(唯我主義者)라 칭할 만큼, 극단적으로 자기 자신의 생명을 중시하는 경향이 나타나고 있다. 그러나 도가는 하나의 철학인 반면 도교는 엄연한 종교이기 때문에 이 둘의 목표가 서로 다를 수밖에 없고, 따라서 양자가 추구하는 방법 또한 다르게 나타난다.

도교에서는 수련과 도인술을 중시하면서 몸과 마음을 유연하게 하고 기(氣)의 원활한 순환을 통해 장수하는 것을 목표로 한다. 그래서 특별한 약을 만들어서 복용하기도 하고, 오곡(五穀)을 먹지 않음으로써 몸의 장수를 이끌어 연년익수(年年益壽)하는 등 기술적인 방법들도 많이 개발되어 있다. 여기서 서양 철학의 인간 중심적 관점과 동양에서 사물 자체로 보는 관점과의 비교를 통해 도인술을 좀더 살펴보자.

의가치이병지후 선가치미병지전(醫家治已病之後 仙家治未病之前), 즉 의가와 선가의 근본 목적은 같으나 도인술에서는 병이 나기 전에 병들지 않는 것이 중요함을 강조한다. 신치기산(神馳氣散)을 막는 수

련은 병이 나지 않게 하는 것으로 이것이 바로 도인술이다. 병이 생긴다는 것은 이미 자연에 따르지 못하는 까닭에 도인술의 취지는 어린아이와 같은 몸과 마음—자연—을 유지하는 것에 있다고 할 수 있다.

서양 철학에서는 인간을 중심에 두지만, 동양의 도의 관점에서 보면 인간이나 물(物)은 동일한 것일 뿐이다. 잡초라고 해서 항상 꽃보다 못한 것이 아니며 생의 의지라는 차원에서 보면 아름다움을 자랑하는 꽃들보다야 잡초가 훨씬 우수할 수도 있는 것이다. 인간과 만물 가운데 무엇을 중심에 두고 보는가는 이처럼 꽃과 잡초에 비유할 수 있다. 사실 도교에는 의학적이고 화학적인 특성을 살린 과학적 방법들이 많은데 비해, 도가에서는 기술적인 도교와는 달리 이론적이고 철학적인 방법들이 많이 강구되어왔다는 점이 중요한 차이점이라고 할 수 있을 것이다.

그렇다면 도가와 다른 학파 특히 유가와의 차이점은 어떤 것일까? 도가가 개인의 생활을 중시한다면 유가는 공동의 생활을 중시한다. 이런 까닭에 중국 역사는 물론이고, 유가의 영향을 받은 동아시아권에서는 사회적 존재로서의 사람의 역할을 중시하여 역사적으로도 커다란 영향을 미쳤다고 할 수 있다. 유가의 역할은 교육과 정치, 윤리와 도덕으로 유가적 소양을 갖추어서 사회적으로 뜻을 펴는 것이야말로 정치·교육면에서 사회적 성공을 하는 것이다. 이와는 달리 도가와 도교는 역사적으로 문학과 예술 및 의술이나 무술, 무병장수하는 것 등 개인적 삶의 욕구와 관련하여 보다 다양한 기능을 발휘해왔다.

유가에 기초한다는 것은 사회를 구성하는 모든 가치들—돈, 명예, 권력—에 의존해서 살아가는 것을 말한다. 그러나 도가는 장상(將相, 장수·재상)의 길이 아니라 신선의 길을 추구하는 것이다. 이것이야말로 시간과 공간을 자유자재로 사용할 수 있는 길이기 때문이며, 이러한 신선의 길은 사회적 힘에 의존해서 살고자 하는 사람에겐 불가능한 일이었다. 생각하기에 따라서 우리는 얼마든지 산사도 찾을 수 있고, 배를 띄우고 풍류를 즐길 수도 있으며, 산수와 더불어 심신을 수련할 수도 있는 것이다. 예로부터 돈과 권력은 세속의 인생에서 사람들을 끊임없이 절망하게 하는 것이었다. 그래서 돈과 권력이 없어도 어떻게 하면 즐거울 수 있는가를 고민하던 사람들은 무병장수하고, 자연을 벗 삼아 지내며 문학과 예술에 소일하는 것으로 여유와 지혜를 쌓아가면, 비록 사회적인 힘이 없어도 활기차게 살아갈 수 있었던 것이다. 이런 이유로 인해 도가에서는 사회적인 힘에 의존하지 않고 살아가는 방법을 여러 가지 측면에서 계발했던 것이다.

2. 노장의 자연관

도가를 자연주의라고도 말한다. 『노자』 25장을 보면 법자연(法自然), 즉 자연을 표준으로 스승을 삼는다는 구절이 등장한다. 이것은 자연에 따라서 생각하고, 자연에 따라서 말하고, 자연에 따라서 행동한다는 것이다.

그런데 이 자연이라는 말은 흔히 생각하듯이 간단한 개념이 아니다. 위진 시대의 유명한 철학자 왕필은 자연을 다음과 같이 말했다.

자연을 일컬을 수 있는 용어는 없으며, 말로써 표현되는 자연은 더이상 자연이 아니다(自然者 無稱之言 窮極之辭).

자연은 그 자체로 궁극적 성격을 갖는 어휘라는 것을 말하고 싶었던 것이다. 왕필이 자연을 이렇게 표현한 이유는 사실 아주 단순한 데 있다. 자연이라는 것은 눈으로 볼 수도, 손으로 만질 수도, 귀로 들을 수도 없으며 말로써 표현할 수 있는 경우는 눈, 손, 귀로 감지할 수 있어야 하므로 사유할 수도 없기 때문이다. 우리가 일반적으로 생각하는 자연은 자연이 아니라, 자연의 한 부분인 사물을 말하는 것에 불과한데도 우리는 이를 원래의 자연과 혼동해서 쓰고 있는 것이다. 자연은 인간의 감각이나 사유에 의해 드러나지 않기 때문에 인간의 언어로는 포착할 수 없는 성질의 것이다.

『장자』「소요유」편 첫머리를 보면 '천지창창 기정색야(天之蒼蒼 其正色邪)'라고 반문하는 구절이 있다. '푸르고 푸른 저 하늘이 그의 바른 색깔이더냐'는 뜻으로 우리의 시각에 드러나는 자연은 자연의 참모습이 아니라는 것을 보여주고 있다 하겠다.

보아서 보여질 수 있는 것은 모양과 빛깔이고, 들어서 들려질 수 있는 것은 이름과 소리이다. 슬프다! 세상 사람들은 그 모양과 빛깔, 이름과 소리로 그것의 참된 실상을 얻었다고 여기는구나. 이름과 소리로써 그 실상을 얻을 수 없다면, 지자(知者)는 물어도 말하지 않을 것이며 말하는 사람은 모를 것이니 세상 사람들이 어떻게 그것을 알 수 있겠는가?

故로 視而可見者는 形與色也요

聽而可聞者는 名與聲也라.

悲夫라. 世人은 以形色名聲으로 爲足以得彼之情이니라. 夫形色名聲은

果不足以得彼之情 則知者不言하고 言者不知而世豈識之哉아.

(『莊子』,「天道」)

이는 『장자』「천도」편에 나오는 구절로서, 자연의 참모습은 사람의 감각기관이나 사유기관에 의해서 드러나지 않으며 그것은 자연의 표상일 뿐이라는 것을 지적하고 있다. 이에 대해서 「응제왕(應帝王)」편에서는 혼돈 개념으로 이를 설명하는 대목이 나온다.

남해의 제왕은 숙이고 북해의 제왕은 홀인데 그 중앙의 것이 혼돈으로, 숙과 홀은 늘 혼돈의 땅에서 서로 만났다고 한다. 혼돈이 그 둘을 항상 잘 대접해주었고, 혼돈에게 구멍이 없는 것이 안타까워서 숙과 홀은 그에 대한 보답으로 7개의 구멍을 뚫어주기로 했다. 사람에게는 7개의 구멍이 있어서 숨쉬고 듣고 말한다. 그러나 날마다 하나씩 뚫어주어 7일이 되던 날, 혼돈은 죽고 말았다. 일본의 노벨 물리학상을 받은 후쿠자와 유키치가 이 글을 보고 중성자 이론의 힌트를 얻었다―그 이유는 알 수 없지만―는 이야기가 있다.

만약에 자연이 보고 듣는 것에 의해서 개념지어진다면 자연은 갈기갈기 찢어지고, 동시에 살아 있는 유기체로서의 자연은 죽어버리게 될 것이다. 유기적인 자연은 전일자(全一者)로서 일체를 포함하며, 지구나 태양을 움직이는 일체의 힘과 물질적인 것, 정신적인 것 모두를 가리킨다. 예를 들어 자연과학자들은 자연을 대상화하여 실험하고 측정해서, 다른 사람에게 같은 조건하에서 이러한 실험 결과를 똑같이 보여줄 수 있는 재현 준비를 하는 사람들이다. 이때의 자연은 자연의 일부로서 도가의 표현에 의하면 물(物)에 해당한다고 볼 수 있다. 흙과 물, 대기, 삼림이나 숲, 해와 달, 산과 강, 이 모두가 자연의 물인 것이다. 동양 철학의 오행 역시 자연의 물이다. 그리고 이 모든 것을 움직이는 원동력인 음과 양도 자연물인 것이다.

　장자의 자연은 천(天), 도(道), 자연(自然)의 세 가지 개념이 얽혀 있다. 기독교에서는 천이라는 말 대신 신이나 하나님이라는 말을 사용한다. 그런데 이와 같은 천, 도, 자연의 개념은 대단히 방대하고 심오한 의미를 갖는 까닭에 이들의 경계선을 확연히 구분짓기가 어렵다. 여기에 나타나는 천의 용례를 보면 천공(天空), 천지(天地), 천연(天然)의 개념으로, 천공은 하늘로서 육안의 대상이고, 천지는 우주(장자의 고유개념이 아니라 일반적인 용례로)이며, 천연은 흔히 오늘날의 자연의 개념에 해당된다고 하겠다. 천지에 대해서는 ‘천지자 만물지총명야(天地者 萬物之總名也)’라 하여, 천지란 만물을 총칭한 도라고 말한다. 천지는 우주이고 일체의 존재자인 만물은 그 안에 있으며, 이러한 천지를 존재하게 하며 지탱하고 변화시키는 것이 바로 도인 것이다.

　道可道 非常道(『老子』1장)
　夫道…… 無爲無形…… 自本自根 未有天地 自古以固存 神鬼神帝 生天生地 (『莊子』,「大宗師」)

　원래 도가에서는 참된 도를 언어로 표현할 수 없다고 하지만, 이해를 돕기 위해 위의 인용문을 언어로 설명한다면 다음과 같은 뜻이 된다.

　도라는 것은 형체가 없고 위함이 없으며, 자기가 뿌리이고 자기가 근본이고, 천지가 있기 이전부터 있어왔으며, 귀신과 상제(일체의 삼라만

상을 주재하는 것)와 같은 위대한 것으로 하여금 엄청난 힘을 발휘하게
하며, 천지를 낳는다.

　도는 일체의 존재와 힘의 근원으로 천지만물을 움직이고 존재하게
한다. 그리고 이와 같은 도는 스스로 존재하고 움직이는 데 다른 무엇
인가를 필요로 하지 않는다. 즉 그 어떤 것에도 의존하지 않는 것이 도
이다. 우리는 태어나서 성장하는 과정에서 부모님에게 의존하며 살아
간다. 이와 같이 의존적인 것을 유대(有待)라고 한다면, 도와 같이 그
어디에도 의존적이지 않은 것을 가리켜 무대(無待)라고 말한다. 이러
한 점에서 도는 현상계의 사물과는 뚜렷하게 구분되는 것이다. 현상계
의 사물들은 한결같이 다른 것에 의존하며 그의 짝이 되는 것이 있게
마련이어서 이를 대대(對待)라고 부른다. 현상계의 모든 사물은 대대
로 이루어져 있기 때문에, 피(彼)는 차(此)의 전제가 되고 이로 인해
차는 다시 피를 불러일으키는 것이다. 옳은 것에 대한 그른 것, 유에
대한 무, 앞에 대한 뒤, 어려운 것과 쉬운 것 등등 현상계의 예를 들자
면 이루 헤아릴 수 없다. 그러나 천지만물의 본체인 도는 피도 차도 아
닌, 그것을 넘어선 것이다. 그래서 장자는 '피시막득기우위지도추(彼
是莫得其偶爲之道樞)'라 하여 피와 차의 짝을 찾을 수 없는 것이 도의
중추라고 말했다. 장자와 노자는 도의 이러한 특징을 독(獨)이라는 말
로 표현하였는데, 이는 독립해서 변하지 않는 의미를 갖고 있다. 짝이
있음으로 해서 성립될 수 있는, 그와 같은 일자(一者)는 존재하지 않는
다. 나와 너, 주체와 객체 등은 사유 세계에서 성립되는 것으로, 감각
할 수 있는 것(보는 자와 보이는 자, 생각하는 자와 생각되는 자가 있어야
성립되는 것)은 도가 아니기 때문이다. 그러므로 도는 생각하지 않는,

즉 욕구하지 않는 것이다.

또 도는 사랑도 미움도 없으며, 어떤 것을 만들지도 않는 무위(無爲)한 것이다. '천도무친(天道無親)'이라 하여 도는 어떤 것을 친하게 하지 않으며, 대상이 없으므로 가까이하지도 사랑하지도 않는 것이다. 기독교에서 말하는 신은 사랑하는 신일지는 모르나, 이미 그 속에는 벌써 신과 사랑받아야 할 대상이 나뉘어 있기 때문에 그런 신은 절대자라 할 수 없다.

도는 언제나 무위하지만 그에 의해 안 되는 것이 없으므로 동시에 무불위(無不爲)라 한다. 그리고 도는 무위할 뿐 아니라 자연하다고도 말할 수 있다. 그것은 동전의 양면과도 같아서 무위와 자연은 표리관계에 있으며, '도상무위이무불위(道常無爲而無不爲)'라고 한다.

또 도는 사연(使然)이 아니다. 이것은 자연의 대조적인 개념으로 시킨다든가 피동, 수동적인 의미가 아니라는 뜻이다. 도는 자신 이외의 어떤 것에 의해서도 움직이지 않으며, 그 스스로 움직이는 까닭에 자연이라고 말한다. 사물은 그에 가해진 힘의 크기만큼 움직이지만, 도는 그 자체로 영원히 움직이는 것이다. 그래서 도의 움직임에는 시작과 끝이 있을 수 없다. 만약에 해와 달의 움직임이 하루라도 멈춰버린다고 상상해보라. 그것은 있을 수 없는 일일 것이다.

3. 자기 방식이 아닌 사물 그 자체로

노자와 장자는 바로 이와 같은 도의 자연을 행위의 최고 표준으로 삼았던 까닭에 법자연(法自然) 또는 순자연(順自然)이라고 말한 것이다. 순자연은 자연에 따르는 것으로 자신의 의도, 목적, 욕구, 선입관 등의 일체를 버려야 한다. 욕구가 있다는 것은 아직도 실현해야 할 것이 있다는 말이다. 장자는 이것을 '순물자연이무용무사언(順物自然而無容無私焉)'이라 표현한 바 있다. 사(私)는 객관적 보편성이 없으며 특정한 시대와 지역, 그리고 교육받은 경험에서 비롯되는 것이므로 그 시대, 지역, 교육에 국한된 의식은 보편성을 상실하게 되는 것이다. 따라서 그런 것을 표준으로 삼아 생각하고 행동하고 말한다면 이는 본시 자연과 크게 어긋날 수밖에 없다.

개인의 생각을 배제하고 사물을 그 자체로 보는 것이 중요하다. 사물을 그 개인의 생각인 사(私) 자체로 보면, 물오리의 다리는 짧고 학의 다리는 길다고 볼 수 있다. 그러나 사물을 그 자체로 보면 물오리의 다리는 짧지도 않고, 학의 다리도 길지 않은 것이다. 오히려 각자의 환경에서 살아가는 데 그들이 갖고 있는 신체적 특성은 최적의 조건임을 알 수 있다.

장자는 '이기양양조(以己養養鳥)'와 '이조양양조(以鳥養養鳥)'를 구분해서 설명하고 있다. 전자는 자기의 방식으로 새를 기르는 것을 말하고, 후자는 새의 방식으로 새를 기르는 것을 말한다.

옛날에 귀한 새 한 마리가 노나라 바닷가에 날아들어왔는데, 노나라 왕이 새를 소중히 모셔다가 경건한 장소인 묘당에 모셔놓고 크게 잔치를 베풀어 좋은 음식으로 대접했으나, 그 새는 눈이 어지럽고 마음이 편치 못해서 감히 물 한 모금 마시지 못하고 사흘 만에 죽었다는 이야기가 전자에 해당되는 것이다. 이 이야기가 말하는 메시지는 자기 중심으로 새를 기를 것이 아니라, 사물은 사물 그 자체로 보는 것이 중요하며, 따라서 새는 아무리 귀한 것일지라도 새의 방식으로 길러야 함을 뜻하는 것이다.

『장자』 제3편을 보면 양생주(養生主)의 포정해우(庖丁解牛) 일화가 있다. 백정인 포정이 임금을 위해서 소를 잡는데, 소를 잡는 모습이 마치 춤을 추고 음악을 연주하는 것과 같이 예술적인 경지에 이르렀기에 임금이 그 기술을 감탄하니, 포정이 답하기를 자신은 기술로 소를 죽이지 아니하고 도(道)로써 소를 풀어내었다(解)고 하니 이는 곧 소의 자연스러운 결을 따라서 칼날이 스며들도록 했다는 것이다. '이무후 입유간(以無厚入有間)'은 두께 없는 칼날이 소의 근육과 뼈 사이의 넓은 틈으로 들어간다는 표현이다. 허심(虛心)이란 녹이나 때를 벗겨낸, 갈고 닦은 마음으로 어떤 일에 의해서도 상처받지 아니하고 처리할 수 있는 상태를 가리키는 것으로 이는 철학의 기본이라 할 수 있다. 사물에는 결이나 조리가 있어서 이를 잘 이용하면 오묘한 작용을 낼 수 있으므로, 이를 가리켜 법자연이라 하는 것이다.

이를 정치에 원용한 것이 '무위지치(無爲之治)'와 '인위지치(人爲之治)'의 개념이다. 『노자』 17장을 보면 '태상 부지유지 기차 친이예지 기차 외지 기차 모지(太上 不知有之. 其次, 親而譽之. 其次, 畏之. 其次, 侮之)'라 하였는데 그 뜻을 보면, 최상의 정치를 하는 사람을 태상이라 하였으니 그가 정치를 하면 그 아래의 성향은 그가 있는지도 모르니, 이것은 그 통치 행위가 인간의 자연적인 사람과 모순되지 아니하므로 마치 몸에 잘 맞는 옷을 입었을 때 옷을 입었는지 안 입었는지를 모르는 것과 같다고 했다. 이 수준 아래의 정치는 그가 통치를 잘한다고 가까이하여 친양하는 것이며, 그보다 더 아래 수준의 정치는 권위주의 정치이며 그것보다 저질의 정치는 멸시하는 것이라는 이야기다.

예부터 말을 잘 다스리는 이를 백락이라 하였고, 나무를 잘 다스리는 이를 목공, 흙을 잘 다스리는 이를 도공이라 하였다. 무위정치를 하는 태상의 정치가 무너진 이유를 두고, 장자는 다스림을 받는 처지에서 볼 때, 백락과 목공과 도공이 말, 나무, 흙의 성질을 변하게 할 수 있듯이, 만일 성인의 다스림이 그의 생각대로 행해진다면 백성들의 참된 성품을 해칠 수 있다고 지적한다. 이것은 무슨 말인가? 아무리 성인이라 해도 그의 시대, 지역, 교육 내용의 제한이 있을 수밖에 없다는 것이고, 그럼에도 불구하고 그의 생각을 고집했다면 깊고 포괄적인 시각이 결여된 채, 다만 자기 의도에 의해서 통치했다는 것이 된다는 것이다.

장자는 이러한 의식에 입각한 행위를 인위(人爲)라 하고 가장 나쁜 행위가 인위에 의한 통치 행위이며 이것이야말로 온갖 갈등과 싸움의 원인이라 하고 있다. 상벌, 도덕, 법제 등에 의한 행위라든지, 이를 중시한 법가나 유가의 다스림을 인위의 다스림이라 하여 배격했던 것이다. 또한 인위의 다스림은 의존심을 기르게 된다. 유가적 통치에 의한 우리 민족의 의존심은 지금도 크게 그 영향이 남아 있으니(집안이나 동창, 그 지역에서 권력이 있는 사람이 나오면 그에게 의존하는 경향), 이것은 자연스럽게 사는 것에 대한 적이며 어지럽힘이자 삶의 영역을 제한하는 작용이라는 것이다. 이에 반해 무위의 정치는 자연에 맡김으로써 백성들 각자의 자발성에 의한 다양한 개성의 실현을 꽃피우는 것이다.

장자는 '이물관지(以物觀之)'와 '이도관지(以道觀之)'의 구별을 통해서 보듯이, 비단 정치만이 아니라 일반적인 사물을 바라보는 것에 대해서도 이야기하고 있다. 사물 자체로 사물을 보면 보다 깊고 넓게 볼 수 있는 법이다. 때문에 무엇보다 한정된 자기 중심의 관점에 서서 사물을 보는 행위를 배척한다.

사람은 습한 곳에서 잠을 자면 허리병을 얻어 몸이 마비되어 죽는다. 하지만 미꾸라지도 그럴까? 갈장이라는 동물은 원숭이를 암컷으로 삼고, 고라니는 사슴과 교미하며, 미꾸라지는 물고기와 노니는데, 사람들이 미인이라고 일컫는 모장과 여희는 물고기가 보면 깊이 숨어버리고, 새가 보면 날아가버리며, 사슴이 보면 뒤도 보지 않고 달아나버리니, 사람과 사슴, 새, 물고기 중 천하의 절색을 알아보는 것은 도대체 어느 것이라 할 수 있을까?

이런 예는 무수히 있다. 사람과 사슴, 새, 물고기의 보는 관점이 서로 다르니, 사람에 의해 드러나는 세계와 다른 사물에 의해 드러나는 세계는 다를 수밖에 없는 것이다. 그런고로 사람의 세계에 입각해서 다른 사물의 세계를 바라보아서는 안 된다. 이처럼 도의 관점에서는 언제고 나와 남, 옳은 것과 그른 것, 귀한 것과 천한 것의 구분이란 없는 것이다.

4. 환경 문제에 대한 노장의 견해

오늘날 우리가 직면하고 있는 생태계의 파괴, 지구 자원의 고갈, 흙과 물과 공기의 오염과 같은 환경오염 문제는 인류가 자기 중심적인 관점에서 사물을 봄으로써 일어난 피해들이다. 앞에서 거론한 노장의 자연관으로 돌아간다면 우리는 이제라도 환경 문제의 해결을 위해서는 사물을 사물 그 자체로 보고, 도(道)의 관점으로 보아야 할 것이다. 도란 일체 사물의 본체이기 때문이다.

『장자』를 보면 사물을 있는 그대로의 모습, 즉 그 자체로 보는 것에 대해 많은 언급을 하고 있음을 알 수 있다. 그중에 '사물들은 피(彼) 아닌 것이 없고 차(此) 아닌 것이 없다고 하는데, 이편에서 보면 저편이 보이지 않고 저편에서 보면 이편이 보이지 않으니 이것도 저것이며 저것도 이것이다. 이것은 이것 나름의 시비가 있고 저것은 저것 나름의 시비가 있으니, 과연 저것과 이것의 구분이 있는가. 이것은 이것이면서 동시에 저것이고, 피는 피이면서 차이고, 차는 차이면서 피이다' 라는 대목이 나온다. 형식 논리에서 보면 A는 A이면서 B일 수 없으나, 도의 관점에서 사물을 있는 그대로 보기 위해서는 대대적인 시각 전환이 요구되는 것이다. 즉 사물들을 전면적으로 보려면 도의 관점으로 보아야 하며, 도의 관점으로 보면 그 어떤 무궁한 변화일지라도 그 관점에서 해석이 가능하다. 노자, 장자의 도가 사상은 인간과 자연의 조화를 추구하는 것을 중심 사상으로 하고 있다. 이것을 천인합일 사상이라고 말하기도 한다.

『장자』에 '천지여아병생 만물여아위일(天地與我竝生 萬物與我爲一), 즉 천지는 나와 함께 살고 만물은 나와 더불어 하나' 라는 구절이 있다. 장자에 의하면 자연은 원래 평형과 조화를 이루어왔으나 자연계에 인간이 등장함으로써 환경을 변형, 개조하고 자연과학적 지식과 기술을 만능의 도구로 삼아 자연계를 조작한 결과로 결국 지구 속의 생태계는 끊임없이 파괴되기 시작한 것이다. 생태계는 인간이 삶을 영위할 수 있는 유일한 터전이다. 그러므로 생태계의 파괴는 나무에 오른 사람이 그 나무의 밑동을 자르는 행위와도 같이 참으로 어리석은 짓이다. 따라서 지구 위에 살고 있는 인간은 그 자연과의 조화를 모색하는 것이 정말 근본적인 일이다. 어떻게 하면 인간은 자연과의 조화를 이룰 수 있을까?

그것은 건전한 자연관에 바탕을 둔 인생관이 분명하게 정립될 때 실현할 수 있다. 그러면 어떻게 건전한 자연관과 인생관을 마련할 것인가? 여기서 우리는 자연과학에 대해서 생각해볼 필요가 있다.

자연과학은 자연을 해명할 수 있는 좋은 수단임에는 틀림없으며, 이러한 자연과학의 발달이 우리들에게 수많은 편리와 생활의 윤택함을 가져다준 것도 사실이다. 그러나 자연과학의 이러한 위력은 현대 사회에 들어서 그 정도가 지나치게 되어 과학 만능주의로까지 확대되어버렸다. 오늘날은 눈부신 과학기술 이면의 심각한 문제들이 속속 드러나게 되었고, 구체적 현상으로서 우리 앞에 등장한 환경의 파괴, 지구 자원의 고갈, 생태계의 파괴, 핵무기의 위험, 인간 소외 등의 난제들 앞에서 이제 인간은 현대 문명의 재검토를 심각하게 고려하기에 이른 것이다. 뉴턴, 데카르트, 갈릴레이 등에 의한 고전 물리학에 바탕을 두고 있는 자연과학은 아름다움의 세계, 인격의 세계, 가치의 세계, 영혼, 정신 등과 같이 복잡하고 오묘한 것들을 배제하는 것을 특징으로 한다. 하지만 지금까지 숭배되어온 자연과학적 세계관으로는 현대 문명이 파생시킨 갖가지 문제들을 해결해나갈 수 없으며, 이러한 이유에서 오늘날은 전세계적으로 세계관의 거대한 변혁을 요구하는 목소리가 여기저기서 등장하고 있는 것이다. 88올림픽 기념 국제학술대회의 환경분과에 참석했던 많은 학자들은 오늘날의 여러 가지 난제를 해결하기에는 서구의 과학 문명적인 세계관과 지성이 이미 그 바닥을 드러냈음을 시인하면서 동양의 지혜에 새로운 관심을 나타낸 바 있다.

또 요즈음에는 신과학주의에 대한 관심이 높아지고 있다. 데이비드 봄, 프리초프 카프라, 게리 주커브 같은 많은 학자들은 여러 측면에서 현재의 문제점 해결을 모색하고 있는데, 이들은 공통적으로 서양의 과학주의적인 현대 물리학의 이론들과 동양의 고전 속에 담겨 있는 지혜의 만남을 시도하고 있다.

마지막으로 도가의 '이도관지(以道觀之)'의 사상을 현대의 문제들과 관련해서 우리가 되살려야 할 의의를 네 가지로 정리해본다.

첫째로 도가의 사상은 비분할주의라는 점이다. 도가에서는 우주를 수많은 사건과 사물들이 헤아릴 수 없이 많은 방식으로 변하고 있는 역동적 유기체로 인식한다. 분할주의는 생태계의 파괴, 갈등, 대립, 투쟁 등을 일으키기 때문에 앞으로 창조해야 할 새로운 문명을 결코 뒷받침할 수 없다. 지금의 시대는 비분할적인 전일적 세계관이 필요한 것이다. 이를 뒷받침하는 것이야말로 도가 사상에서 찾을 수 있는 것이다.

둘째는 다원주의이다. 사람들이 보는 세계는 자연의 전체가 아니며 비록 실험에 의해 검증되었을지라도 그것은 전 영역에서 입증된 것이 아니다. 그러므로 어떤 결과를 놓고 이를 모든 영역에 적용하는 것은 무모한 짓이다. 하나의 가치관이 모든 사람에게 받아들여져야 한다는 획일주의는 지양되어야 한다. 각 영역에 알맞은 원리와 이론들이 제 나름대로 키워질 수 있는 다원주의는 새로운 문명에서 절실한 것이다. 이러한 다원주의의 토대 역시 도가 사상에서 찾을 수 있다.

셋째로 개방성을 들 수 있다. 일체 존재자들의 바탕이 되는 세계는 헤아릴 수 없이 많은 사물들을 포용할 수 있도록 비어 있다. 이것을 허(虛)의 세계라고 하며, 아무것도 담고 있지 않으므로 무엇이든지 담을 수 있는 것이다. 그래서 일체 존재자와 모든 운동의 원천이 될 수 있다. 이러한 세계와 상반되는 우리들의 현실을 비유하자면 마치 어떤 한 여자나 한 남자가 결혼을 하면 모든 남자, 여자를 배제하는 것과 같다고 할 수 있다. 하지만 실상은 이 광활한 넓은 허의 바다에서 일체의 사물이 생겼다가 사라지는 것이다. 따라서 이러한 세계는 폐쇄되어 있지 않고 열려 있으며, 이 개방성이야말로 새로운 세계의 바람직한 모습일 것이다.

마지막으로 이성주의, 합리주의를 들 수 있다. 지난 시기에 이성은 주지주의적 경향으로 주로 쓰였으며 특히 베이컨 이후에 쓰여진 이성은 주로 지성을 뜻하는 것으로 한정되었다. 그러나 그런 이성은 인간의 여러 본성들을 배제하며, 주지주의적 이성은 순수한 정감이나 인격, 아름답고 성스러운 인간의 영혼까지도 배제하곤 했다. 그러나 새로운 문화 창조에 기여할 수 있는 이성은 정량화된 주지주의에서 벗어나 인간의 모든 활동, 예를 들면 문학, 예술, 종교 등을 뒷받침할 수 있어야 하며, 이것 역시 도가에서 중시하는 덕(德)의 개념으로 일체의 인간 활동에 뒷받침이 되는 깊고 넓은 이성의 세계를 닦아야 한다.

이와 같이 유기체적이고 천인합일의 사상으로서 도에 도달할 수 있는 방법은 무엇인가? 그리고 이러한 사상을 바탕으로 해서 오늘의 사회를 바람직한 방향으로 변혁하기 위해서는 무엇이 선행되어야 할 것인가?

무엇보다 중요한 것은 거듭 강조하지만 세계관의 변화이다. 인간이 이끌어온 인간 위주의 세계관을 벗어나, 위에서 말한 네 가지를 바탕으로 한 세계관, 인생관의 정립이 이루어져야 한다. '인능홍도 비도홍인(人能弘道 非道弘人)', 즉 사람이 도를 넓히는 것이지 도가 사람을 넓히는 것은 아니라는 것이다. 그러기 위해서는 끊임없는 탁마가 필요하다. 개인적인 수행과 집단적 노력이 동시에 필요한 것이다. 그리고 이러한 이론을 바탕으로 국민적인 합의와 여론을 수렴해 나가도록 노력을 계속해야만 할 것이다.

(『동양 사상과 환경 문제』, 한국불교환경교육원 엮음, 모색, 1996)

---

* 이 글은 숙명여자대학교 국어교재편찬위원회가 펴낸 『대학국어』(숙명여자대학교 출판부, 1998)에 수록되어 있다.

마음의 지향성과 사회성

소흥렬

1. 달마의 안심문답(安心問答)

『조당집(祖堂集)』에 있는 달마 스님과 혜가의 문답을 법정 스님이
옮긴 것이다.[1]

달마 스님을 찾아간 혜가가 물었다.

"스님, 제 마음이 몹시 불안하오니 마음을 편하게 해주십시오."

달마 스님이 말했다.

"그래? 어디 그럼 네 마음을 가져오너라. 편하게 해주마."

한참 망설이던 혜가는 이렇게 얘기했다.

"아무리 마음을 찾아보아도 찾을 수가 없습니다."

---

1) 법정, 『말과 침묵』, 샘터사, 1982, 259~260쪽.

나 새로운 이론들이 제시되고 검토되어 수용 또는 폐기되는 무대라고 할 수 있다.

'시장의 우상'은 '시장으로서의 마음' 또는 '시장에서의 마음'의 기능을 말해준다. 시장은 상품을 거래하면서 또한 말을 주고받는 곳이다. 정보 교환을 하는 곳이다. 우리 마음이란 끊임없이 정보 교환을 한다. 그런 과정에서 왜곡된 정보를 믿게 되는 수도 있고, 남에게 거짓 정보를 제공하게 되는 수도 있다. 그리고 그렇게 교환되는 정보는 사실적인 내용과는 무관하게 과장되어 재생될 수도 있다. 시장은 말이 말을 만드는 곳이기도 하다. 인간의 마음은 그러한 시장 기능을 통하여 말을 만들어내고 정보 교환을 한다.

'동굴의 우상'은 '동굴로서의 마음'의 특성을 말해준다. 우리의 마음은 그 자체만의 독자적인 세계를 형성할 수 있다. 극단적으로는 하나의 단자(monad)처럼 여길 수도 있다. 이것은 우리 마음의 주관적 관점을 가능하게 하며, 바깥 세상과 마음의 세계를 구별할 수 있게 한다. '내 마음'의 개념은 이러한 독자성과 주관성에 근거한다고 생각된다.

'종족의 우상'은 '이성으로서의 마음'을 말해준다. 인간의 특성이나 본질을 '합리적 동물'로 규명하고자 한 것은 인간 이성이 다른 동물의 능력과는 구별되는 특수 능력임을 말한다. 이성적 사유를 할 수 있게 하는 인간의 마음은 다른 동물들의 인지 능력과 구별되는 우월감을 주기 때문에 인간만이 마음을 가졌다거나 인간만이 영혼을 가졌다는 주장을 하게 한다.

우리의 마음은 동굴에 비유되는 폐쇄적 자기 세계 안에서만 기능할 수도 있고, 그 동굴을 벗어나 극장과 시장이 있는 바깥 세상에서 기능할 수도 있다. 그러나 바깥 세계이든 마음속의 세계이든 그것은 인간의 이성이 제한해주는 한계 세계를 벗어날 수는 없다. 그 제한된 세계는 인간 언어로 표상되는 세계라고 할 수 있다. 왜냐하면 인간의 이성적 기능은 인간 언어의 진화와 밀접한 관련을 맺고 있기 때문이다. 그리고 인간의 언어는 극장과 시장에 비유되는 인간의 사회적 언어 행위와 함께 진화해온 것으로 생각된다. 인간의 마음은 본래 사회적 마음으로 진화된 것이며, 그것은 인간의 언어가 그러한 사회적 관계를 가능하게 해줌으로써 실현될 수 있었으리라는 뜻이다. 그리고 인간의 주관적 세계는 그러한 언어 능력이 진화된 이후에 언어적 표상의 능력이 어느 수준에 달함으로써 실현 가능하게 되었으리라는 것이다. 그러므로 개념화된 자아 의식은 우리 인간에게만 있으리라는 뜻이다.

3. 지향성과 이성

마음의 특징을 표현하는 '지향성'의 개념은 모호하다. 첫째는 마음의 목적적 기능을 뜻하는 개념으로 이해될 수 있다. 둘째는 마음에 표상되는 것 또는 마음의 내용물이라고 할 수 있는 관념은 모두 무엇에 관한 것, 즉 정보적인 성격을 갖는다는 것을 말하는 개념이 될 수 있다.[2]

목적인으로서의 지향성은 모든 생명체에 공통되는 기본 속성으로 이해된다. 생명체는 무엇이든 목적적 기능이 포함될 수 있다. 그러나 목적적 기능도 넓은 의미의 성향, 경향 또는 속성이라고 할 때 목적적

---

2) D. Dubrobsky, *The Problem of the Ideal*, Progress Publishers, 1988.

성향과 비목적적 성향을 구별해야 하는 문제가 생긴다. 화학적 반응을 일으키는 속성을 생물학적 기능의 속성과 구별해야 하는 것이다.

한편 우리 인간과 다른 생물을 구별하면서 인간만이 목적적 행동을 할 수 있다고 주장한다면 '목적적'이란 말을 아주 좁게 해석하지 않을 수 없다. 인간의 목적적 지향성은 다른 동물에 비교할 때 특이하다는 것을 보여주어야 한다. 이것은 곧 인간의 마음이 다른 동물과는 구별되는 특수 능력을 가지고 있음을 뜻하는 것이며, 그것을 우리는 인간의 이성이라 말해왔다.

이성적 능력의 특이성은 무엇일까? 아마 그것은 인간의 언어 능력과 직접적으로 관련되어 있을 것이다. 다른 동물들에게도 언어 능력이 있다고 보아야 할 것이다. 그러나 인간의 언어 능력이 특이한 것은 일반화할 수 있는 능력에 있는 것 같다. 언어 능력을 가졌다는 것은 언어적 표상의 능력을 가졌다는 뜻이다. 이것은 언어적 정보를 말하며, 지향성의 둘째 의미에 해당하는 심리적 내용을 말한다. 언어를 사용하는 동물은 모두 무엇에 관한 정보를 처리할 수 있는 능력을 가지고 있다. 문제는 그 능력의 수준이 인간과 동물의 차이를 가져온다는 것이다.

인간의 언어 능력은 일반적 사실에 관한 정보를 처리할 수 있게 하는 점에서 특이한 것 같다. 일반적 개념을 사용할 수 있고, 일반적 명제를 사용할 수 있는 점이 특이하다. 이처럼 일반화된 사실을 표상할 수 있는 능력은 함축적 의미를 표현하고 이해할 수 있게 하며 추리의 능력을 갖게 한다. 예컨대 우리는 개개인에 대한 인식만이 아니라 남성 일반, 여성 일반, 한국인 일반 또는 인간 일반에 대한 인식도 할 수 있다. 그러한 일반화를 통하여 우리는 자연법칙을 발견하기도 하고 사회적 규범을 만들기도 한다. 그러나 일반화하는 것은 언제나 제한된 개별 사실들의 경험에 근거하는 것이기 때문에 일반화된 표상의 진리 문제를 제기하게 된다. 잘못된 일반화가 가능하기 때문이다.

이성적 사고에서 기본이 되는 연역 논리적 추리는 일반화된 명제(언어적 표상)를 전제로 한다. 그리고 이성은 일반화된 것을 다시 더 높은 차원으로 일반화할 수 있게 하는 능력을 가지고 있다. 이것은 추상화의 차원을 높이는 능력이라고 할 수도 있다. 인간만이 종교와 예술과 과학과 철학을 발전시켜올 수 있었던 것은 이러한 추상화 또는 일반화를 가능하게 하는 언어 능력의 힘이라고 생각된다. 또한 이러한 일반화나 추상화는 모두 진리의 문제를 수반하기 때문에 그것이 거짓 믿음, 거짓 이론, 즉 잘못된 일반화일 가능성을 내포한다. 아마 거짓을 진실로 믿을 수 있는 존재도 인간밖에 없을 것이다. 이것은 인간의 언어적 표상이 일반화 또는 추상화를 가능하게 하기 때문이며, 그러한 언어적 표상이 주관적 관념의 세계 안에서 별 문제 없이 받아들여질 수도 있기 때문일 것이다. 말하자면 동굴에 비유될 수 있는 주관적 관념의 세계가 가능하기 때문일 것이다.

다른 동물들, 특히 원숭이들도 속임수를 쓴다고 한다.[3] 그러나 그것은 일반화된 사실과는 무관한 개별 사실에 관한 속임수일 수 있다. 원숭이들이 일반적 사실에 관한 진리의 문제를 인식할 수 있을지는 의심스럽다. 이것도 정도의 차이라고 해야 할지 모르겠으나 원숭이들이 우리 인간의 언어 세계에 참여할 수 없는 것은 일반적 개념이나 일반적 명제를 바탕으로 하는 함축적 의미의 이해나 추리적 사유를 해낼 수 없기 때문일 것이다. 이것이 우리가 말하는 이성의 능력이다. 우리 인

---

3) J. Shreeve, "Machiavellian Monkeys", in *Discover*(1991. 6), p.68~73.

간을 다른 동물과 구별하여 '이성적 동물'이라고 하는 뜻이 여기에 있다.

결국 지향성을 인간 마음의 특성으로 이해한다면, 그것은 인간의 이성을 바탕으로 하는 목적적 행위의 속성이면서 또한 일반화된 사실들에 관한 정보를 처리할 수 있는 능력이라고 해야 할 것이다. 일반화된 언어적 표상 또는 추상화된 언어적 표상이 인간의 지향성을 특이하게 만들고, 나아가서 그러한 지향성에 바탕을 둔 목적적 행위가 또한 인간의 목적적 기능을 특이하게 만든다.

4. 지향성과 사회성

우리의 마음은 그 자체로 하나의 사회를 형성화고 있다. 민스키의 '마음의 사회(the society of mind)'라는 표현은 이런 마음의 성질을 말해준다.[4] 여러 가지 연극을 공연할 수 있는 극장이라든지, 동시에 몇 가지 연극을 공연할 수 있는 극장들의 사회라고 할 수 있다. 그것은 또한 중층적 구조로 된 사회이다. 하위 차원과 상위 차원 간에 이동(상향적 이동 또는 하향적 이동)이 가능한 중층적 구조를 가지고 있다.

마음에 표상된 내용이 이처럼 사회적 구조를 이루고 있다는 사실은 마음의 '사회성'이라고 할 수 있다. 그러나 마음이 그러한 사회적 구조로 되어 있다는 사실은 마음이 표상해야 하는 대상 세계가 인간 사회라는 사실에 근거한다. 인간이 사회적 존재이기 때문에 인간의 마음은

---

4) M. Minsky, *The Society of Mind*, Simon & Schuster, 1985, pp. 39~40, p. 323.

사회성을 갖지 않을 수 없다는 뜻이다. 그러나 다른 한편으로 생각하면 인간이 사회적 존재로 행동할 수 있는 것은 인간의 마음이 사회성을 갖기 때문이라고 할 수 있다. 다른 동물들이 인간 사회의 구성원이 될 수 없는 것은 인간의 마음과 같은 수준의 사회성을 갖지 못했기 때문이다. 사람은 일반 사회로부터 격리되어 보호를 받게 된다. 사회성의 측면에서 정상적인 기능을 할 수 없다는 것은 합리성의 결여를 뜻할 수 있으며, 이것은 앞서 말한 바와 같이 일반화나 추상화를 통한 함축적 의미의 이해나 추리를 옳게 할 수 없음을 뜻한다. 단지 개별적 사실을 인식할 수 있는 능력은 동물적 능력과 다를 바 없으며, 그것만으로는 인간사회의 구성원이 될 수 없다.

우리 인간을 '사회적 동물'이라고 할 때 그것은 사실상 '합리적 동물'이라고 하는 뜻과 같은 내용을 표현하는 것이다. 다른 동물과 구별하게 하는 인간의 '사회성'이나 '합리성'은 모두 인간의 언어 능력에 의존한다. 인간 사회가 지금처럼 복합적이고 중층적인 구조를 유지해갈 수 있는 것은 인간의 마음이 그런 사회적 현상을 비교적 정확하게 표상할 수 있고, 그런 사회적 정보를 처리해낼 수 있는 능력을 가졌기 때문이다.

마음의 사회성은 인간의 합리성을 뜻하며, 이것은 곧 인간 특유의 지향성을 뜻한다. 그러나 마음의 사회성은 그 자체로서 하나의 독립된 사회를 형성할 수 있음을 뜻하기도 한다. 그것은 동굴 속의 사회와 같은 폐쇄적인 사회가 될 수도 있다. 사회성을 뜻하는 지향성은 마땅히 바깥 사회에서의 여러 가지 사실들을 표상하는 정보의 성격을 띠어야 하지만, 시장에서 만들어지는 말이 허황될 수 있듯이 마음속의 관념적 세계도 사실 세계와 무관하게 될 수 있다. 허위 의식을 가질 수도 있으

며 반사회적인 생각을 할 수도 있다. 그뿐만 아니다. 목적적 기능을 하
는 마음은 의도적으로 거짓말을 할 수도 있으며 진리가 아닌 것을 진
리인 것처럼 믿을 수도 있다. 진리 탐구를 위해서 새로운 이론적 가설
을 만들어가는 행위에는 언제나 의도적으로 허위적인 가설을 만드는
행위가 따를 수 있다. 종교와 예술과 과학과 철학에서의 탐구는 끊임
없이 그러한 허위적 가설을 가려내어 배제하는 비판 작업을 함께 하지
않으면 안 된다. 인간의 사회성과 합리성은 언제나 반사회성과 불합리
성의 유혹을 받게 한다. 원숭이들의 속임수와는 질적 차원적으로 다른
인간 사회의 기만, 사기, 왜곡, 위증이 문제되고 있다.

　인간 마음의 사회성은 인간 사회가 여러 가지 복합적이고 중층적인
관계로 형성되어 있듯이 마음에 표상된 세계도 복합적이고 중층적이
라는 사실과 그러한 바깥 사회를 계속 변화·발전시켜가는 힘이 된다
는 사실을 포함한다. 문명의 발달과 문화의 창달은 인간 사회의 특징
이다. 하지만 사회 전체의 문명과 문화가 발전한다고 하더라도 개인과
사회의 관계는 그런 일반적 경향에 역행할 수도 있다. 어떤 개인들은
문화적 혜택에서 제외될 수 있으며, 또 어떤 개인들은 급격한 문명적
변화에 적응할 수 없어서 소외될 수 있다. 또한 시장으로서의 사회는
수단과 방법을 가리지 않는 경쟁을 허용할 수 있으므로 결과적으로 피
해를 입는 개인들이 나오지 않을 수 없다. 시장에서의 인간 관계는 마
음에 상처를 입는 개인들을 생기게 한다. 자신의 목적적 지향성이 좌
절되기 때문에 혹은 자신의 현실 감각이 너무 비현실적이기 때문에 경
쟁에서 패배하는 고통을 체험하게 된다.

　마음이 아픈 것과 몸이 아픈 것은 다르다. 마음의 지향성은 사회성
을 그 본질로 하기 때문에 사회적 관계 속에서 아픔을 체험하게 된다.

내 몸이 아픈 것은 나만의 체험이다. 내 마음이 아픈 것은 지향성의 대
상을 사회적 관계로 한다. 내 몸이 아플 때는 아픈 부분을 지적할 수
있으나, 내 마음이 아플 때는 그것이 지향하는 바의 사회적 관계를 설
명할 수밖에 없다. 내 마음은 본질적으로 사회적 마음이기 때문이다.
그런 마음이 동굴화됨으로써 마치 내 몸과 같은 독자성을 갖는 것으로
착각하기도 한다.

　마음을 아프게 하는 것 중에는 마음의 사회성을 인정함으로써 해소
되어버리는 것도 있다. 자기 집념이 원인이 되는 것은 그런 것이다. 마
음의 독자성은 사회성의 바탕 위에서 그것이 허용하는 범위 안에서만
가능하다는 것을 받아들일 때 우리를 괴롭히는 많은 문제들이 해소될
수 있다. 달마의 안심문답(安心問答)은 이런 해결의 길을 보여준 것이
다. 그러나 마음의 사회성을 인정한다고 해도 해결되지 않는 문제들이
있다. 작은 사회적 마음과 큰 사회적 마음의 갈등이 가져오는 문제가
그런 것이다. 집단적 이해 관계가 갈등을 생기게 할 수 있다. 대국적인
견지에서 볼 수 없기 때문에 문제가 생길 수 있다. ‘우리 마음’은 사회
적 마음이지만 그것도 또하나의 ‘나의 마음’과 같은 것일 수 있다. 집
단적 계층적으로 차별 대우를 받고 착취를 당하는 우리 마음이 아프다
고 하면, 아마 달마 대사는 우리 마음을 찾아오라고 할 것이다. 하지만
우리 마음을 찾는다고 해도 달마 대사는 그것이 우리 마음만은 아니라
고 할 것이다.

　집단 의식, 공동체 의식으로서의 사회적 마음을 우리만의 마음으로
여기지 않을 수 있다면 집단간의 갈등 문제는 해소될 것이다. 그러나
그것은 우리가 도달하고자 하는 종교적 이상이다. 종교적 진리이다.
현실 사회는 이익 집단들이 치열한 경쟁을 하는 시장 사회이다. 우선

은 남을 속이는 자들이 정직한 사람들을 이기는 시장 질서의 사회이
다. 그러나 공정한 경쟁이 모두를 위해 유익하다는 것을 배움으로써
새로운 시장 질서가 생기기도 한다. 문명이 발전해간다. 새로운 질서
는 새로운 사회성의 의식을 요청한다. 하지만 의식의 변화가 뒤따르지
못할 때는 갈등이 생기고 마음을 아프게 하는 사건들이 생긴다.

　인간 사회의 급격한 변화는 인간 특유의 지향성 때문에 가능하다.
인간 특유의 지향성은 그것에 걸맞은 정보 처리의 능력, 즉 인간 마음
의 능력 때문에 가능하다. 그러나 또한 인간의 마음이 사회적 변화에
적응하기 위해 진화해간다고 해야 할 것이다. 결국 하나의 순환적 인
과의 연쇄(고리)를 이루고 있다는 뜻인데, 이것은 인과적 순환이므로
논리적 순환과는 다르다. 악순환이 아니다. 다만 순환적 인과의 연쇄
가 순조롭게 진행이 되면 문제가 없겠으나 어느 한 고리에서든 인과
관계가 약화되거나 중단되게 되면 사회적 문제가 생긴다. 오늘의 인
간 사회가 현대적 기술 문명의 힘을 입어 인류 사회의 차원으로 확장
된 것에 비해 인간의 의식이 거기에 맞게 진화하지 못하고 있다는 사
실은 그러한 연쇄고리상의 문제를 제기한다. 인간의 정보 처리 능력
에 비해 오늘의 사회가 요청하는 정보 처리의 기능은 월등하게 과중
하다.

　원숭이의 지향성과 인간의 지향성은 언어 사용의 능력면에서 질적
인 차이를 보여준다고 했다. 인간의 지향성은 이성적 언어 사용, 즉 논
리적 추리 같은 것을 가능하게 한다. 개념적으로나 명제적으로 일반화
되고 추상화된 표상을 가능하게 하는 것이다. 그런데 원숭이 중에서는
두뇌 용량이 어느 수준 이상인 것들만 속임수를 쓸 수 있다고 한다. 말
하자면 속임수를 쓸 수 있는 지능 수준은 두뇌 용량에 비례한다는 뜻

이다. 그렇다면 인간의 사회적 마음도 인간 두뇌의 진화가 갖는 한계점을 넘어서지는 못할 것이다. 용량이 더 큰 두뇌의 진화가 가능하지 않다면 사회적 마음의 수준도 어느 한계 이상으로 확장될 수는 없을 것이다. 오늘의 우리는 인류적 마음을 필요로 하는 시대에 살면서도 종족적 마음을 넘어서지 못하기 때문에 인류 문명의 종말을 예견하는 비관론자들도 있다. 우리의 마음은 본래 그러한 사회적 의식을 내용으로 하는 지향성을 위한 것이다. 그런데 두뇌의 제한을 벗어날 수 없는 마음이므로 이제 그 한계점에 도달하고 만 것일까? 두뇌 용량을 확장시켜주는 방법은 없는가?

5. 인공지능의 지향성과 사회성

인공지능으로서의 능력이 진화되어가고 있는 컴퓨터는 전기력을 이용한 계산기이다. '계산기'라는 말이 너무 넓은 뜻을 가지고 있으므로 좀더 정확하게 말하자면 '논리적 계산기'라고 해야 할 것이다. 논리적 추리 능력을 이용한 계산기를 말한다. 그러니까 컴퓨터는 명제화된 정보를 논리적으로 처리하는 인간의 논리적 계산 능력을 모의하는 것이다.

컴퓨터가 처리하는 정보는 그것이 정보라는 의미에서 우리 인간이 처리하는 정보와 같은 것이므로 컴퓨터도 이런 뜻에서는 지향성을 갖는다고 할 수 있다. 그러나 컴퓨터는 목적적 지향성을 갖지 않는다. 정보 처리의 기능만 대행하도록 만들어진 컴퓨터이기 때문이다. 그리고 컴퓨터의 정보 처리 기능은 중층적 기능 구조를 가진 것이다. 우리 인간의 정보 처리 능력은 하등 동물(또는 생물)의 정보 처리 능력에서부터 점점 더 높은 차원의 능력으로 진화해온 결과로 보아야 할 것이다. 따라서 상위 차원의 정보 처리 기능은 하위 차원의 기능에 의존하는 중층적 기능 구조를 가질 수밖에 없다. 예컨대 신경세포 차원에서의 정보 처리 기능은 명제화된 정보를 논리적 계산으로 처리하는 차원의 기능과는 아주 다른 성질의 것일 것이다. 그리고 그것은 전기력을 이용하는 컴퓨터 칩의 기능과는 전혀 다른 것이다. 신경세포의 정보 처리 기능을 모의하는 신경망 칩은 새롭게 개발되어야 한다. 그렇더라도 그 기능을 모의할 수 있는 신경망 칩이 신경세포와 물질적으로 동일한 것은 아니다. 그러니까 그것의 부분들이 수행하는 하위 기능들이 서로 같을 수는 없는 것이다. 또하나의 기능적 차원을 단면적으로 모의하는 칩일 뿐이다.

이것은 기본적으로 인공물과 자연물의 차이를 말하는 것이며, 자연물은 아주 하위 차원에서부터 목적적 지향성을 정보적 지향성과 함께 가지고 있다는 점에서 특이하다. 최근에 관심을 모으고 있는 '인공생명(artificial life, AL)'의 연구에서는 이러한 목적적 지향성을 모의해보고자 한다.[5] 컴퓨터가 생명체의 성장 과정이라든지 행동 방식을 모의해준다는 것이다. 생명체의 변화 과정을 그 형식적 측면에서만 모의해줄 수 있다는 뜻이다. 그러나 생명체의 물질적 질료적 측면을 재생할 수는 없으므로 여전히 인공적인 것과 자연적인 것은 구별될 수밖에 없다.

인공지능이든 인공생명이든 그 자체로서 목적적 지향성을 갖는 것

---

5) 이인식, 「생명과 컴퓨터」, 『컴퓨터 월드』, 1991. 7, 146~203쪽

은 아니기 때문에 생존을 위한 사회화를 필요로 하지 않는다. 인공지능은 사회적 존재가 될 필요가 없다. 하지만 인공지능은 인간 사회를 모의하고, 사회적 구조와 관련된 기능을 대행해줄 수 있다. 인간의 사회성을 확장시키거나 사회적 기능을 더 능숙하게 수행하도록 하는 일에 인공지능이 도움을 줄 수 있다.[6] 이런 뜻에서 인공지능은 인간 두뇌와 연속 관계를 갖는 기능체로 간주될 수 있다. 개인의 두뇌 기능만이 아니라 사회적 집단적 두뇌 기능을 위한 기능의 확장을 가능하게 한다. 인공지능은 두뇌의 생물학적 진화가 없이도 그 용량을 확대시킬 수 있는 길을 열어준 것이다. 인간의 정보 처리 능력면에서 지향성의 연속 기능을 가능하게 하며, 특히 사회성과 관련된 정보 처리 능력을 향상시킬 수 있도록 해준다.

그러나 정보 처리 능력과 관련된 지향성과 사회성의 개발 또는 진화는 원숭이들의 속임수를 가능하게 해주었으며, 인간 사회에서의 온갖 범죄를 가능하게 해주었다. 더 진화된 마음의 지향성과 사회성이 우리 인류 사회를 이상 사회로 발전하게 할 것인지 멸망으로 치닫게 할 것인지를 예측할 수 없다. 인공지능을 이용한 인간 능력의 진화는 어쩌면 우리 인류의 마지막 시행착오가 될지도 모른다.

(『자연주의적 유신론』, 서광사, 1992)

---

6) S. Zuboff, *In the Age of the Smart Machines: The Future of Work and Power*, Basic Books, 1988, p. 362~386.

* 이 글은 연세대학교 국어교재편찬위원회가 펴낸 『글과 삶』(연세대학교 출판부, 2000)에 수록되어 있다.

3부
과학자의 윤리와 양심

갈릴레오의 고민

김용준

1

1599년 어느 날 갈릴레오는 수많은 군중의 시선을 한몸에 받으면서 무거운 걸음으로 피사의 사탑 정상을 향해 발을 옮기고 있었다. 그의 마음은 착잡했다. 과연 자신의 예언대로 무거운 물체와 가벼운 물체가 동시에 땅 위에 떨어져줄 것인가? 아니면 아리스토텔레스의 학설대로 무거운 물체가 먼저 떨어질 것인가? 아무리 생각해보아도 자기의 사고실험에 의하면 이 두 물체는 동시에 땅에 떨어져야만 했다. 무거운 물체가 가벼운 물체보다 더 빨리 떨어져야 할 이유가 없었다.

그의 사고실험은 대략 다음과 같은 것이었다. 똑같은 무게의 철구(鐵球) 세 개를 일정한 높이에서 땅 위에 떨어뜨리면 아리스토텔레스의 학설에 의해서 이 세 개의 철구는 동시에 땅에 떨어져야 한다. 이 세 개 중 두 개를 끈으로 연결해서 한 개로 만든다면 이 새로 구성된 물체는 나머지 한 개의 철구의 무게의 두 배가 된다. 이 두 개의 철구를 일정한 높이에서 지상에 낙하시킬 때 끈으로 연결되어 있는, 무게가 두 배인 물체가 다른 한 개의 철구보다 배나 더 빨리 지상에 떨어져야 아리스토텔레스의 학설에 부합한다. 그러나 원래가 똑같이 나란히 떨어지고 있는 두 물체를 끈으로 연결시켰다고 해서 배나 더 빨리 떨어질 리는 만무하다. 이것이 그의 사고실험의 결론이었다.

이제 그는 자기의 이러한 사고실험의 결과를 만민 앞에 실제로 증명해 보이기 위해 피사의 사탑 층계를 올라가고 있는 것이다. 그는 등뒤로 당시 정통주의에 충실한 수많은 제도권 학자들, 성직자들 그리고 관리들의 적의에 찬 눈초리를 따갑게 의식하고 있었다. 만약에 무슨 일이 생겨서 이 두 물체가 동시에 땅에 떨어지지 않는다면 자기에게 어떠한 끔찍한 시련이 닥쳐올지 모르는 일이다. 그는 혼신의 절규로써 이 공개 실험에 임하고 있는 것이다. 그는 이미 피사의 사탑 정상에 도달하고 있었다. 그가 군중을 향해 돌아서는 순간 군중의 환호성이 진동했다. 그는 현기증을 느끼기조차 했다. 그는 다시금 마음을 가다듬고 이미 장치되어 있는 큰 쇳덩어리와 작은 쇳덩어리를 동시에 지상을 향해 떨어뜨렸다. 아찔하는 순간, 침을 삼키며 응시하고 있던 군중의 환호성이 다시 폭발했다. 크고 작은 두 개의 쇠뭉치는 틀림없이 동시에 지상에 낙하한 것이다. 갈리레오는 안도의 한숨을 내쉬며 하나님께 감사의 묵념을 올렸다.

이상은 피사의 사탑에서 행해졌던 유명한 갈릴레오의 낙하 실험 이야기를 필자가 엮어본 것이다. 그런데 이와 같이 유명한 갈릴레오의 낙하 실험은 사실 무근이라는 것이 밝혀졌다. 그렇다면 이와 같은 일화가 어찌하여 오늘날까지 이토록 뿌리깊게 나돌고 있는 것일까? 그것은 분명히 그 당시 너무나도 억울하고 비참하게 생애를 마친 대과학자에 대하여 그의 억울함을 풀어주기 위해 민중이 만들어낸 이야기임에 틀림없을 것이다. 엄연한 사실을 놓고도 흰 것을 까맣다고 거짓 고백을 강요당하는, 머리가 백발이 된 노과학자의 모습이 너무 안타까워서 누가 만들어냈는지도 모르게 민중 속에 퍼져버린 이야기임에 틀림없다. 당시의 권력층에서 보면 천하의 대반역자인 갈릴레오의 통쾌한 승리의 순간을 그려낸 이 이야기는 요새 말로 표현하면 그야말로 황당무계한 유언비어에 틀림없었다. 그러나 황당무계한 유언비어가 오늘에 이르기까지, 즉 그가 사망한 지 350주년이 가까워오는 오늘날에 이르기까지 우리의 가슴을 시원하게 해주는 이유는 무엇일까?

우리가 이처럼 실제로 없었던 이야기에서 간과해서는 안 될 문제점이 또 한 가지 있다. 소위 우리가 흔히 말하고 있는 17세기 과학혁명의 출발점을 이와 같이 군중의 목전에서 확인될 수 있었던 사실에다 둘 것인가, 그렇지 않으면 갈릴레오가 전개했던 그 세밀한 사고에다 둘 것인가, 하는 문제이다. 한 걸음 더 나아가서 오늘날과 같은 과학기술 문명 시대에 목전의 사실, 즉 자연 현상에서 과학의 기원을 찾을 것인가, 또는 갈릴레오가 전개했듯이 인간의 두뇌에서 오가는 사고에서 그 기원을 찾을 것인가? 우리는 좀더 깊이 이 두 가지 문제를 놓고 생각을 거듭해보아야 할 것이다.

　1543년 5월 24일 막 인쇄된 한 권의 책이 코페르니쿠스의 집에 배달되었다. 책은 코페르니쿠스의 손에 쥐어졌다. 임종의 병상에 누워 있었지만 그의 눈빛만은 총총히 빛나고 있었다. 그 책은 바로 그가 삼십 년간이나 마음속에 간직하며 연구에 연구를 거듭하여 마침내 확고한 확신을 갖게 된 자신의 연구 결과를 써낸, 저 유명한 『천구(天球)의 회전에 관하여』라는 책이었다. 자신의 가슴속에 싹터오는 지구의 회전에 관한 연구가 점점 확신에 가까워질수록 이 연구 결과를 공공연하게 발표할 기회는 반비례로 점점 어려워지기만 했었다. 로마 대학의 교수였던 그는 이 진리가 그의 내면에서 성장할수록 로마에서는 도저히 영주할 수 없음을 직감하였다. 이 사상을 발표한다는 것은 당시에는 차가운 조소를 무릅쓰는 일이 아닐 수 없었다. 그래서 그는 이 사상을 가슴속에만 파묻어둔 채 삼십 년이라는 긴 세월을 보냈다. 그러나 마음속에 싹튼 이 엄연한 사실에 대한 지식을 그리고 사상을 영영 파묻어둘 수는 없었다. 그래서 써내려간 글이 바로 지금 임종의 자리에 누워 있는 그의 손에 쥐어진 이 한 권의 책이었다.

　그는 그 책의 첫머리에 책을 교황에게 바친다는 헌사를 붙였다. 그러고서도 출판사를 찾기란 그야말로 어려운 일이었다. 그 원고를 로마에 보낼 용기는 없었다. 그곳에는 구교에 속해 있는, 권력을 지닌 교조주의자들이 도사리고 있었고, 또한 가톨릭의 교조주의자 못지않게 적의에 가득 찬 프레테스탄트의 지도자들이 대기하고 있었기 때문이다. 그래서 결국 이 원고는 레티쿠스를 거쳐 뉘른베르크의 오지안더(Osiander, 1498~1552)에게 보내졌다. 그는 독일 루터 교파의 신학자이자 수학자였다. 코페르니쿠스와는 내밀히 서로 통하고 있는 처지요, 코페르니쿠스의 학설에 뒷받침을 하고 있는 사이였다. 그러나 막상 이를 출판하려 하니 그도 주저하지 않을 수 없었다. 그의 사상과 학설을 원고대로 발표하는 것은 아무래도 위험천만한 일이 아닐 수 없었다. 그래서 그는 코페르니쿠스의 입장을 변명하는 비굴한 서문을 붙였다. 코페르니쿠스는 지동설을 하나의 '사실'로서가 아니라 하나의 '가설'로서 제안하는 것으로, 천문학자가 상상력을 동원해서 여러 가지로 꿈나라를 헤매는 것은 있을 법한 일이며, 코페르니쿠스의 지동설도 바로 이와 같은 부류에 속한다는 매우 어색한 서문으로 코페르니쿠스를 변명하였던 것이다. 이 획기적인 저서가 천신만고 끝에 저자인 코페르니쿠스의 손에 배달된 지 불과 서너 시간 후에 세기의 대학자인 코페르니쿠스는 유명을 달리하였다.

3

코페르니쿠스가 사망한 지 꼭 이십 년 만에 코페르니쿠스의 학설을 하나의 사실로서 증명한 또하나의 위대한 과학자 갈릴레오(Galileo Galilei, 1564~1642)가 탄생하였다. 코페르니쿠스가 사망한 지 육십칠 년이 지난 후 1610년 1월 7일에 갈릴레오는 그의 망원경으로 목성의 위성을 확인하였다. 갈릴레오의 긴 투쟁과 고민은 바로 이날을 계기로 치열하게 벌어졌다. 소위 당시 '건전한 학문'의 지지자들은 갈릴레오의 발견은 그가 만들어낸 거짓말이며, 그의 발표는 하나님을 모독하는 위증죄라고 선언하였다. 당시 권력을 한손에 쥐고 있는 교회의 비위를 맞추려는 사이비 과학 교수들은 사이비 과학을 가지고 갈릴레오를 공격하였다. 그의 적들은 갈릴레오의 이 발견이 이미 표면상으로는 가라앉은 것 같았으나 사실은 철인 지오르다노 브루노(Giordano Bruno, 1548~1600)를 위시해서 수많은 숨은 인사들에 의해서 민중 속에 파고들어가고 있는 코페르니쿠스의 지동설을 유력하게 뒷받침하는 발견이라는 점을 인식하고 맹렬한 공격을 가해온 것이다.

교회의 어용 학문이었던 소위 당시의 혼합 과학(신학과 과학의 타협에 의한 사이비 과학)을 신봉하면서 자기들의 신변 안전과 영달을 꿈꾸고 있던 당시의 어용 학자들은 행성(行星)은 일곱 개밖에 존재할 수 없다고 주장하였다. 그들의 주장의 근거는 신약성서의 「요한계시록」에 나오는 '일곱 교회' '일곱 별' 및 '일곱 금촉대'였다. 그리고 신학자들은 갈릴레오의 발견은 바로 그리스도의 기본적인 진리를 파괴하는 결과를 논리적으로 초래할 것이라고 주장하였다. 사교(司敎)나 사제(司祭)들은 교구의 신도에게 감명어린 경고를 내렸으며, 다수의 신도들은 이러한 이단자를 신속하게 그리고 준엄하게 처단함으로써 헤매는 양(신도)의 무리를 보호해줄 것을 이단 심문소에 청원하였다. 이보다 이백 년이나 앞서 후스(Johannes Huss, 1369~1415)가 종교개혁의 선구자로서 화형당할 때 수많은 무리가 불을 지를 장작 위에 올라간 자신을 향해 "저 악마를 없애달라"고 외치는 것을 바라보면서 "Oh, you are holy simplicity!"라는 최후의 말을 남겼다는, 저 유명한 일화를 방불케 하는 극성에 찬 공격을 갈릴레오는 한몸에 받고 있었다.

갈릴레오는 베네딕트 교단에 속해 있는 애제자인 카스텔리(Castelli)와 피렌체의 태공비인 크리스틴에게 편지를 보내어 성경의 자의적(字義的) 해석을 과학적 사실에 적용해서는 안 된다는 점을 간곡하게 설파하면서, 자기가 발표한 위대한 과학적 발견을 변호하려고 안간힘을 썼다. 그러나 그것도 소용이 없었다. 그의 서한은 도리어 사태를 악화시켰다. 이로 인해 가톨릭측에서는 갈릴레오는 "루터나 칼뱅보다도 더 악질적인 존재"라고 선언할 정도였다. 그래도 갈릴레오는 굴할 수가 없었다. 그래서 그는 목성의 위성을 의심하는 사람에게 직접 망원경을 통해서 그들의 눈으로 확인시키려고 하였다. 그러나 그것도 소용이 없었다. 사람들은 망원경으로 위성을 본 사람은 악마가 만들어놓은 환상을 본 것이라고 비난하였다. 어느 신부는 "목성의 위성이 보이려면 사람은 그 위성을 만들어내는 기계를 먼저 만들어야 할 것"이라고 말할 정도였다.

이때까지 조용하게 진행되고 있던 코페르니쿠스의 지동설에 대한 도전은 점점 열을 띠게 되었다. 지동설을 반박하는, 당시의 권력층에 있는 승려 및 학자들의 논거는 대부분이 성경의 말씀에 의거한 반박이었으며, 그들이 주로 인용한 성경 말씀은 대개 다음과 같은 것이었다.

하나님이 해를 위하여 하늘에 장막을 베푸셨도다. 해는 그 방에서 나오는 신랑과 같고, 그 길을 달리기 기뻐하는 장사 같아서 하늘 이 끝에서 나와서 하늘 저 끝까지 운행함이여, 그 온기에서 피하여 숨은 자 없도다.(「시편」 19편 4~6절)

한 세대는 가고 한 세대는 오되 땅은 영원히 있도다. 해는 떴다가 지며 그 떴던 곳으로 빨리 돌아가고……(「전도서」 1장 4절)

여호와께서 아모리 사람을 이스라엘 자손에게 붙이시던 날에 여호수아가 여호와께 고하되 이스라엘 목전에서 가로되 "태양아 너는 기브온 위에 머무르라, 달아 너도 아얄론 골짜기에 그리할지어다" 하매 태양이 머물고 달이 그치기를 백성이 그 대적에게 원수를 갚기까지 하였느니라.(「여호수아」 10장 12~13절)

이와 같은 성경 구절을 내세우는 것으로 코페르니쿠스의 그리고 갈릴레오의 학설을 무찔렀다고 생각하고 또 그렇게 믿는 것이 당시의 어용 학자들의 상투 수단이었다. 오늘날 이러한 짓이 얼마나 무모한 이야기인가 하는 점은 새삼 논할 필요도 없지만, 성경에 땅이 움직이고 떨고 있다는 구절도 얼마든지 있는 것을 상기할 때 어느 시대를 막론하고 권력층에 달라붙어서 자기의 영달이나 꾀하는 어용 학자들의 태도는 별로 다를 바가 없는 것 같다.

도미니크 교단에 속한 카치니라는 신부는 "갈릴리 사람들아 어찌하여 서서 하늘을 쳐다보느냐"(「사도행전」 1장 11절)라는 말씀을 인용, 설교를 시작하여 갈릴레오에 대한 인신 공격을 가한 후에 "기하학은 악마의 장난"이며 "수학자는 모든 이단의 장본인으로서 마땅히 추방되어야 한다"라고 외쳤다. 이 설교가 주효해서 카치니 신부는 승진하는 영광을 차지하였다. 또 로리니 신부는 지동설이 "이단적"일 뿐만 아니라 "무신론적"이라는 점을 여러 가지 성경 구절을 인용하여 증명하고 이단 심문을 요청하였다. 피에졸레의 주교는 격렬하게 코페르니쿠스의 지동설에 욕설을 퍼부은 다음 갈릴레오를 고발할 것을 태공(太公)에게 탄원하였다. 피사의 대주교는 비밀리에 갈릴레오를 체포하여 로마에 있는 이단 심문소에 인계하려 하였다. 피렌체의 대주교는 코페르니쿠스와 갈릴레오의 이론을 성경에 위반되는 것이라고 정식으로 판결을 내렸다.

이와 같은 상황에 놓이게 된 갈릴레오의 고민은 이루 말할 수 없을 정도였다. 신부, 주교 및 대주교들의 종교적인 열심이나 또는 어용 학자들의 간교한 이론은 그런 대로 참을 수도 있었다. 그러나 그에게 가장 큰 아픔을 안겨준 것은 과학자들의 배반이었다. 그중에서도 위대한 신학자인 동시에 과학자이기도 한 벨라르미노(Bellarmino, 1542~1621) 추기경의 공격이었다. 벨라르미노 추기경은 진지하고 성실하며 박학하기로 당시 모든 사람의 존경을 한몸에 받고 있던 석학이었다. 그런데도 불구하고 이 석학이 성경의 자의적 해석을 과학에 적용하는 무서운 과오를 범하였던 것이다. 벨라르미노 일파의 이론은 대략 다음과 같은 신학적 무기였다. 즉 만약에 천체가 지구의 주위를 도는 것이 아니라 지구가 태양의 주위를 돈다면 그것은 기독교 신학에 무서운 결과를 가져올 수밖에 없다. 바로 갈릴레오가 발표한 그 "사이비 위성"의 발견은 "기독교가 말하는 전 인류의 구원이라는 커다란 하나님의 섭리를 완전히 무시"하는 위험천만한 이론의 소산이라는 것이었다.

그들은 이렇게 생각했다. 갈릴레오의 이론이야말로 "말씀이 육신이 되신" 예수를 전적으로 부인하는 것이며 신학의 토대를 전적으로 뒤엎는 것이다. 만약 지구가 혹성 중의 하나에 불과하다면 성경이 말하는 하나님의 저 위대한 역사가 이 보잘것없는 조그마한 혹성 하나만을 위해서 이루어졌단 말인가? 이러한 생각은 상상조차 할 수 없는 황당무계한 일이다. 만약 지구 외에도 혹성이 있다면 하나님은 절대로 쓸데없는 것은 창조하시는 분이 아니시기 때문에 그곳에도 분명히 사람이 살고 있을 것이다. 그렇다면 다른 혹성에 살고 있는 사람들이 어떻게 아담의 자손일 수가 있는가? 어떻게 그들의 기원을 노아의 방주에서 찾을 수 있단 말인가? 그리고 그들이 어떻게 예수 그리스도에 의해서 구원을 받을 수 있단 말인가?

오늘날 생각해보면 그야말로 황당무계하고 어이없는 이론이지만, 이러한 이론을 주장하는 사람들은 비단 구교에 속해 있는 사람들뿐만이 아니었다. 우리를 더욱 놀라게 하는 것은 당시 종교개혁의 선봉자들인 멜란히톤(Melanchton, 1497~1560)도, 저 유명한 마틴 루터도 똑같이 코페르니쿠스에 대하여 공격의 화살을 퍼부었다는 사실이다. 루터는 코페르니쿠스나 이같은 유의 사람들을 가리켜 "풋내기 점성가"라고 욕지거리를 내뱉었으며, 아주 "바보 같은 자식들"이라고 비난하였다는 사실에 우리는 아연할 수밖에 없다.

그러나 새로운 사실을 발견하려는, 진리를 향한 갈릴레오의 불요불굴의 정신은 여전히 그의 망원경을 통해 새로운 사실을 계속 발표하였다. 갈릴레오는 달 표면에는 지구와 같이 산이 있고 계곡이 있다는 사실을 보고하였다. 태양의 자전을 뜻하는 태양의 흑점의 운동에 관해서 새로운 사실을 발표하자 갈릴레오를 향한 공격의 화살은 극도에 도달하고야 말았다.

달은 태양의 반사에 의해서 빛난다는 새로운 사실이 발표되자, 달도 태양과 마찬가지로 "위대한 빛이라"는 창세기의 말씀에 어긋나는 것으로 단정되었다. 어느 화가가 달을 성처녀의 발 밑에, 그리고 그 달 표면에 산과 계곡을 나타낸 것이 화근이 되어 사태는 더욱 악화되었다. 피사 대학의 학장인 엘취는 천문학 교수인 카스텔리에게 태양의 흑점에 관해서 학생들에게 강의하는 것을 금했다. 인스부르크 대학의 부사에우스 신부는 이러한 신발견을 대학생에게 가르치지 말도록 천문학자 샤이너(Scheiner, 1575~1650)에게 명했다. 두에이와 루뱅 대학에서는 이 발견은 교칙으로 가르칠 수 없는 것으로 공공연하게 금했으며 구라파의 모든 가톨릭계 대학에서도 이에 준해서 태양의 흑점에 관한 교수는 일절 금지하는 것이 통칙이 되어버렸다. 스페인의 명문 대학인 살라망카 대학에서는 극히 최근에 이르기까지 이 금지령이 효력을 발휘하고 있었을 정도이다. 1820년 로마 대학의 세텔레 교수가 광학과 천문학에 관한 논문의 발표를 예고했으나 교황은 이를 금지하였다. 지동설 및 천문학에 관한 코페르니쿠스와 갈릴레오의 이론을 교수하는 것이 교황 비오 7세에 의해서 허락된 것이 1822년이었다는 사실은 우리를 아연케 할 따름이다.

결국 1615년 갈릴레오는 로마의 이단 심문소로부터 소환을 받았다. 장기간에 걸친 싸움은 드디어 폭발하고 말았다. 아마도 영원히 잊혀질 수 없는 지성의 치욕사가 벌어질 사건이 마침내 그 막을 올리고야 말았다. 교황 바오로 5세와 심문관 추기경은 태양의 흑점에 관한 갈릴레오의 서한에서 발췌된 두 가지 명제, 즉 "태양은 지구의 주위를 돌지 않는다"는 첫째 명제와 "지구는 태양의 주위를 돈다"는 둘째 명제를 검토할 것을 열한 명의 이단 심문소의 신학자에게 명했다. 이 열한 명의 신학자들은 이 두 명제를 신중히 검토한 결과를 가지고 한 달 후에 엄숙하게 다음과 같은 판정을 내렸다.

태양은 우주의 중심으로서 지구의 주위를 회전하는 것이 아니라는 제1명제는 신학적으로 우매하고 불합리한 허위 사실로서 명백하게 성경에 위배되므로 이를 이단이라고 판정한다. 그리고 지구는 우주의 중심이 아니고 태양의 주위를 회전한다는 제2명제는 철학적으로 불합리할 뿐만 아니라 허위적인 사실로서 신학적 견지에서는 올바른 신앙에 위배되는 학설임을 판정한다.

이번에는 파우루스 5세가 자진해서 갈릴레오를 이단 심문소에 소환할 것을 명했다. 그래서 당대 최고의 과학자와 신학자가 대결하게 되었다. 갈릴레오와 벨라르미노가 서로 대결하게 된 것이다. 벨라르미노는 갈릴레오의 학설의 오류를 지적하고 그것을 파기할 것을 명했다. 형식적인 대결일 뿐 어디까지나 교황의 뜻을 따르는 일방적인 재판이었다. 교황의 친서를 가지고 의기양양한 재판장 드라우다는 만약 갈릴레오가 벨라르미노의 명령에 불복종할 때는 그를 이단 심문소의 지하 감옥에 투옥할 것을 명했다.

쉰다섯 살의 과학자인 갈릴레오는 "태양은 우주의 중심에 존재하며 지구는 움직인다는 학설을 완전히 포기할 것이며, 이후로는 구두 또는 저술, 기타 어떠한 방법에 의해서도 이러한 사실을 주장하거나 가르치거나 또는 옹호하지 않을 것"을 맹세했고 이 심문은 극비에 붙여졌다. 그리하여 교황의 금서 목록에 이 판결은 게재되었고 위대한 인간의 지성은 권력에 완전히 굴복하는 오점을 남겼던 것이다. 재판정을 물러나오면서 "그럼에도 불구하고 지구는 여전히 돌고 있는데……"라는 말을 중얼거렸다는 일화가 우리에게 당시 갈릴레오의 심중이 얼마나 착잡하였는가 하는 점을 웅변적으로 대변해주고 있거니와, 갈릴레오는 쓰라린 가슴을 안고 피렌체로 일단 돌아갔다.

추기경 바르베르니가 우르바누스 8세로 교황의 자리에 오르자 갈릴레오는 새로운 희망을 안고 자신의 선서를 어기고 다시 코페르니쿠스의 학설에 대한 찬의를 암시하는 논문을 공표했다. 기회만 있으면 자기의 확신과 신념을 끝까지 밀고 나가려는 갈릴레오의 열성과 용기를 우리는 높이 사지 않을 수 없다. 그러나 이번에도 갈릴레오는 고배를 마시고 말았다. 피사 대학 교수로서의 봉급을 박탈당하고 만 것이다. 갈릴레오는 간·만조(干·滿潮)에 관한 논문을 발표할 예정이었으나 이를 단념하지 않을 수 없었다. 그래서 우리는 오늘날까지 역사에 길이 남을 논문을 상실하고 말았던 것이다. 갖은 포격이 갈릴레오에게 집중되었다.

그러나 이러한 상황에서도 갈릴레오는 어떠한 방법을 써서라도 이 엄연한 진리를 민중에게 그리고 온 천하에 알리고 싶었다. 진리를 덮어둘 수는 없는 일이었다. 갈릴레오는 하나의 몽상의 장난이요, 이것은 어디까지나 1633년의 이단 심문소에 의해서 확인된 프톨레마이오스의 진리를 추호도 반대하는 것이 아니라는 서투른 서문을 리찰르 신부의 이름으로 붙여서 「천문 대화(天文對話)」라는 대화체의 신중한 논문을 발표하였다. 이 새로운 저작은 의외의 성공을 거두었다. 코페르니쿠스의 학설 지지자들에게 새로운 무기를 제공하는 것이었다. 그리고 이 서투른 서문으로 인해 도리어 이 저서는 날개 돋친 듯이 전 구라파를 석권했다. 이 서문은 당대의 모든 사람들의 조소의 대상이 되었던 것이다. 이 사실이 당시의 집권층인 성직자들의 격노를 사는 결과가 되었다. 이 저서로 말미암아 그의 애제자였던 카스텔리도 그를 옹호하였다 해서 교수직을 박탈당했으며, 갈릴레오는 다시 변호인이나 어떤 조언자도 허락되지 않은 채 교황 우르바누스의 명으로 투옥되고 말았다.

그후 갈릴레오가 당한 굴욕과 옥고의 고통은 세상이 다 알고 있는 사실이다. 이미 일흔 살의 백발이 성성한, 지칠 대로 지친 노대학자 갈릴레오는 "당년 일흔 살인 갈릴레오 갈릴레이는 죄인으로서 무릎을

끓고 심문관 여러분 안전에서 성서에 손을 얹고 맹세합니다. 나 죄인은 지구가 움직인다는 설의 오류와 이단을 파기하는 바이오며 이를 저주하고 혐오하는 바입니다……"라는 영원히 씻지 못할 치욕적인 맹세와 선서를 다시금 강요당했던 것이다. 자기의 이단적인 학설을 지지하는 자를 발견할 때는 자기 스스로가 이를 이단 심문소에 고발하겠다는 맹세까지 손에 쥔 당시의 집권층은 이제는 영원히 지구의 주위를 태양이 돌고 있다는 축배를 높이 올렸음에 틀림없다. 지오르다노 브루노의 분형(焚刑)을 1600년에 목격하였고, 불과 팔 년 전에 과학적인 이단설로 체포되어 옥사한 스파르트로 대주교 도미니스(Dominis, 1566~1624)를 그는 알고 있었다. 그가 옥사한 뒤에 그의 유해와 저작이 공중 앞에서 분형당한 사실을 그는 목격하고 있었다.

많은 사람들은 갈릴레오의 취조문을 보고 놀랐다. 치욕적인 선서를 하고 나서도 그는 옥고를 면할 수가 없었다. 병마와 비탄 속에서 실명(失明)한 갈릴레오에게 간신히 허락된 것은 주거 제한의 딱지가 붙은 출옥이었다. 그는 이와 같은 혹심한 정신적 갈등과 육체적인 고통 가운데서 한 많은 일흔여덟 살의 일생을 마쳤던 것이다. 그의 장례식도 허락되지 않았고, 그의 무덤에 묘비명을 과감하게 쓴 것이 그가 죽은 지 사십 년 만의 일이었고, 네르리가 그의 유골을 산타크로치에 이장하고 명실상부한 묘비를 세운 것은 그가 죽은 지 백 년이나 지난 다음이었다.

갈릴레오에 대한 유죄 선고가 취소된 것이 1757년이었고, 그의 저서가 교황의 금서 목록에서 삭제된 것이 1835년이었던 사실을 우리는 다시 한번 주목하지 않으면 안 될 것이다.

4

  과학기술문명 시대에 살고 있는 우리로서는 갈릴레오가 겪은 평생의 고통과 고민, 그리고 끈질기게 투쟁하였던 그의 용기와 또한 그의 타협을 돌이켜볼 때 우리에게 주는 교훈이 너무나 많은 것을 새삼 느끼게 된다. 이처럼 어이없는 일들이 자행되었던 때가 지금으로부터 불과 삼백여 년 전의 일이었다는 사실이 우리에게 더욱 그 무엇을 암시하고 있다. 서두에 소개한 피사의 사탑에서 이루어진 낙하 실험의 이야기가 실은 그 당시 민중 사이에 파급되었던 하나의 유언비어라는 사실은 오늘 우리에게 무엇을 말해주고 있는가? 갈릴레오의 일생을 더듬어볼 때 우리에게 의미심장한 어떤 암시를 던지고 있다는 사실을 깨닫게 된다.

  이처럼 쓰라리고도 어이없는 사건들, 그리고 사건 속에 숨어 있는 피비린내 나는 투쟁사로 시작된 17세기의 과학혁명은 급기야는 뉴턴의 물리학으로 발달하였고, 그 유명한 뉴턴의 모델은 우리에게 새로운 세계관을 낳게 하였다. 뉴턴의 물리학이 우리 사고에 던진 하나의 개념은 인과론이다. 이 인과론은 지금 우리의 사고 구조를 완전히 지배하고 있다. 그래서 아직도 우리는 뉴턴의 모델에 입각한 과학관을 주저 없이 믿고 그리고 과학적이라는 낱말을 주문과 같이 되풀이하고 있다. 그런데 오늘날의 과학기술문명의 위기는 바로 이 뉴턴의 모델에 입각한 과학관으로 인해 우리에게 다가오고 있다. 바로 뉴턴의 모델이 프톨레마이오스의 천문학화하고 있으며, 아리스토텔레스적인 우주관이 되고 있는 것이다.

오늘날 우리가 다시 갈릴레오의 고민과 비극을 재현하지 않으려면 하루속히 뉴턴의 모델에 입각한 우리의 과학관을 지양하고 현대 과학이 우리에게 던지고 있는 새로운 메시지에 귀를 기울여야 할 것이다. 아폴로 13호가 과학이 아니다. 지금 쓰고 있는 이 글이 바로 필자 자신이 아닌 것처럼 말이다. 그런데 오늘을 사는 우리들은 여전히 아폴로 13호가 과학이요, 컴퓨터가 과학이고, 남의 사생활을 침범하는 교묘한 장치가 바로 과학인 줄 오인하고 있다. 그래서 과학을 도구시한다. 오늘날 우리들은 거짓 과학관에 사로잡혀 있다.

17세기의 과학혁명이 갈릴레오의 사고실험에다 그 기원을 두는 것이 마땅하다면 20세기를 살면서 21세기를 목전에 두고 있는 우리는 과학이란 우리 인간, 즉 호모 사피엔스라는 생물종만이 오로지 독특하게 지니고 있는 사고(思考)라는 언어인 것을 하루속히 깨달아야 할 것이다.

(『갈릴레오의 고민』, 솔출판사, 1995)

핵무기 개발과 과학자

임경순

1933년 핵물리학자인 러더퍼드(E. Rutherford)가 원자에너지의 산업적 이용 가능성은 아직도 요원하다고 언급한 것에서 보듯이, 1939년 봄까지도 원자에너지의 이용 가능성은 희박해 보였다. 그러다가 1938년 말에 독일의 한(O. Hahn)과 슈트라스만(F. Strassmann)이 우라늄 핵분열의 산물인 바륨을 발견하고, 다음해 1월 6일 이를 발표하면서 사태는 돌변했다. 우라늄 핵분열 소식은 발견되자마자 급속히 퍼져 과학자들은 곧바로 이와 관련된 글을 발표하기 시작했다. 한과 오랫동안 함께 연구했다가, 우라늄 핵분열 발견 직전에 독일을 떠나 스웨덴의 스톡홀름에 있던 리제 마이트너(L. Meitner)는 한에게 핵분열 발견 소식을 듣고 크리스마스 휴가를 이용해 그녀를 방문한 오토 프리시(O. Frisch)와 함께 1월 16일에 공동으로 이에 관련된 글을 『네이처 Nature』지에 보냈으며, 미국의 프린스턴 고등연구원에 머물고 있던 보어(N. Bohr)도 이 소식을 전해 듣고 1월 20일에 역시 『네이처』지에 핵분열과 관련된 글을 발표했다. 불과 한 달도 안 되는 사이에 핵분열 소식은 지구를 완전히 한 바퀴 돈 셈이었다. 프랑스 과학자들도 핵분열에 대해서 민감한 반응을 보였다. 1939년 4월 파리의 졸리오 연구팀은 우라늄 238에서의 느린 연쇄반응의 가능성을 확인하고, 핵에너지를 이용할 목적으로 특허까지 출원했다.

한편 당시 미국에 있던 실라르드(Leo Szilard)를 비롯한 망명 과학자들은 나치 독일이 원자무기를 만들 가능성이 있다고 생각하고, 졸리오를 비롯한 핵 관련 분야 과학자들에게 무분별한 논문 발표를 자제해줄 것을 호소했다. 1939년 8월 실라르드, 아인슈타인, 부시(V. Bush) 등은 독일 과학자들이 원자탄을 만들지 모르기 때문에, 가능하면 정부의 주의 깊고 빠른 행동이 요구된다는 서한을 루즈벨트에게 전달했다. 이들의 건의에 따라 미국에서는 1939년 10월 핵문제를 자문할 기관인 '우라늄 위원회(Uranium Committee)'가 구성되게 된다. 그러나 미국은 1941년 12월 진주만 공격 이전까지는 핵개발에 대해서 그다지 심각하게 생각하지는 않았다.

영국의 핵개발

우라늄 핵분열이 발견된 직후 영국의 브래그(W. Bragg)와 톰슨(G. P. Thomson) 등은 벨기에령 콩고에서 우라늄을 빨리 구입해야 한다고 주장하면서, 영국 정부에 핵개발의 중요성을 강조했었다. 그러나 이 당시 영국의 정치가들은 이들의 주장에 대해 별 반응을 보이지 않

있다.

1939년 9월 1일 나치가 전격작전(Blitzkrieg)으로 폴란드를 침공하면서 2차 세계대전이 시작되었다. 이어 나치 독일은 1940년 4월에는 덴마크와 노르웨이를 침공했으며, 한 달 뒤엔 벨기에와 네덜란드를 침공했다. 벨기에가 나치의 손아귀에 들어가자, 벨기에령 콩고의 우라늄이 나치 독일의 수중에 들어갈 처지에 놓이게 되었다. 이런 상황에서 1940년 봄 오토 프리시와 루돌프 파이얼스(Rudolf Peierls) 두 과학자는 핵폭탄의 실행 가능성이 충분히 있음을 강조하는 구체적인 내용의 보고서를 제시하였다. 즉 순수 우라늄 235에는 충분히 빠른 연쇄반응이 존재하며, 5킬로그램의 폭탄은 수천 톤의 다이너마이트의 위력을 가진다는 것이다. 이들은 또한 우라늄 235(자연 상태에는 0.7%만 존재)를 분리할 수 있는 공업적 방법까지 제안했다. 이 보고서에 자극받아 영국은 핵무기를 개발하기 위한 구체적인 기구인 '모드 위원회(Maud Committee)'를 신설하기에 이른다.

'모드 위원회'는 1941년 여름 마침내 아주 명확하게 우라늄 235의 폭탄 가능성을 보고하게 되고, 이에 정치가들이 적극적으로 원자탄 개발에 관심을 보이기 시작하면서 연구가 가속화되었다. 그러나 영국은 공습 가능 지역이므로 이런 거대한 계획을 수행하기에는 부적합하다는 의견이 제시되고, 이에 따라 미국이나 캐나다가 원자탄 개발에 적합하다는 의견이 대두되었다. 이에 영미 공동개발 계획이 제안되었다.

미국의 핵개발

미국은 전쟁 초기부터 국방과학 연구기관을 설립해서 주로 레이더 개발에 주력했으나, 진주만 기습 이후에는 원자탄 개발에도 본격적으로 나서게 된다.

미국에서는 우라늄 235 외에 자연에 보다 풍부하게 존재하고 있는 우라늄 238을 이용해서 만들 수 있는 또다른 핵물질이 발견되었다. 1940년 5월 버클리 대학의 맥밀런(Edwin M. McMillan)과 에이블슨(Philip H. Abelson)은 우라늄보다 원자번호가 큰 원자번호 93의 넵튜늄을 발견했고, 이어서 1941년 2월 버클리의 젊은 화학자인 시보그(Glenn T. Seaborg)는 세그레(E. Segré)와 함께 플루토늄을 발견했다. 더욱이 세그레와 시보그는 1941년 5월 느린 중성자에 의한 플루토늄의 단면적이 우라늄 235의 1.7배라는 놀라운 사실을 계산해내었다. 이제 우라늄 238을 핵변환시켜 만들 수 있는 플루토늄도 원자폭탄 제조가 가능하다는 것을 확인되면서, 핵무기 제조의 가능성은 더욱 높아졌다.

이리하여 미국의 원자탄 개발 계획은 맨해튼 계획(Manhattan Project)이라는 이름으로 구체화되었다. 이 계획은 거대한 생산 설비의 운영과 보완 문제 때문에 미 육군이 주도했는데, 자문으로는 OSRD 국장인 부시, 하버드 총장이며 NDRC 위원장인 제임스 코넌트(James Connant), MIT 총장인 칼 콤프턴(Karl T. Compton) 등이 임명되었고, 이외에도 버클리, 시카고, 컬럼비아 대학의 원자물리학자들이 깊이 관여했다.

1942년 9월 이 계획의 책임자로 임명된 레슬리 그로브즈(Leslie

Groves) 장군은 미국의 여러 대학, 연구소, 산업체, 군대 등을 총동원
해서 이 거대한 계획을 진행시켰다. 우선 시카고에서는 원자로를 이용
해서 우라늄 238로부터 플루토늄을 생산하는 것을 맡았다. 여기서는
1927년 노벨상을 받은 아서 콤프턴(Arthur H. Compton)이 이끄는 금
속연구소(Metallurgical Laboratory)가 중심이 되어, 페르미, 위그너
(Eugene Wigner), 실라르드, 프랑크(James Franck) 등 많은 망명 과
학자들이 연구에 참가했다. 이 외에도 미국의 거대한 화학회사인 듀퐁
사도 여기에서 커다란 역할을 했다. 플루토늄은 매우 독성이 강하고,
취급하기 힘들었다. 또한 무기를 만들기 위해서는 짧은 시간 내에 많
은 양을 생산해야 했는데, 듀퐁은 이런 문제를 해결하는 데 자신들이
화학공업에서 얻은 경험을 십분 발휘했다. 결국 1944년 말부터 핸퍼
드 생산용 원자로(Hanford Production Reactor)가 플루토늄을 대량 생
산하기 위해서 가동되기 시작한다.

한편 TVA(Tennessee Valley Authority) 계획에 의해서 많은 전력을
생산하고 있던 곳인 테네시 주의 오크 리지(Oak Ridge)에서는 우라늄
235의 분리농축을 맡았다. 이곳에서는 1934년 중수소를 발견해서 노
벨상을 받은 유어리(Harold Urey)의 지도 아래 기체확산법(gaseous
diffusion method)을 이용해서 우라늄 생산을 위한 연구를 했다. 여기
서도 켈로그(M. W. Kellogg) 건설회사, '카바이드 앤드 카본 케미컬
(Carbide and Carbon Chemical)' 회사를 비롯한 미국 굴지의 회사들
이 공장 건설에 참여했다. 한편 맨해튼 계획과는 별도로 오크 리지에
있던 필립 에이블슨은 미 해군의 지원을 받아 열확산법(thermal-
diffusion method)을 이용해서 우라늄 235를 분리농축하고 있었는데,
그로브즈는 에이블슨의 이 계획도 맨해튼 계획에 끌어들였다. 이 외에

도 로렌스가 중심이 된 전자기 분리법이 오크 리지와 버클리의 방사 연구소(Radiation Laboratory)에서 진행되었다. 물론 결과를 놓고 보면, 원폭 제조에 있어서 이 방법의 공헌도는 다른 방법에 비해 무척 낮았다.

이렇게 해서 모아진 우라늄 235와 플루토늄은 폭탄 제조를 위해 뉴멕시코 주의 로스 앨러모스(Los Alamos)로 모여졌다. 여기서는 로버트 오펜하이머(Robert Oppenheimer)의 책임 아래 원자폭탄의 설계와 조립을 맡았는데, 1944년 가을에 이르게 되면 로스 앨러모스에는 거대한 실험실이 설치되고, 약 삼천 명의 과학기술자들이 모여들게 된다. 오펜하이머는 여기서 탁월한 능력을 발휘해서 이 계획을 성공적으로 이끄는 데 커다란 역할을 했다. 그는 여기에 모인 많은 젊은 학자들에게 각자에게 맡겨진 일이 조국을 위해서 무척 중요하다는 사명감을 갖게 했으며, 과학자들에게 개인의 창조적인 능력을 살려주는 방향으로 연구를 하게 하면서도, 원자폭탄의 제조라는 극비의 구체적인 목표를 달성하는 데 도움이 되도록 과학자들을 효과적으로 동원했다. 여기에 참가했던 대부분의 과학자들은 원자폭탄이 거의 완성될 단계까지 자신들이 하고 있는 일이 대량살상 무기인 원자탄을 개발하는 것이라는 것을 거의 눈치채지 못했다고 한다.

애초에 이곳에서는 핵물질을 임계질량 이하의 두 개로 나눈 다음 빠른 속도로 서로 충돌시켜 임계질량을 넘게 만들어 기폭시키는 소위 '포격 결합' 방법으로 원자탄을 제조하려고 했었다. 그러나 1944년 7월에 이르러 이 방법이 우라늄의 경우에는 가능하지만 플루토늄의 경우에는 이용할 수 없다는 것이 드러났다. 즉 플루토늄의 경우에는 어느 정도의 크기가 되면, 중성자를 방출하면서 스스로 분열을 하게 되고, 이때 만들어진 중성자들이 조기에 핵폭발을 일으켜서 폭탄이 불발될 가능성이 있다는 것이 알려진 것이다. 만약 포격 결합 방식에서 소요되는 충돌 시간에 비해서 이 자발적 핵분열에 걸리는 시간이 더 짧을 경우에는 핵폭탄이 불발될 위험성이 크다는 것이었다. 이렇듯 1944년 말까지도 전반적인 차원에서 핵무기 개발 계획은 불확실했고, 성공 여부도 의심스러웠다. 다행히 우라늄 235로 폭탄을 만드는 것에는 문제가 없었으나, 이 경우에는 활용 가능한 우라늄 235의 양이 너무 적어서 1945년 여름까지도 핵실험에 사용할 한 개밖에는 만들지 못할 상황이었다.

이런 위기 상황이 닥치자 로스 앨러모스에서는 포격 결합 프로젝트를 즉각 포기하고, 과학기술자들을 총동원해서 빠른 시일 내에 새로운 방법을 찾아내지 않으면 안 되게 되었다. 이런 문제에 대한 해결책으로 젊은 물리학자인 네더마이어(Seth Neddermeyer)는 강력한 폭발물을 플루토늄 둘레에서 폭발시킴으로써 플루토늄을 순간적으로 압축되게 만들어 터지게 하는 소위 내파(implosion) 방법이라는 새로운 기폭 방법을 창안해내었다. 이 방법에 대해서 처음에 폭탄 전문가들은 무척 회의적이었지만, 헝가리 태생의 수학자 폰 노이만(John von Neumann)이 이 방법이 가능하다는 것을 계산하는 데 성공하고 난 뒤에는 원자탄 제조에 적극적으로 채택되게 된다.

이리하여 1945년 7월까지 우라늄 235로 만든 폭탄(Little Boy) 한 개와 플루토늄으로 만든 폭탄(Fat Man) 두 개가 제작되어, 마침내 1945년 7월 16일 뉴멕시코 주 사막에서 플루토늄으로 만든 폭탄을 사용해서 역사상 최초의 핵실험이 성공적으로 실시되었다. 핵실험이 성공하자마자, 핵무기는 곧바로 전쟁에 사용되었다. 8월 6일 히로시마에 우라늄 235로 만든 폭탄이 투하되어 최소 10만 명이 사망했으며, 건물 7만 채가 반파 이상의 피해를 입었다. 8월 9일에는 나가사키에 나머지 하나도 투하되어 45년 말까지 7만 명이 사망했다. 8월 10일에는 워싱턴으로 일본의 항복 제의가 도달했고, 8월 15일 일본은 무조건 항복을 했다.

한편 독일에서도 1942년 당시 우라늄 연구가 영국과 미국의 수준 이상으로 진행됐었다. 하이젠베르크(W. Heisenberg)를 비롯해서 당시 핵개발에 참가했던 독일 과학자들의 주장에 따르면, 그들은 자신들의 조국을 위해 군사무기를 개발하는 것에는 참여했지만, 그 과정에서 나치가 핵무기를 보유하지 못하도록 소극적인 태업을 했다고 한다. 즉 자신들이 나치가 핵무기를 개발하지 못하도록 교묘하게 방해해서 결국 나치가 핵무기를 보유하지 못했다고 후일 증언하고 있다. 이들의 주장을 어느 정도 믿어야 할지는 판단하기 힘든 역사적 숙제이지만, 나치가 핵무기를 만들지 못한 결정적인 이유는 하이젠베르크를 비롯한 양심적인 독일 과학자들의 방해 공작 때문만은 아니었다.

우라늄 개발을 결정할 당시인 1942년 전쟁 상황은 독일에게 유리했으며, 따라서 독일의 지도부는 전쟁이 일찍 끝나리라고 생각했다. 이런 판단에서 시간이 오래 걸리고, 많은 자원이 요구되는 원자탄 개발 같은 계획을 추진할 필요성은 절실하지 않았다. 또다른 요인으로는 하이젠베르크가 주도한 독일의 핵개발 팀은 주로 이론물리학자들이 주도했기 때문에, 우라늄의 연구를 실험실 수준에서 곧바로 거대한 생산 설비가 요구되는 산업적 군사적 수준으로 발전시킬 배경이 부족했다는 것이다. 이것은 이론물리학자들뿐만이 아니라 실험물리학자, 화학자, 공학자, 그리고 거대한 설비의 건설 경험이 많았던 산업가들이 함께 참가해서 성공할 수 있었던 미국과 비교해볼 때 상당히 불리한 조건이었다. 원자탄 개발이 미국에서 성공한 것은 단순히 원자탄의 원리를 아는 물리학자가 있었기 때문만은 아니었다. 그것은 미국에는 수많은 활용 가능한 자원이 풍부하게 있었다는 물질적 조건, 대학에서는 이론 분야와 실험 분야가 비교적 같은 문제를 가지고 활동했고, 물리학자와 화학자들이 서로 같은 연구소에서 함께 활동했었다는 제도적 측면, 과학자가 공학자들과 밀접하게 연결되어 있었다는 미국 과학의 실용주의적인 성격, 1차 세계대전 이후 정치가들과 효과적으로 협력할 수 있었던 과학 행정가들이 꾸준히 성장해왔으며, 1930년대 이래 산업체와 정부기관 내에 TVA 계획을 비롯한 거대한 계획에 참가한 경험이 있었던 기획 전문가들이 존재했었다는 역사적 조건과 같이 미국만이 지녔던 독특한 연구 제도적 산업적 정치적 구조 속에서 가능했던 것이다.

핵무기 투하 과정과 반대 운동

핵무기는 과학기술자들이 만들었지만 일단 만들어진 다음에 핵무기의 투하를 결정하는 과정에서는 과학자들보다는 정치가, 군부를 비롯한 다른 이해 당사자들이 더 많은 영향을 미쳤다. 1945년 5월 8일 독일이 항복했을 때, 원자탄 제조는 거의 끝나가고 있었다. 일본은 아직 항복을 하지 않고 심하게 저항하고 있었지만, 일본에게는 원자탄을 제조할 능력이 없었다. 따라서 원자탄을 만든 과학자들은 원자탄의 오용을 우려하기 시작했다.

그러나 군부는 의회와의 문제(이미 많은 예산을 지출했음)로 원폭 사용을 당연히 원했고, 또한 원폭이 전쟁 전략을 혁명적으로 변화시킬 것이며, '이상적'인 조건 아래서의 원폭 사용은 가치 있는 군사적 전술적 자료를 제공할 것이라고 생각했다. 예를 들어 그로브즈 장군은 핵무기 완성 후 그것이 바로 전쟁에 사용될 것을 전혀 의심치 않았으며, 오히려 완성 전에 일본이 항복할 것을 우려했다.

한편 트루먼 대통령은 최소의 희생으로 태평양 전쟁을 조속히 끝내기를 원했다. 당시 정보로는 일본 본토 침공의 경우 미국인 약 백만 명의 희생이 예상되고 있었다. 따라서 일본을 항복시키는 다른 가능성은 소련의 전쟁 개입, 항복 조건의 명문화, 원자탄 사용이라는 세 가지가 있었다. 1945년 봄까지 트루먼은 얄타 협정에 따라서 소련의 전쟁 개입을 희망했으며, 그의 측근들은 항복 조건의 명문화도 고려하고 있었다.

이 당시 과학자들의 저지 노력은 대체로 비조직적이고 산발적이었다. 그렇지만 그중에서 가장 조직적인 핵투하 반대 운동을 폈던 사람은 아이러니컬하게도 1939년 핵무기 개발의 필요성을 가장 강조했던 실라르드였다. 실라르드의 노력에 의해 1945년 6월 11일 시카고 과학자들이 중심이 되고, J. 프랑크가 의장으로 서명한 소위 '프랑크 보고서(Franck Report)'가 작성되었다. 이 보고서에서 과학자들은 국제적인 통제가 없으면 핵전쟁의 파국에 들어간다고 우려하고, 일본에 경고 없이 적절한 목표에 핵무기를 사용해서 일종의 무력 시위로 항복을 유도하자는 안을 내놓았다. 이런 과학자들의 주장은 부시나 코넌트 등으로 구성된 핵운용자문위원회에는 전달되었으나, 트루먼에게 전달되기 전에 핵무기 실험이 성공하게 된다. 이와 동시에 항복 조건을 명문화한 포츠담 선언이 발표되었는데, 일본은 이 포츠담 선언을 거부했다. 이 상황에서 트루먼은 전쟁 이후의 미소 관계에서 주도권을 잡고, 전쟁 단축을 위해 핵실험 성공 후 군부가 결재서류를 올리자 바로 투하에 결재했다. 즉 트루먼과 그의 측근들은 핵투하의 여파에 대해서 그리 심각하게 생각하지는 않았다는 것이 분명하다.

전후의 핵운용 문제

전후에 핵무기의 가공할 위력이 인식되면서, 이것을 운용 관리하는 것이 커다란 문제로 대두되었다. 이를 위해서 1945년 12월 20일 맥마흔(Brien McMahon) 상원위원이 마련한 맥마흔 법안(McMahon Bill)이 상원에 제출되게 된다. 이것은 맨해튼 계획의 전후 통제 및 모든 핵 관계를 통제할 민간기구인 원자력위원회(Atomic Energy Commission)의 설립을 목적으로 하는 법안이었다. 본래의 이 법안에 의하면 AEC는 군부가 배제된 민간기구였다. 그러나 보수적인 성향의 상원의원들에 의해 제출된 수정안에서 군사적 관계가 삽입되어, 핵통제기구에 군부가 재등장하게 된다. 이리하여 1946년 말까지 맨해튼 계획의 생산설비들이 AEC로 이관되는데, 이 위원회의 책임자로는 맨해튼 계획에 참가한 과학자가 아니라 TVA의 책임자였던 리리엔털(David Lilienthal)이 임명되었다. 그가 거대한 규모의 기술 체계를 지원하고, 운영할 수 있는 경험이 있는 사람이라는 것이 중시된 결과였다.

한편 트루먼은 버룩(B. M. Baruch)을 UN AEC 위원장으로 임명하고, 미국이 국제적 권위에서 핵을 독점해야 한다는 내용의 소위 '버룩 계획(Baruch Plan)'을 마련했다. 이 계획은 미국과의 대결을 의식하고 있던 소련에 커다란 정치적 위협을 주었지만, 소련의 핵개발로 결국은 실패로 돌아가게 된다. 소련은 이미 1942년 과학 아카데미 안에 우라늄 연구소를 설립하고 원자탄을 연구하고 있었다. 더욱이 1944년과 1945년 초 핵 스파이 푹스(Klaus Fuchs)를 통해서 맨해튼 계획의 진행 사항을 소상히 알았으며, 핵투하 이후에는 더욱 핵개발에 전력 질주하고 있었다. 1949년 8월 소련도 핵실험에 성공했다.

수폭 개발과 과학자들의 반응

수폭 개발의 경우에는 원폭 개발과는 달리 전후의 복잡한 정치적 상황이 맞물려서 그것을 개발하기 이전부터 매우 복잡한 기술적 전략적 윤리적 문제가 대두되게 된다. 이에 따라 과학자들의 수폭 개발에 대한 반응도 매우 복잡하게 진행되었고, 많은 과학자들이 일관된 태도를 보이지 못하고 상당 부분 왔다갔다하는 모습을 드러냈다.

우선 1942년부터 1945년 8월 핵투하 전까지 맨해튼 계획에 참가했던 과학자들은 수폭 제조도 염두에 두었지만 일단 원폭 제조가 더욱 가능성이 높았기 때문에 수폭보다는 원폭에 더 치중했었다. 이때는 중수소를 이용한 수폭 프로그램에 직접 관계하던 에드워드 텔러(Edward Teller)뿐만이 아니라 나중에 수폭 개발에 반대를 표명했던 오펜하이머, 페르미(E. Fermi), 한스 베테(Hans Bethe) 등도 단지 가설적인 수준에서만 수폭 개발을 생각하고 있었던 것이다.

그러나 히로시마에 핵이 투하된 이후에는 오펜하이머, 로렌스, 아서 콤프턴, 페르미는 수폭 개발에 반대하게 되었고, 이에 따라 1945~46년 겨울 오펜하이머와 텔러 사이에 불화가 생기는 것에서 보듯이, 핵 과학자들 사이에서 수폭 개발을 두고 서로 이견이 나타나기 시작했다. 특히 헝가리 태생의 이론물리학자였던 텔러는 나치보다도 소련을 더 불신했으며, 핵무기를 더욱 발전시키는 것이 미국 안보에 필수적이라고 생각했다.

1946년 12월 '버룩 계획'이 실패하고, 냉전 체제가 점점 공고화되면서 과학자들의 태도는 다시 한번 변화가 오게 된다. 페르미는 폭탄 연구를 강조했으며, 오펜하이머와 코넌트는 마지 못해 지지했고, 아서 콤프턴은 이전에 그가 주장했던 수폭 개발 반대 의견을 취소했다. 이 당시에 수폭 개발은 광범위한 재무장 계획의 하나로 인식되어, 과학자들이 수폭 개발만을 끄집어내서 반대하지는 않았었다.

1949년 8월 소련의 첫 핵무기인 'Joe 1'이 터진 이후에는 상황이 더욱 복잡하게 돌아가기 시작한다. 과학자 집단은 크게 찬성파와 반대파의 두 쪽으로 갈라졌다. 로렌스, 텔러, 앨버레즈(L. Alvarez) 등의 과학자들은 미국이 소련의 위협에 수폭 개발로 대응해야 한다는 명분을 내세워 수폭 개발에 적극 찬성하면서 구체적인 로비 활동에 들어가기 시작한다. 즉 로렌스와 앨버레즈는 맥마흔 상원의원과 접촉하면서 수폭 개발을 강조했으며, 특히 텔러는 전략적인 근거뿐만이 아니라 과학적인 근거로도 열핵폭탄의 제조를 열심히 성토했다. 텔러는 수폭 개발을 위한 결정적인 기술적 문제를 해결했을 뿐 아니라 수폭 제조를 위한 연구를 담당할 새로운 국방연구소를 설립하는 데도 커다란 영향을 미쳤기 때문에, 나중에 사람들에게 '수폭 개발의 아버지'라는 말을 듣게 된다. 이에 반해서 코넌트와 오펜하이머 등은 미소간의 무기 경쟁을 우려해서 수폭 개발에 반대했다. 과학자들 사이의 이런 대립 상황에서 1950년 1월 31일 트루먼 대통령은 정부 내에 있던 측근들의 의견을 종합한 뒤 수폭 개발을 결정했다. 트루먼의 수폭 개발 계획이 발표되자 실라르드, 리리엔털(전 AEC 위원장), 아인슈타인, 라이너스 폴링(L. Pauling), 유어리를 위시한 대부분의 유명 과학자들이 열핵폭탄 계획에 반대했다. 그러나 푹스의 핵 스파이 사건이 공개되고, 급기야 한국전쟁이 터지면서 정치적인 분위기는 수폭 개발 쪽으로 더욱 기울게 된다.

마침내 1951년 텔러와 울람(Stanislaw Ulam)은 원폭에서 방출되는 X-선을 이용해서 수소 동위원소를 압축시키는 일종의 방사 내파(radiation implosion) 방식을 창안해서 수폭 개발의 최대 걸림돌이었던 기술적 문제를 해결했다. 즉 플루토늄 원폭의 내파 방식에서는 재래식 폭탄이 기폭에 이용되었지만, 이제 수폭에서는 원자폭탄이 기폭에 이용된 것이다. 이때쯤 되면 많은 수폭 관련 과학자들은 이제 수폭 개발은 기술적으로 가능한 것이므로 더이상의 반대는 무익하다고 생각하게 된다. 이리하여 이전에는 수폭 개발에 반대하던 많은 과학자들이 다시 수폭 개발 작업에 관여하기 시작했다. 페르미, 래비, 베테가 수폭 개발에 참여했으며, 오펜하이머도 개발 자체는 인정하게 된다. 또한 기왕에 수폭이 기술적으로 가능하게 되었다면, 이제는 미국이 소련과의 수폭 개발 경쟁에서 이겨야 한다고 생각하는 사람도 많아졌다. 이후 수폭 개발은 반대가 거의 없이 순식간에 진행되어갔다. 1952년 11월 1일 최초의 수폭 실험인 '마이크' 실험이 태평양의 마샬 군도에서 성공적으로 실시되었다. 그러나 이 수폭 실험은 비행기에는 탑재할 수 없는 습식 폭탄에 의해서 실시된 것이었다.

　수폭 연구는 1954년 1월 아이젠하워가 향후 미국의 기본적인 핵전략이 될 대량 보복전략을 발표하면서 더욱 급진전되었다. 마침내 1954년 3월 비행기에 탑재할 수 있으며, 실전에 활용 가능한 폭탄으로는 최초의 수폭 실험인 '브라보' 실험이 태평양에서 성공적으로 실시되었다. 이것은 15메가톤급으로 히로시마에 투하된 원폭(12.5킬로톤급)의 1천 배가 넘는 위력을 가진 것이었다. 이 실험은 이후 국제적인 핵실험 반대 운동이 일어나게 하는 기폭제 역할을 했다. 더욱이 1955년 11월에는 소련도 수폭 개발에 성공함으로써 인류를 파멸로 이르게 할 수 있는 핵전쟁의 위험은 더욱 우리 가까이에 오고야 말았다.

(『20세기 과학의 쟁점』, 민음사, 1995)

체제 밖의 과학

이필렬

과학 연구를 업으로 삼은, 소위 과학자라 불리는 사람들 중에서 자신의 활동에 대해 사회적 맥락 속에서 반성하고자 하는 사람은 스스로 험난한 길로 들어선 셈이다. 과학자들은, 그들이 과학 연구 체제의 구성원이 되어서 연구를 시작한 그 순간부터 진정한 의미에서의 독립성을 상실하고, 그 결과 반성적인 연구는 대단히 어려워지기 때문이다. 대학에서 활동하든 대학 밖의 연구소에서 활동하든, 순수하게 진리를 탐구하려 하든 인류에게 유용한 인공물을 만들어내려 하든 과학 연구자들은 그들 자신만의 독자적인 공간 속에서 독립적인 활동을 할 수는 없게 되어 있다.

이들은 끊임없이 연구비를 신청해야 하고, 연구 결과나 연구 신청서를 놓고 항시 동료 연구자들이나 지원기관의 심사에 자신을 내맡겨야만 한다. 이러한, 앞만 보고 달려가야 하는 체제 속에서는 반성의 기회는 좀처럼 주어지지 않는다. 간혹 그러한 기회가 찾아오기도 하지만 어느 과학자가 이 기회를 진정으로 붙잡으려 하면 연구자로서의 그의 장래는 치명적인 타격을 입을 수도 있다. 그의 반성은 필연적으로 자신의 활동에 대한 반성뿐만 아니라 자신이 몸담은 기성 과학계의 관행에 대한 반성과 비판으로 이어질 것이기 때문에, 그는 동료 과학자들로부터 따돌림당하고, 연구비 신청에서 어려움을 겪고, 그리고 그 귀결로서 '빈약한' 또는 '주류' 과학계로부터 쓸모없다고 판정받는 연구 결과를 내놓는 고통을 감수할 준비가 되어 있어야 하는 것이다. 특히 연구 경력이 얼마 되지 않은 소장 과학자들에게는 반성의 대가가 연구자로서의 생애를 파괴할 정도로 심각할 수도 있다. 그가 대학이나 기업체와 맺은 계약은 더이상 갱신되지 않을 것이고, 과학계에서 기피 인물로 낙인찍힌 탓에, 또는 심사 제도를 통해 과학계에서 인정받는 연구를 수행하거나 논문을 낼 수 없게 된 탓에 다른 곳에서 자리를 얻기도 대단히 어려워질 것이기 때문이다. 기성 과학계는 진정으로 반성하는 또는 "반항하는 과학자 그 누구라도 그 경력을 파멸시킬 수 있는 충분한 권력"을 가지고 있는 것이다(제임스 러브로크, 「과학의 녹색화」, 『녹색평론』 1994년 3～4월호, 88쪽).

물론 과학계에서 무시당하지 않으면서도 과학 연구 활동에 대해 어느 정도는 성공적으로 반성하고 비판하는 과학자도 존재하지만, 이들은 대부분 반성적 활동을 시작하기 전에 오랫동안 기존 연구 체제 속에서 활동하면서 명성을 쌓은 사람들이거나 기존 과학계의 관행을 전면적으로 부정하지는 않는 사람들이다. 연구 체제에 편입된 초기부터 비판적인 입장을 보이면서 끝까지 그 체제에 남아 성공적인 위치에 도달한 과학자의 예는 아마 서의 없을 것이다. 그렇기 때문에 과학자에게 사회적인 맥락 속에서의 반성이라는 행위는 연구자로서의 생애를 내건 커다란 결단을 요구하는 일이다.

과학자가 비판적인 입장을 가지고 활동하는 것이 얼마나 어려운 일인가는 사회과학이나 인문학 분야에서 활동하는 학자들과 비교해보면 잘 드러난다. 이들 분야의 학자들 중에서는 대학이나 연구소에 몸담고 있으면서 사회적으로 비판적인 활동을 하거나 학문 또는 학문 활동 자체에 대해 반성적인 발언을 하는 사람들을 종종 만날 수 있다. 이들 중에는 또한 대학이나 연구소 밖에서도 비판적인 입장을 가지고 자신의 연구를 수행하는 사람이 상당수 있는데, 이는 이들 학문의 성격과 학문 체제가 이러한 독립적인 연구를 가능하게 해주기 때문이다. 사회과학자나 인문학자는 혼자서 주로 책과 씨름하며 사색을 통해서 연구하고, 연구 결과도 동료 학자들만이 아니라 일반인까지도 포괄하는 광범한 독자층을 대상으로 할 수 있다. 그러므로 대학에 몸담고 있는 어떤 인문학자가 대학이나 학계가 받아들이기 어려운 급진적인 주장을 펴서 일자리를 잃었거나 기존 체제를 비판하고 스스로 자리를 버리고 떠난다고 해도, 이들의 연구 활동이 조금 위축될 수는 있겠지만 연구가 불가능해지는 일은 일어나지 않는 것이다. 이들 인문사회과학자들은 또한 학문을 배우기 시작할 때부터 다른 사람들의 이론이나 주장에 대해 비판적인 시각에서 바라보도록 훈련받지 않았던가.

그러나 과학자들은 주로 이미 확립된 지식을 효율적으로 습득하고, 계산 방법을 익히고, 실험 결과를 제대로 해석하고, 실험기기를 정확하게 다루는 방법만을 훈련받아왔지, 이론이나 주장을 비판적으로 보는 훈련을 받은 것은 아니다. 과학자들은 '확실한' 것, 즉 '진리'를 추구하기 때문에 모든 이론이나 연구 결과를 비판적인 시각에서 바라본다는 이야기가 종종 들리지만, 여기서 비판이란 말은 어떤 결과가 과연 충실한 실험을 바탕으로 얻어진 것인지, 어떤 이론이 적절한 실험적 수치와 올바른 계산법을 통해서 도출된 것인지를 엄밀하게 검토하는 행위를 말하는 것으로 사회적 맥락 속에서의 비판과 반성과는 조금도 관련이 없는 것이다.

그리고 또 과학자들은 실험실에서 동료들과의 합동 연구가 아니면 연구가 거의 불가능하고, 설령 독립적으로 혼자 할 수 있는 연구라 하더라도 연구 결과는 항상 동료 과학자들만을 독자로 하는 폐쇄적인 학술지에 낼 수밖에 없다. 그뿐만 아니라 연구의 결과로 인해 이들에게 돌아오는 책임이나 비난의 무게는 인문사회과학자들의 그것보다 훨씬 큰 경우가 종종 있다. 원자폭탄이나 화학무기, 탈리도마이드같이 인류에게 엄청난 손상을 입힌 예는 말할 것도 없고 과학자들에게는 사소하게 여겨지는 동물 실험 같은 연구 행위에 대해서도 비난이 쏟아질 수 있다.

생물학, 의학, 약학, 실험심리학 분야의 연구자들 중 상당수는 연구 결과를 내기 위해 많은 동물을 괴롭히거나 죽일 수밖에 없는 처지에 놓여 있다. 이들은 동물을 더 많이 괴롭히거나 죽일수록 더 많은 연구 결과를 내놓을 수 있다. 이러한 연구가 사회적으로 과연 의미 있는 것인가라는 반성적인 질문을 고려하지 않으면 많은 연구를 내놓는 것은 연구자의 업적을 높여주고 학계의 연구 축적에 기여하는 일이므로 비난받을 만한 것은 결코 아니다. 그러나 연구 업적을 높이기 위해서 동물을 괴롭혀야만 한다는 것은 이들이 인문사회과학자들과 분명히 다른, 업적 추구의 결과에 대해 그들보다 훨씬 엄중한 비판을 당할 수 있는 위치에 놓여 있음을 보여준다.

대표적인 동물보호론자인 피터 싱어는 철학자나 역사학자는 자신의 업적을 쌓으려 한다 해도 "종이 낭비와 동료들을 지루하게 하는 것 이상의 해를 끼치지" 않지만, "동물 실험이 포함된 업무에 종사하는 자들은 (동물들에게) 심한 아픔이나 장기적인 고통을 야기할 수" 있으며, "따라서 그들의 작업은 훨씬 엄격한 필요성의 기준에 따라 행해져야 한다"는 말로 동물 실험을 비난한다(피터 싱어, 『동물 해방』, 인간사랑, 1999, 142쪽). 물론 과학 연구 체제 내의 관행에 젖어 있는 과학자들은 이러한 비판에 대해서 무지하거나 알더라도 조금도 신경쓰지 않는 태도를 보일 것이다. 그렇지만 반성적인 과학자로서 연구 체제 안에 남아 있으려는 사람이라면 싱어와 같은 과학 외부의 비판자들을 무시할 수 없을 것이고, 따라서 이들은 연구 체제 안에서뿐만 아니라 밖으로부터 가해지는 고통을 감수해야 할지 모르는 처지에 놓이는 것이다.

반성적인 입장을 지키면서 과학 연구를 수행하는 일이 이토록 어려운 것이기 때문에, 젊은 과학자로서 기존 과학계의 관행에 대해 비판적인 사람들 중에는 그래도 내부에 남아 개혁을 시도해보겠다는 태도를 취하는 경우도 있지만―이들은 어쩔 수 없이 타협적인 태도를 보일 수밖에 없다―과학 연구 체제로부터 떠나는 경우가 훨씬 더 많다. 떠난 사람들도 두 부류로 갈라지는데, 일본의 '시민과학자'로서 '대안적 노벨상'이라 불리는 '바른생활상'을 수상한 다카기 진자부로가 이야기하듯 과학을 완전히 버리고 다른 활동을 택하는 경우와 제도권 내의 지위를 버리기는 했지만 "자립적인 과학기술을 지향"하는 경우가 있다(다카기 진자부로, 『시민과학자로 살다』, 녹색평론사, 2000, 88쪽).

과학자들이 연구 체제를 떠나는 일은 한 국가 내에서 과학계가 사회적인 맥락을 고려한 과학 연구를 얼마나 용인하느냐에 좌우되기도 한다. 한국이나 일본의 경우와 같이 과학계가 대단히 경직되어 있고 연배에 따른 위계질서가 강하게 남아 있는, 따라서 '주류' 연구가 아닌 연구는 좀처럼 받아들여지지 않는 구조에서는 과학을 포기하는 경우가 많을 것이다.

그러나 독일을 비롯한 북유럽 국가에서처럼 좀더 자유롭게 연구할 수 있고 연구 체제에 첫발을 내디뎠을 때부터 종신계약이 보장되는 구조나 미국과 같이 매우 다양한 연구 구조가 존재하는 곳에서는 체제 내부에서 비판적인 연구를 수행하는 경우도 심심찮게 찾아볼 수 있다(물론 이들 나라에서도 비판적인 자세를 지닌 과학자는 상당한 어려움을 겪고, 경우에 따라서는 이들이 과학 연구 체제로부터 추방되는 일도 발생한다). 독일에는 소수이긴 하지만 주류 '방사선학회'에 대항하여 핵발전소에서 방출되는 방사능의 피해에 초점을 맞춰 연구하는 학자들이 결성한 '방사능보호학회'가 있고―이 학회의 회장은 1998년 말 사민/녹색당이 정권을 잡은 후 환경부 직속 '방사능보호위원회'의 부의장이 되었다―핵발전을 반대하는 생물학, 의학 분야의 교수들이 설립한 '방사능연구소'도 있다. 그리고 다름슈타트 대학에서는 십여 년 전 어느 물리학 교수의 주창으로 핵무기의 피해와 핵무기 폐기를 연구하는 연구 그룹이 결성되었는데, 이 그룹은 핵무기를 반대하는 국제 과학기술자 네트워크를 이끌어가고 있다. 네덜란드에서 과학상점 활동을 지원하는 대학 교수나 연구자들도 내부에서 반성적인 연구를 하는 과학자에 속한다고 할 수 있을 것이다.

이들 나라에서는 대학이나 연구소를 떠나는 경우에도 반성적으로 과학 연구를 수행할 수 있는 공간이 아주 좁지는 않다. 독립적으로 연구를 수행하는 상당수의 민간 연구소에 들어가서 연구를 계속할 수도 있고, 시민단체와 연계해서 활동할 수도 있기 때문이다. 물론 이들에게는 기존의 과학계에서 '독창적'이라고 판정받는 연구 결과를 내놓을 기회는 극히 적다. 이들이 하는 일은 아주 좁은 분야로 들어가서 '독창적인' 실험을 조직하여 연구를 하거나 실험 결과를 계산을 통해서 '독창적'으로 해석하는 것이 아니라, 주로 핵발전소, 환경호르몬, 독성 화학물질같이 사회적으로 중요한 과학기술 문제에 대해서 넓은 시각에서 판단을 내리는 것이고, 따라서 이로부터는 폐쇄적인 학술지에 실릴 만한 '독창적인' 연구는 나오지 않기 때문이다. 또한 이들 독립적인 과학자들의 주요 독자는 과학기술자가 아니라 일반 시민이기 때문에 이들은 연구 결과를 학술지에 발표할 필요도 거의 느끼지 않는다.

북유럽과 달리 일본이나 한국과 같이 과학 연구 체제가 경직되어 있고, 그렇다고 독립적인 연구기관도 몇 개 되지 않는 나라에서는 과학계를 떠나는 사람들 대부분은 과학을 완전히 버릴 수밖에 없을 것이다. 그런데 이러한 상황 속에서도 극소수이긴 하지만 과학을 버리지 않고 '자립적인 과학'을 하려는 사람들은 어떤 길을 갈 수 있는 것일까? '시민과학자'를 자처하는 다카기 진자부로 박사는 자신이 바로 이 극소수에 속한다고 말하는데, 그가 걸었던 길은 그의 자전적 기록인 『시민과학자로 살다』에서 조금 드러나듯이 그야말로 힘든 가시밭길이었던 것 같다.

그는 대학에 들어가서 "핵분열이라는 경이적인 현상을 발견하기에 이른"(다카기, 50쪽) 오토 한과 같이 물질의 비밀을 발견하는 작업에 매력을 느껴서 핵화학을 공부하고, '일본원자력사업'이라는 회사에 들어가서 방사성 물질의 거동을 조사하는 연구에 참여하여 나름대로 열심히 핵화학 연구를 수행한다. 회사에서 몇 년 일한 후 기업의 부정적인 이윤 추구 논리에 실망하고 있던 차에 플루토늄을 발견한 글렌 시보그의 『초우라늄원소』라는 책을 읽은 그는 핵화학에 "새로운 장을 써넣고야 말겠다고 가슴 깊이 맹세"하고(다카기, 59쪽) 본격적인 연구를 해보고자 회사를 떠나 도쿄 대학 부속 원자핵연구소에 들어간다.

연구소에서 다카기는 꽤 흥미 있는 연구 결과를 내놓았고 스스로 결과에 대해 어느 정도 만족도 하지만, "연구가 연구를 낳는 세계"인 과학계에서 "논문 중독이라고 할 수 있는 증상"에 걸린 자신에 대한 자기 반성을 통해서 전환점을 찾던 중 도쿄 도립대에서 조교수 자리를 얻어 대학으로 옮겨간다. 그러나 대학에 들어간 지 삼 년 후 방사능의 위험을 연구하여 밝히기보다는 그러한 연구에 무관심하거나 감추려는 기성 체제의 일부가 된 대학 안의 과학 연구에 회의를 느끼고 결국 대학을 떠나고 만다. 이때부터 다카기는 자립적인 과학, '시민의 과학'을 하기로 결심하고 고통이 따르는 길로 들어서게 된다.

다카기의 선택 과정은 과학 연구 체제나 연구 관행에 대해 실망을 느끼고 기성 과학계를 떠난 다른 여러 사람들과 유사한 점도 있지만 다른 점도 꽤 있는 것 같다. 기성 연구 체제에 대해 대단히 비판적인 독립적 과학자로서 세계적으로 가장 큰 명성을 얻은 사람으로는 제임스 러브로크를 들 수 있다. 러브로크는 미국의 항공우주국(NASA)에서 일하기도 했지만 미량의 화합물을 검출하는 데 쓰이는 전자포획탐지기를 발명하여 상당한 액수의 로열티를 받을 수 있었기에 자신이 하고 싶은 연구를 마음대로 할 수 있었다.

그는 대학이나 연구소를 중심으로 운영되고, 논문을 위한 논문, 연구를 위한 연구, 심사평가 제도가 지배하는 기존 연구 체제가 과학자의 창조성을 말살하고 '진정한' 과학의 형성을 방해한다는 이유로 기성 과학계의 관행에 대해 매우 비판적이다. 러브로크는 현대의 과학 체제가 많은 젊은이를 끌어들이는 돈벌이 장소가 되었는데, 바로 그렇기 때문에 타락하기 쉬운 현재와 같은 구조를 바꾸어서 과학을 천직으로 여기는, "지구에 대한 보다 깊은 이해"를 얻으려는 열망에 사로잡힌, 그러므로 금전적인 보상도 하찮게 여기는 소수의 사람만의 것으로 만들어야 한다고 주장한다(러브로크, 앞의 글). 그리고 그는 열정적으로 지구와 인류를 구할 수 있는 보다 깊은 이해를 위한 "독립적인" 과학연구를 수행하려 한다.

그러나 러브로크와 같이 독립적인 과학자로서 실제로 실험을 하면서 깊은 지식을 추구하는 예는 아주 희귀한 것이다. 러브로크는 근대 과학의 방법을 통해 자연에 대한 깊은 이해에 도달하려는 노력을 매우 고귀한 것으로 여기고 있고, 다카기도 "과학이 체제내화된 것에 대해" 불만이지 "경이로운 현상인 핵분열" 발견이나 플루토늄 발견 자체에 대해서는 경탄의 자세를 보이는 등 근대 과학의 자연 탐구 방식에 대해서는 별로 의문을 던지지 않는다. 다카기가 자신의 암치료를 위해 서양 의학에 의존해서 두 차례의 대수술을 받았고 오랜 기간 독한 항암치료를 받았다는 사실도 근대 과학에 대한 그의 태도와 무관하지 않을 것이다. 그러므로 러브로크나 다카기는 모두 근대 과학의 탐구 방식은 인정하면서 "과학과 에콜로지의 통합"을 역설하거나 '시민과학'을 주창하는 것이다. 이러한 태도는 독립적인 연구기관에서 연구하는 과학자들이나 과학상점 운영자들, 과학기술의 '민주화'를 위해서 일하는 사람들에게서도 발견된다. 이들은 모두 과학이 거대화하고 시민을 소외시키고 과학자들이 전문성을 무기로 권력을 휘두르는 것을 비판하지만 근대 과학의 자연관, 자연 탐구 방식을 근본적으로 거부하지는 않는 것이다.

기성 과학계를 떠난 과학자들 중에는 러브로크나 다카기와 달리 근대 과학 자체에 대해서 의문을 던지는 사람들도 있다. 대표적인 사람으로는 프리초프 카프라(Fritjof Capra)와 반다나 시바(Vandana Shiva)를 들 수 있을 것이다. 카프라는 근대 과학의 환원주의적 패러다임과는 다른 전일적인 패러다임을 가진 과학을 만들어내고자 노력하고, 시바는 에코페미니즘의 시각에서 자연을 지배의 대상으로만 보는 "기존의 도구주의적이고 환원주의적인 과학이 아닌 생태적으로 건전하고 페미니즘적인 자급 과학과 기술…… 여성과 민중에 기반을 둔 그러한 풀뿌리 지식과 과학"을 추구한다.

카프라와 시바의 입장도 서로 커다란 차이를 보이는데, 카프라는 기성 연구 체제에 속해서 오랫동안 고에너지물리학을 가르치고 연구했기 때문에 이로부터 얻은 지식과 통찰을 기반으로 해서 새로운 과학 패러다임을 만들어내려 한다. 그러므로 그는 현대 과학의 분해나 환원이 아닌 통합적 전일적 시스템적 접근을 추구하지만 상당한 정도는 근대 과학의 방법론이나 지금까지 이루어진 많은 근대 과학의 성과를 부정하지는 않는다.

반면에 시바는 핵물리학자가 되려다 방사능의 위험에 눈뜬 후 이론 물리학자가 되었고, 그후에는 인도의 사회 상황, 환경 파괴, 여성에 대한 착취에 주목하면서 이러한 파괴나 착취에 서구의 가부장적 식민주의적 과학이 얼마나 크게 기여하는가를 탐구하는 작업을 수행했다. 시바는 근대 과학의 인식론적 전통이 근본적으로 환원주의적인 것이고, 이러한 환원주의 과학이 바로 여성과 자연에 대한 폭력의 근원이라고 본다. 그러므로 시바의 에코페미니즘은 자연과 여성에 대한 강제와 폭력을 낳는 근대 과학을 전면적으로 부정하고 생명들의 공생 관계, "살아 있는 관계의 재창조"를 주장한다(마리아 미스 · 반다나 시바, 『에코페미니즘』, 창작과비평사, 2000).

나 자신도 시바와 마찬가지로 제도권 속의 과학자가 되기를 포기하고 과학(합성화학)을 떠났는데, 내가 과학을 버린 배경은 박사학위를 얻기 위해, 러브로크가 표현한 바와 같은 '하찮은' 연구를 수행하는 동안 현대 과학이 기본적으로 자연을 짓밟고 으깨는 작업이라는 것에 대한 회의를 느꼈기 때문이다. 내가 그때 '하찮은' 연구가 아니라 러브로크의 '깊은 이해에 도달하는' 연구를 했다고 해도 결국은 회의에서 벗어나지 못했을 것인데, 이 회의는 근원적으로 과학이 자연을 다루는 방식에 대한 것이었기 때문이다. 나는 화학에서 분자를 쪼갰다가 다시 붙인다거나 물리학에서 원자를 엄청난 힘으로 부숴뜨리는 행위나 생물학에서 유전자를 멋대로 조작하는 행위가 모두 자연 위에 군림하여 자연을 짓밟고 괴롭히는 일이라는 생각을 하게 되었던 것이다. 시바도 미스와 함께 쓴 『에코페미니즘』에서 원자 연구나 생명공학이 "연구 대상을 공생적 맥락에서 강제로 분리하여" 조각내고 파괴하는 행위이고, 과학자들은 이렇게 하지 않고는 새로운 지식을 얻을 수 없다고 말한다(미스 · 시바, 65쪽). 그러므로 시바 등의 에코페미니스트들은 새로운 과학 패러다임을 찾기보다는 공생적 관계, 유기적 전체를 파괴하지 않고 자연과 공존하며 살 수 있게 해주는 토착기술, 풀뿌리 지식을 강조하는 것이다.

'자립적인' 과학을 추구하는 다카기나 러브로크는 근대 과학의 패러다임을 거부하지 않는 입장이기 때문에 에코페미니즘을 포괄하는 생태주의와는 별로 어울릴 것 같지 않지만, 이들은 모두 생태주의에 대해 친근감을 나타낸다. 러브로크는 DNA의 발견을 "환원주의적 방법으로 얻어진 가장 위대한 승리"로 찬양하면서도 에콜로지와 과학의 재통합을 주장하고(러브로크, 83쪽), 다카기는 스스로 생태주의를 자신의 삶의 양식으로 삼게 되었다고 고백한다(다카기, 97, 153, 166쪽). 근본적으로 현대 과학의 자연 탐구 방식과 생태주의는 양립할 수 없고, 따라서 현대 과학의 변형이라 할 수 있는 '자립적' 과학도 생태주의와는 연결되기가 어렵기 때문에, 러브로크나 다카기는 상당히 모호한 입장을 내보이고 있는 셈이다. 차라리 그들이 '자립적인' 과학을 기성 과학 시스템이나 환경 파괴에 대항하기 위한 하나의 도구로만 본다면 이들의 태도가 그렇게 모호해지지는 않을 것이다. 생태주의를 지향하되 생태주의적인 생활을 지키거나 관철하기 위한 대항 수단으로 '자립적인' 과학을 이용하는 것이라면 모호함의 문제는 해결되기 때문이다.

생태주의의 견지에서 볼 때 모호하다고 여겨지는 태도는 과학계 내부에서 활동하는 반성적인 과학자들에게서 더 자주 발견된다. 이들은 과학계에 몸담고 있고 근대 과학의 자연 인식을 거부하지 않기 때문에, 비록 반성적인 자세에서 양심적인 연구자 생활을 한다 해도 연구의 근본 토대를 뒤흔들 수 있는 일이 벌어지면 뒤로 물러서는 길을 택하는 것이다. 예를 들어 생명공학 연구자들 중에서도 생명공학이 나아가는 방향에 대해서 비판적이고 유전자 조작 식품의 위험에 대해 우려하는 사람들이 있지만, 이들은 생명을 조작하는 현대 생명공학이 생명을 해체하고 파괴하는 반생명적인 것이므로 연구를 중단해야 한다는 생태주의자들의 주장을 접하면 대체로 방어 태세를 취하게 된다. 이때 그들은 생명공학 연구가 문제가 있기는 하지만 인간의 탐구 정신을 막을 수는 없고, 연구를 중단하는 것은 인류의 훌륭한 지적 유산인 과학을 부정하고 생명에 대한 지식의 축적을 통한 인류의 진보를 방해할 수 있다는 등의 이유를 든다.

몇 년 전 서울에서 열렸던 생명윤리 토론회에서 생명공학의 질주에 대해서 어느 정도는 비판적인 분자생물학자가 생명공학에 대한 비난에 직면해서 인류의 생존과 발전을 위해서는 결국 인간 이외의 생물을 물질로 볼 수밖에 없다고 이야기한 것이나, 독일의 지도적인 물리학자이자 핵발전 반대자로 널리 알려져 있고 '바른생활상'을 수상한 한스-페터 뒤르(Hans-Peter Dürr)가 뮌헨 공대의 연구용 원자로 가동을 반대하는 환경단체들의 운동에 참여하기를 거부한 것이나, 독일 녹색당의 대통령 후보였고 생명공학의 결과에 대해 심각한 우려의 목소리를 내는 분자생물학자 옌스 라이히(Jens Reich)가 생명공학의 전개는 막을 수 없는 대세이고 그 자신도 유전자 치료를 받아야 할 병에 걸리면 치료를 받겠다고 말한 것은 모두 이들이 근대 과학의 패러다임을 버리지 못한 결과일 것이다.

여기서 우리는 기성 과학기술의 개혁을 원하거나 추구하면서도 라이히나 러브로크에서 시바에 이르기까지 서로 상당한 차이를 보이는 다양한 입장을 어떻게 보아야 하는가 하는 문제에 부딪힌다. 이들은 서로의 입장 차이 때문에 협력보다는 비판이라는 어쩌면 좀더 손쉬운 길을 택하는 경우도 있지만, 구체적 문제를 놓고 벌어지는 실천의 면(예를 들어 핵발전 반대, 유전자 조작 식품 반대 같은)에서는 대체로 협력의 태도를 보인다. 밖에서 보기에는 입장이 아주 비슷하게 보이는 사람들 사이에서도 해소되기 어려운 차이가 종종 존재한다.

예를 들어 독일 녹색운동의 구루(guru)격이었고 루돌프 바로와 독일 반핵운동의 정신적 지주로서 '바른생활상'을 수상했으며 오스트리아 녹색당의 대통령 후보로 출마했던 문명비평가 로베르트 융크는 서로 "정신적인 형제"라고 불렀지만, 이들은 현대 과학기술을 어떻게 보아야 하는가라는 문제를 놓고는 의견일치를 볼 수 없었다(Jungk, *Trotzdem*, München, 1995).

바로는 과학기술의 세계로부터 완전히 떠나야 한다는 낭만주의적인 입장을 보인 반면 융크는 과학기술은 여전히 필요하고, 중요한 것은 "산업문명을 철학, 종교, 예술 그리고 영성에까지 의존해서 확장하는 일"이라고 주장했다. 물론 융크는 지배권력 성격의 과학기술을 조종하고 통제함으로써 문제를 해결할 수 있다는 환경관리주의적인 태도는 배격한다.

그는 "아마 대안적인 오두막집, 미래에 대한 우려, 카프라의 전일적인 비전이 모두 함께 솟아나고" 이러한 것들이 어우러져 새로운 미래를 열어줄 것이라고 생각한다(Jungk, *Die große Maschine*, München, 1991, p.12). 그러므로 그가 보기에는 기성 과학기술계에 몸담고 있다 하더라도 '바른생활상'을 받은 독일의 뒤르나 미하엘 주코, 미국의 새뮤얼 엡스타인, 그리고 라이히같이 미래에 대해서 진징으로 우려하는 양심적인 과학자라면 이 일에 동참하고 있는 셈이다. 다카기도, '올터너티브 과학자', 즉 시민과학자 양성을 목표로 하는 그의 '다카기 학교' 운영 방식을 보면 융크와 유사하게 근대 과학의 성과도 받아들이면서 "사람과 사람, 사람과 자연이 서로 억압하지 않는" 미래를 만들어가려 하는 것 같다(다카기, 160, 166쪽).

　다카기, 융크, 뒤르, 시바 등과 같이 '바른생활상'을 수상한 사람들에게서 공통적으로 발견되는 것은 이들이 대부분 현실의 문제에 대해 강한 문제의식을 가지고 비판하는 동시에 '대안적인' 것을 모색하는 실천으로 나아간다는 것이다. 이들이 다소 차이는 있지만 생태주의에 기울어져 있기 때문에 대안적인 생활 양식에 관심을 기울이는 것은 당연하다고 볼 수 있는데, 다카기는 '다카기 학교'를 설립하여 체제 내 과학기술에 대항할 '시민과학'을 모색하고 있고, 융크는 '미래학교'를 만들어서 대안적인 미래를 위한 실천 방향을 모색하고 있으며, 뒤르는 '글로벌 챌린지 네트워크'를 결성하여 대안적인 에너지 시스템을 찾고 이에 맞는 생활 방식을 모색한다. 시바도 인도에서 에코페미니즘에 입각한 풀뿌리 환경운동을 조직하는 등 실천적 활동을 하고 있다. 이들은 물론 기성 과학계의 양심적인 과학자들과 협력하는 일도 실천을 위해 필요한 것으로 받아들인다.

　기존의 자연지배적, 가부장적, 권력과 밀착된 과학기술 체제에 대항하기 위해서는 과학계의 양심적인 학자, '시민과학자', 생태주의자, 환경론자들이 함께 힘을 합치는 것이 매우 중요할 것이다. 이러한 대항의 단계에서는 과학기술의 패러다임을 거부하든 그렇지 않든, 과학기술을 대항의 도구로만 보든 그것 자체를 발전적으로 바꾸어가야 할 인류의 중요한 유산으로 보든 입장의 차이는 중요하지 않다. 예를 들어 유전자 조작 식품을 반대하는 운동에는 양심적인 과학자나 과학기술의 민주화를 추구하는 사람들로부터 전통적인 수공업적 기술을 고집하는 아미쉬 공동체까지 모두 참여할 수 있는 것이다. 어차피 인간과 인간, 인간과 자연이 공생할 수 있는 세계를 만들려는 운동이 바로와 같은 반(反)기술적 낭만주의나 에코페미니즘 같은 지향 아래 통일될 수는 없는 일이고, 다양한 생각이나 운동이 함께 움직여야만 조금씩이나마 변화를 끌어낼 수 있는 마당에 다양성의 인정과 연대란 불가결한 것이다. 그리고 융크가 말한 대로 어느 하나의 조류 아래에서가 아니라 여러 다양한 움직임이 힘을 합해 나아가야 새로운 미래를 열 가능성이 더 크기 때문이다.

그렇다고 해도 자연에 대한 폭력에 기반한 기존 과학기술 체제를 제대로 파악하고, 이에 대항하는 움직임들, 변화를 꾀하는 움직임들 간의 차이를 파악하는 것은 중요하다. 이러한 차이에 대한 파악은, 예를 들어 수돗물불소화에 대한 시민단체간의 '불화'의 원인을 제대로 알게 해줄 것이고, 더 나아가서는 구체적인 실천 가운데서도 그 속에 묻혀버리지 않고 항상 궁극적인 지향을 잃지 않을 수 있도록 해줄 것이기 때문이다.

(『녹색평론』 2000년 7~8월호)

4부
환경과 생명

환경 위기의 내면 구조

김종철

환경에 대한 사회적 관심이 높아졌다. 때늦은 대로 이것은 물론 환영할 일이지만, 한편 생각하면 이제는 아무리 우둔한 사람도 느끼지 않을 수 없을 만큼 환경 악화가 극심해졌다는 이야기가 된다. 예전에는 너무나 당연했으므로 특별히 주의할 필요가 없었던 깨끗한 공기, 물, 흙 이 모든 것을 어떻게 되살리느냐 하는 것이 지금은 사활(死活)의 문제가 되었다. 오랜 세월 이 산천의 정다운 형제였던 기러기도 반딧불도 할미꽃도 사라지고 있다. 오늘날 환경 문제는 지구를 통틀어 인류에게 닥친 최대의 재난이지만, 아마 그 무분별과 폭력성에 있어서 유례가 드문 지난 수십 년간의 산업화·개발 덕분에 이 나라의 자연 생태계는 어처구니없을 정도로 파손되었다. 원래 온갖 무리를 무릅쓰고 개발이 강행된 가장 큰 명분은 보릿고개를 없앤다는 것이었다. 그런데 이제 와서는 다 익은 보리밭을 고스란히 불태워버려야 하는 세상이 되고 말았다. 이런 기막힌 상황을 진보니 선진화니 하는 어리석은 말놀음으로 합리화해도 될까? 우리 모두가 미쳐버린 게 아닐까?

19세기 중엽에 백인들의 강박으로 땅을 빼앗기고 죽음을 강요당하던 토착 아메리카인 어느 부족의 추장이 남긴 말이 있다. 그는 백인들이 하듯이 땅을 함부로 파헤치고 짐승들을 마구 죽여 언젠가 짐승들이 사라지면 인간은 외로움으로 미쳐버릴 것이라고 예언했다. 인간이 자기 존재의 뿌리를 망각하고 자연 세계와의 유대를 스스로 끊으려 할 때 어떤 일이 생기는가를 우리는 지금 어디에서나 보고 있다. 망가진 것은 자연 생태계뿐만이 아니다. 생태계가 파손된 것은 그만큼 우리 자신의 인간성과 인간 관계, 그리고 공동체 의식이 훼손되었다는 것을 뜻하고 있다.

어떤 근본적인 방향전환 없이 이런 추세가 계속된다면 산업문명은 머잖아 자연과 인간성을 탕진시킬 것이 틀림없어 보인다. 산업 체제 변호론자들이 생각하듯이 생태계의 붕괴에도 불구하고 고도의 문명을 누리는 인류의 일부가 잔존할 수 있을지도 모른다. 그러나 그렇게 된다 한들 그런 인공의 불모적인 세계에서 온전한 인간성을 가진 사람이 살기를 바라겠는가? 지금 우리에게 닥친 환경 위기 또는 좀더 정확히 말해 생태학적 재난은 실로 인간이란 무엇인가. 인간이 이 세계 속에 존재해야 하는 방식은 어떠해야 하는가 하는 좀더 근원적인 물음에 답할 것을 요구하는 문제라 할 수 있다.

인간은 자연의 일부이고, 만물은 나의 형제이다. 나는 나 자신의 개인적인 의지나 욕망 때문에 이 세상의 삶을 향유하고 있는 게 아니다. 나를 살아 있게 하는 것은 내 능력으로는 헤아리기 어려운 깊고 거대한 근원적인 생명충동이며, 그 충동은 자연의 심층에 내재되어 있다.

내가 존재하는 것은 반딧불이나 할미꽃이 이 세상에 존재할 수 있게
하는 것과 같은 힘, 같은 원리에 의존하고 있다. 반딧불과 할미꽃의 소
멸은 인간도 얼마 안 있어 사라질 것임을 예고해준다. 인간은 수십억
년에 걸친 생물진화의 긴 과정에서 가장 섬세하고 복잡한 지성과 자의
식을 갖춘 존재로 진화해왔다. 그러나 이런 사실이 다른 생명체에 대
한 인간의 지배를 정당한 것으로 하는 것은 아니다. 오히려 그것은 인
간의 책임을 말하는 것으로 해석되어야 한다. 인간은 본래 흙에서 나
왔으므로 어떻게 보면 우리 각자는 움직이고 말하는 흙이나 바위라고
할 수 있다. 이것은 누구도 인위적인 변경을 가할 수 없는 타고난 인간
조건이며 운명이다. 그런데 산업기술문명은 이런 근원적인 인간조건
을 무시하도록 강요한다. 여기에 우리가 일상 경험하는 삶의 폭력성과
문화의 극단적인 퇴폐의 근본 원인이 있는 것이다.

조금이라도 생각이 있는 사람이라면 지금 생태학적 재난은 역사상
유례가 없는 총체적인 생명의 위기이자 문화의 위기임을 느낄 수 있을
것이다. 이것은 종래 하던 대로의 습관적인 대응으로는 어림도 없는
문제라 할 수 있다. 종래 사회 문제가 발생하면 사회는 그 사회에 축적
되어 온 지식·기술·자본의 힘으로 그것에 대처해왔다. 실제 오늘날
환경 문제에 대한 대응도 대개 이런 습관을 넘어서지 못하고 있는 것
이 사실이다. 최근 낙동강 페놀 오염 사건에서 보듯이, 이것을 두고 이
야기된 것은 기업 윤리, 정부의 책임, 환경 투자 및 기술의 보강, 그리
고 시민들의 환경 의식 등이었다. 그러니까 환경 문제는 일시적이고
특수한 사건일 뿐이며 따라서 기성의 제도와 기술과 돈으로 얼마든지
수리될 수 있는 것이다. 그러므로 중요한 것은 거기에 소요될 비용과
기술을 확보하기 위해서 경제 성장과 과학기술 투자가 가속화되어야

한다는 생각도 암암리에 들어 있다. 더러는 환경 보존과 성장이 지금부터는 조화를 이루어야 한다는 주장도 들리지만, 실제 그런 조화가 과연 구체적으로 무엇을 의미하는지 엄밀히 따져지지도 않은 채 단지 원칙론으로서 주장되고, 더이상 논의가 깊어지지는 않는 것이다.

하기는 아무리 피상적이고 임시 미봉책이 된다 해도 환경 재난을 기술적 보완으로 대처하는 일이 전혀 쓸모없는 것은 아니다. 사람은 원대한 장래 일도 생각해야 하지만 발등에 떨어진 불은 먼저 끄는 것이 당연하기 때문에 오염된 시궁창 물이라도 약품 처리를 하여 마시고 살지 않을 수 없다. 그리고 환경 오염을 유발한 기업에 압력을 넣고 법적 행정적 책임을 묻는 관행을 강화하는 것을 통하여 공해에 대한 공공통제를 확대시켜나가야 하는 일도 지금으로서는 시급한 노력임에 분명하다.

그러나 기술주의를 앞세우든 아니면—또는 그것과 겸하여—공공통제를 강화하든, 그런 방법만으로는 사태의 악화를 어느 정도 지연시킬 수 있을지 모르나 근본적인 해결로는 나아갈 수 없다는 것이 확실하다. 설사 공장마다 폐수처리 시설이 완벽하게 가동된다 하더라도 그렇게 처리된 폐기물은 어디로 가는가? 오늘날 지구 생태계를 교란시키는 갖가지 산업 활동 가운데서 당면한 가장 심각한 위협은 아마 쓰레기 처리 문제인 듯싶다. 한반도와는 비교할 수 없이 넓은 땅을 차지한 미국에서도 지금 가장 골칫거리가 쓰레기이다. 산업 사회가 쉴새없이 쏟아내는 쓰레기의 대부분이 독성 물질인데다가 쉽게 분해 안 되는 것들이라는 점이 이 문제의 심각성을 가중시키고 있다. 자연의 정화 능력에는 한계가 있다. 그러나 인간이 쓰레기를 안고 살 수는 없는 만큼 어딘가는 보내지 않을 수 없다. 그리하여 쓰레기를 묻으면 결국 토양과 지하수와 강과 바다를 오염시킨다. 그러면 이것을 불태우면 될까? 이미 이산화탄소 함유 수준이 치명적인 기상 변화를 유발할 상태까지 되었는데 산업쓰레기를 불태운다는 것은 인간이 집단 자살을 작정하지 않는 한 불가능하다. 뿐만 아니라, 산성비는 어떻게 하나? 탈황 시설을 갖추면 문제 해결이 될까? 그런 시설을 움직이는 데 필요한 에너지는 어디서 나오는가? 원자력 발전으로? 설사 완전히 안전하고, 태양열처럼 깨끗한 에너지를 무한정 쓸 수 있는 세상이 온다 하더라도, 열오염의 문제가 있다. 아마 엄청난 에너지를 무분별하게 쓴 대가로 치러야 할 대기와 태양과 토양에 대한 열오염이야말로 가장 비참한 생태학적 파멸이 될지 모른다.

많은 사람들은 과학기술의 힘에 지나치게 낙관적인 신뢰를 두고 있는 듯하다. 아마 대부분의 사람들은 자기도 모르게 조금씩 과학기술을 구세주로 믿고 있는지도 모른다. 현대 사회에서 과학기술의 윤리성의 문제는 매우 복잡한 논쟁거리이지만, 우리는 무엇보다 오늘날 고도의 과학기술 체제가 과연 얼마나 생명가치를 지지하는지를 물어보아야 한다. 미국에서 전체 과학자의 절반 이상이 국방 관계 연구에 종사하고 있다는 보고가 있다. 어디까지가 국방 관계인가 하는 기준이 모호하니까 그 비율은 더 높아질 수 있다. 오늘날 지구상의 농토에서 광범하게 사용되고 있는 살충제나 제초제가 본래 화학무기로 개발된 사실은 무엇을 의미하는가? 흔히 원자력의 평화적 이용에 관해 말한다. 그런데 주의해야 할 것은 이 가공할 에너지를 받아들이는 순간 사람의 일상생활의 공간이 전쟁터를 방불하게 된다는 사실이다. 원자력 발전이란 고도의 기술이고, 또 절대적인 안전을 유지하지 않으면 안 된다. 절대적 안전이란 사실상 인간성에 맞지 않는 요구이지만, 이러한 무리한 요구로 하여 사람이 엄청난 대가를 치러야 하는 것이다. 만일의 경우에 대한 막연한 그러나 결코 지울 수 없는 공포감이 항구적으로 남아 있는 한 사람이 심리적 건강을 유지하는 것은 불가능하다. 뿐만 아니라 고도의 기술을 안전하게 운영해주도록 권력에 책임을 맡길 수밖에 없고 그렇게 함으로써 민중은 권력의 통제를 받아들이지 않을 수 없다. 사회는 주도 면밀하게 관리·통제되며, 개인적 자주성이나 자발성의 표현은 불필요하고 위험스러운 것으로 된다. 원자력 발전뿐만 아니라 정교하고 복잡한 고도의 과학기술 체제에 근거한 거대 산업이 사회의 기간 산업으로 될 때, 그 산업의 원활한 운용을 위해서 권력의 집중과 위계질서가 강화되는 것은 불가피하다. 그렇게 하여 주민 생활이 면밀하게 조직된 병영 생활에 흡사한 것이 되는 것이다. 과학기술의 평화적 이용이라는 명분 밑에서 사실상 전시 상황이 항구적인 생존 조건으로 굳어지고 만다.

현대 과학기술을 지배하고 있는 세계관이 기계론적이고 단편적인 탓에 엘리트 과학기술 집단의 심리 구조가 극히 무책임한 관료주의적 성격을 갖고 있다는 비판이 되풀이되어왔다. 최근의 예를 하나 든다면, 1989년 10월 18일에 미국 항공우주국은 우주왕복선 갈릴레오를 발진시켰다. 그런데 이 갈릴레오 호에는 50파운드의 플루토늄이 실려 있었고, 이것은 지구상의 인간 전부를 죽이기에 충분한 양이었다. 만일 2만 2천 마일에 달하는 지구 인력권 안에서 사고가 났더라면 그 방사능물질은 온 지구를 뒤덮어버렸을 것이라고 한다. 그런데 우리가 기억하듯이 바로 그 두어 해 전에 우주 왕복선 챌린저 호가 발진 도중 폭발하는 바람에 여교사 한 사람이 포함된 승무원들이 모두 희생당한 참사가 있었던 것이다. 사고가 나면 자기 자신들도 예외 없이 참변을 당할 것을 모르지 않으면서 과학기술자들과 관료들과 권력자들은 어째서 이런 짓을 할까? 참으로 불가사의한 일이다.

불가사의하다는 것은 우리들 각자에 대해서도 말할 수 있다. 우리는, 환경 파괴는 우려하면서도 그것을 구조적으로 자행하는 생활습관을 조그마한 편의나 이해 관계에 매달려서 포기하지 않으려고 한다. 지금 문제되고 있는 환경 위기는 결국 인간 자신의 자기 쇄신, 그리고 문화의 뿌리로부터의 혁신 없이는 극복할 수 없음이 분명하다.

우리는 자기 자신의 인간성과 이웃과 자연 세계에 폭력을 가하지 않고는 하루도 살아가기 어려운 체제 속에 살고 있다. 산업문명은 구조적으로 폭력을 강제한다. 날마다 우리가 접하는 신문, 잡지, 출판물, 그리고 무수한 광고물, 포장지로 인하여 지구의 허파라고 하는 열대의 숲이 빠른 속도로 파괴되고 있다. 우리는 자기의 태반을 할퀴고 찢는 태아를 상상할 수 없다. 그러나 그와 같은 어처구니없는 짓을 지금 고도의 문명을 누리고자 원하는 인간들이 밤낮없이 자행하고 있는 것이다. 산업문화는 생명 공동체라는 개념을 완전히 몰각(沒覺)하고 있다. 시장경제의 냉혹한 경쟁 관계에 대한 대안적 가치로서 일반적으로 제시되는 공동체 개념도 여전히 인간 및 사회 공동체에 국한되어 있다. 인간 생존의 근원적인 테두리인 생명 공동체에 대한 뚜렷한 인식이 결여되어 있는 만큼 사회 공동체의 이념도 자연히 부분적이고 왜곡된 것일 수밖에 없다. 시장경제 체제를 옹호하든 비판하든, 산업문화의 헤게모니는 어디에서나 확고부동의 것으로 되어 있다.

산업문화의 지배 밑에서 자연은 인간의 욕구 충족을 위한 단순한 재료나 수단의 지위를 점할 수 있을 뿐이다. 물이 생명이고, 생명은 거룩하다라는 느낌이 살아 있는 문화에서라면 강물이 죽어갈 수 없을 것이다. 휠덜린은 일찍이 사람이 빵을 먹는 것은 '하늘'을 기억하는 행위라고 말한 적이 있는데, 한 조각의 빵이 있기 위해서 햇빛과 비와 바람과 흙이 있어야 하고 인간 노동이 있어야 하며 노동을 조직하고 지원하는 사회 체계가 있어야 한다. 그리고 무엇보다 이런 것에 선행하여 자기 희생과 사랑의 마음이 있어야 한다는 사실은 오늘의 지배적인 산업문화에서 거의 완전히 망각되어 있다. 우리는 휴지를 사듯이 빵을 사먹는다. 그 빵은 일시적으로 배고픔을 해결하고, 모든 사람이 모든 사람 위에 올라가고자 하는 피나는 생존투쟁에 필요한 에너지를 공급해준다. 밥 속에 하늘이 있고, 밥은 거룩한 것이라는 생각은 잠꼬대 같은 소리, 신비주의자의 환상이라고 일소에 붙여진다.

자연에 대한 인간의 착취적 관계는 기실 인간 사이의 비인격적 관계를 고스란히 반영하는 것이라 할 수 있다. 우리들 각자가 다른 사람에 있어서 대체 가능한 물건 이상이 아닌 것과 마찬가지로 자연도 한갓 이용 대상물에 지나지 않는 것이다. 우리는 우리 각자의 밖에 있는 자연에 대해서도 안에 있는 자연에 대해서도 친밀한 일치의 느낌을 갖지 못한다. 탐욕과 권력을 위해서는 자기 자신의 본성에 반하는 온갖 행동도 망설이지 않는다. 그 결과 인간은 깊은 소외감에 떨어져버린 것이다.

문제는 본질적으로 소외에서 비롯하는지도 모른다. 사람이 부도덕하고 무책임하게 되는 것은 그 자신이 행복하지도, 자유롭지도 못하기 때문일 것이다. 자유로운 인간만이 남의 자유에 관심을 갖고, 남의 고통을 자신의 것으로 느낄 수 있는 법이 아닌가? 이치를 따져 생각해보면, 세상 만물이 자기 자신과 근원적으로 한 몸뚱이로 연결되어 있음에도 불구하고, 생명 공동체에 폭력을 가하고 상처를 입히면서도 스스

로 아무런 고통을 느끼지 않는 것은 인간의 내면적인 자유와 성숙으로
부터 너무나 멀리 떨어져 있기 때문일 것이다.

모든 사람이 완전한 심리적 균형과 내면적인 자유를 획득할 수 있는
가 하는 것은 좀더 원대한 유토피아적 과제라 하겠지만, 소외를 끊임
없이 조장하는 산업문화는 우리가 단지 살아남기 위해서도 시급히 극
복되지 않으면 안 된다. 산업문화의 척도는 자연의 도(道)가 아니라 자
기 중심적인 인간의 탐욕이다. 염화불화탄소라는 화학물질이 실험실
에서 발견된 지 수십 년 후 그것이 오존층을 고갈시키는 주범임이 판
명되었다. 이 물질 덕분에 냉장고, 에어컨, 스프레이, 그리고 그것을
세정제로 사용하는 반도체 산업이 번성을 누려왔으나 바로 그 때문에
지구상의 생명체의 생존 가능성이 불투명해지는 가공할 사태가 일어
났다. 수십 년 전 실험실에서 이것을 정확히 예측하지 못했다는 것이
문제가 아니라 자연의 재생순환 과정에 부담이 될 수밖에 없는 난분해
성 물질을 인간 생활과 산업에 함부로 이용하기를 마다하지 않은 그
감수성이 문제인 것이다. 눈앞의 편의를 위하여 자연법칙을 가볍게 무
시하고, 장래에 대해 무책임한 태도를 습관적으로 양산하는 무지몽매
한 탐욕의 비참한 결과를 우리가 지금 보고 있는 것이다.

우리가 살아남고, 다음 세대들이 이 조그마한 행성 위에서 삶을 향
유할 수 있게 하려면 탐욕이 아니라 자연의 순리가 사람살이의 척도가
되는 세상을 향해 조금이라도 나아가기를 염원하고 노력하는 수밖에
다른 선택이 없다. 대량 생산과 소비 체계, 장거리 유통 구조, 거대 산
업과 권력의 중앙집중, 관료주의 학교와 병원의 위계질서, 형행 제도,
비대화하는 도시 공간, 황폐화하는 농촌, 과학기계영농, 자가용에 의
존하는 교통 체계, 도대체 이런 것들이 지탱 가능한 생활 방식인지 따

져보아야 한다. 환경에 대한 인식이 높아진다 해도 그것을 자신의 일상생활과 관련짓지 못한다면 그런 인식은 헛된 것일 뿐이다. 생명가치를 인식하고 그것을 조금이라도 선양할 용의가 있다면 지금 우리가 탐닉해 있는 문명의 안락과 편의의 많은 부분을 포기해야 한다. 이것을 그대로 두고 환경 재난을 피하려 하는 것은 불가능한 것을 바라는 일이다.

하기는 산업문화의 압력 밑에서 이것을 정면으로 파악하는 데 필요한 능력과 용기를 잃지 않는다는 것은 어려울지 모른다. 자가용차를 몰고 다니면서 환경 문제를 걱정해도 안 될 것은 없겠지만, 그것은 어쩐지 부자연스러운 연결이라는 느낌을 주는 것이다. 많은 사람들은 자동차의 사회적 생태학적 부담을 인식하면서도 이것을 포기하지 못한다. 자동차는 어쨌든 이제 돌이킬 수 없는 운명이라고 생각하는지도 모른다.

결국은 주체적인 선택의 문제, 책임의 윤리로 돌아온다. 우리는 아무리 센 압력 밑에서도 꺾여질 수 없는 고결한 인간정신이 있다는 것을 믿어야 한다. 모든 사람이 자기를 내세우고, 남보다 높아지기를 원할 때, 그렇게 함으로써 세상이 지옥으로 될 때, 이 지옥으로부터 벗어나기 위해서는 무엇보다 증오심과 냉소주의로부터 해방될 수 있는 정신적 능력을 길러야 하는 것이 아닐까? 최근에 우리말로도 번역이 되었지만 현대 소련의 위대한 영화예술가 안드레이 타르코프스키가 그의 책 『봉인된 시간』에서 시종일관 이야기하고 있는 것은 자기 희생의 가치에 관해서이다. 그는 바로 이 희생의 가치가 망각된 것이 현대 사회의 가장 큰 비극인 정신적 불모성의 원인이라고 생각한다. 도스토예프스키 이래 이것을 강조해온 문화 전통이 산업 사회의 유물론적 분위기에서 위축된 것을 그는 무엇보다 유감스러워한다. 경미한 정도라도 자기 희생의 능력이 결핍된 사회는 이미 인간 사회이기를 포기한 것이라고 타르코프스키는 말한다.

그러나 따지고 볼 때 자기 희생이라는 것은 잘못된 말인지 모른다. 오히려 필요한 것은 희생의 정반대, 즉 자기 자신의 진정한 이기심에 충실하는 것이 아닐까? 자신이 사람답게 살려면 생명 공동체와 더불어 공생해야 한다는 것을 현명하게 받아들이면 족한 것이다. 자동차를 포기하고, 공공 수송 수단이나 자전거를 이용하거나 걸어다니기를 택할 때 그것은 희생이나 금욕의 선택이라기보다 좀더 진실한 삶을 선택하려는 '이기적인' 노력이라고도 할 수 있다. 개인 자동차는 본래 부르조아적 개인주의 문화의 극치라 할 만한 것이다. 그것은 결코 공생적 생태학적 감수성과 양립할 수 없다. 사람은 환경과의 공생적 조화의 관계로 들어갈 때 진정하게 내면적인 평화와 기쁨을 맛볼 수 있다. 따라서 자동차의 거부는 남을 위해서라기보다 누구보다 자기 자신에게 축복인 셈이다. 사람이 걷는다는 것은 죽음에 이르기까지 회피할 수 없는 운명이다. 사족수(四足獸)는 네 발로 다니고, 새들은 날고, 인간은 두 발로 걸어다닐 때 가장 편하고 자유롭지 않을까?

오늘날 걷는 일을 거역하기 때문에 부자연스러운 생활 방식에서 오는 신체적 고통과 마음의 부자유에 시달리는 사람이 많아졌다. 그것을 해결하기 위한 기술주의적 접근 방법이 병원이나 헬스클럽 같은 것이다. 여기서 우리가 보는 것은 산업 사회의 전형적인 메커니즘이다. 산업 사회에서는 단순하고 자연스럽게 채워질 수 있는 기본 욕구들이 복잡하고 인위적인 과정을 거쳐서만 충족될 수 있도록 짜여져 있다. 예를 들어 물 대신에 콜라를 마시게 되어 있고, 밥 내신에 햄버서, 단순히 걸으면 될 것을 자동차를 타도록 되어 있다. 이런 것을 구조적으로 심화·확대하는 것이 근대화이고 개발이다. 그러는 가운데 우리는 토착문화를 잃어버리고 뿌리뽑혀진 떠돌이가 되었다.

산업화를 통해서 가장 뼈아픈 경험은 토착문화의 상실일 것이다. 어느 지역, 어느 민족에 있어서도 토착문화는 공생과 조화의 예지에 충만한 문화였다. 거기에는 거룩한 것에 대한 감각이 살아 있고, 오랜 세월 축적된 삶의 기술과 지혜가 보존되고, 무엇보다 사람이 겸허한 마음을 갖게 하는 분위기가 있었다. 옛사람들은 길을 가면서 벌레를 죽이지 않으려고 조심했고, 살아 있는 나뭇가지를 함부로 건드리지 않았다. 새들이 알을 부화하는 봄철에 산야에서 덤불을 헤치지 말 것을 권고하는 옛 기록도 보인다. 우리는 봉건적 속박이라는 용어 같은 것으로써 옛날의 토착문화에 대한 경멸을 합리화하는 데 익숙해 있지만, 사실상 토착문화가 제공하는 온갖 삶의 기술과 감수성은 사람이 심리적으로 자유로운 생활을 꾸려나가는 힘을 보장하였다. 오늘날 농사기술도 잊어버리고 농촌 공동체로부터도 유리되어버린 산업노동자들이 농민들보다 소득은 높다고 하겠지만 얼마나 더 자유롭다고 할 수 있는가?

사실상 교만한 권위주의의 문화는 다름아닌 산업문화이다. 루이스 멈포드는 '거대기계'라는 개념으로 기술문명의 밑바닥에 오만불손한 권력의지가 도사리고 있음을 밝히고자 하였다. 멈포드에 따르면, 거대기계는 고대 이집트의 피라미드에서 시작한다. 피라미드라는 거대한 인공 구조물에는 엄청난 노동력을 효과적으로 조직하는 데 필요한 무자비하게 억압적인 권력의 행사가 포함되어 있다. 피라미드는 파라오의 무한한 권력 추구의 상징이면서 동시에 압제적 권력 행사의 산물인 것이다. 이와 같이 피라미드에 함축되어 있는 권력의지는 그대로 현대 기술문명으로 이어져 있다고 멈포드는 본다. 기술문명은 그 자체 지배 엘리트의 무한한 권력욕의 표현이면서 민중에 대한 효과적인 억압수단이다. 이것과 비슷한 생각은 후기 하이데거의 철학적 명상에서도 보인다. 하이데거는 현대 기술문명은 자연에 대한 공격과 파괴로 특징지어지는데, 이것은 자신의 운명적 유한성을 인정하지 않으려는 정복적 인간의 권력의지로부터 비롯한다고 생각한다. 인간의 교만성은 극단에 이르러 이제 자신이 죽는 존재라는 사실도 부인하려 하는 것이다. 하이데거의 표현을 빌리자면, 현대 기술의 성취는 죽음의 현실을 끊임없이 부정하는 자기 주장의 표현으로서 주어진다. 오늘날 임종에 임박한 사람들을 병원에 입원시켜 온갖 첨단기술의 도움으로 단지 몇 시간, 며칠이라도 수명을 연장시키기 위해 필사적인 노력을 기울이는 것은 죽음을 받아들이지 못하는 정신적 태도에 말미암는다. 하이데거는 이것을 교만성이라고 부르고 있지만, 하여튼 이러한 태도와 병원의 첨단기술이 정확히 비례하여 발전하고 있는 것은 우연이 아닐 것이다. 사람은 자기가 죽는 존재라는 사실을 의식할 때 우주 속에서의 자신의 위치를 짐작하며, 스스로 장대한 존재라는 망상에서 깨어날 수 있다. 죽음을 있는 그대로 수용하는 것은, 죽음에 대한 상념에 수반하는 고통을 고스란히 받아들인다는 것과 마찬가지로 겸허한 마음을 필요로 한다.

산업기술문명에 내포된 이와 같은 철학적 의미에 생각이 미칠 때 오늘날 환경 재난을 단순히 자본주의와 사회주의와의 관계 속에서 보려는 노력의 부적절성을 느끼지 않을 수 없다. 자본주의 경제가 인간 생활의 진정한 필요가 아니라 이윤 추구를 근본 동기로 하는 만큼 그것이 인간과 자연에 대한 착취적 폭력적 관계를 한없이 강화한다는 것은 분명하다. 어떤 점에서 사람의 욕망이라는 것도 대개 상품소비 체제 속에서 인위적으로 만들어진 것이기 쉽다. 상품 체제는 가능한 한 인간의 야비한 본능을 자극함으로써 스스로 성장을 거듭한다. 이 체제는 성장하지 못하면 붕괴하기 때문에 인위적인 수요를 극대화하고 필요한 것 이상을 소비하도록 끊임없이 부추긴다. 그리하여 여기서 인간은 단지 소비자로서만 의미를 가진다. 이렇게 볼 때 억압적인 사회 관계의 해소를 위해서뿐만 아니라 자연에 대한 상품소비 체제의 극복은 절박하다고 할 수 있다. 그러나 동시에 자본주의 체제의 극복이라는 명분으로 나온 사회주의가 또하나의 산업화의 효과적인 이데올로기로 될 때 그 결과는 훨씬 더 비참한 것이 된다는 것을 생각해야 한다. 오늘날 소련 영토의 5분의 1에 해당하는 지역, 그것도 생태학적으로 가장 예민한 지역이 주거불능 지역으로 변하였다. 이 면적은 전부 합쳐 서부 유럽보다 더 큰 넓이라고 한다. 이런 사실은 소련이나 동구의 생태학적 재난을 두고, 그것이 자본주의 체제와의 경쟁에서 빚어진 불가피한 부산물이라는 식으로 해석하는 것이 얼마나 안이하고 무책임한 태도가 될 수 있는가를 말해준다. 마르크스 이래 정통 사회주의자들에게 사회주의 성립의 기초는 생산력의 증대, 그리고 그것을 보장하는 과학기술의 고도의 발달이었다. 소련 공산당 관료 독재 체제에 매우 비판적이었던 에른스트 만델 같은 마르크시스트에게도 사회주의란 무엇보다 점증하는 인민의 물질적 문화적 욕구를 충분히 효과적으로 보장하는 체제였다. 그가 말하는 문화적 욕구에는 인민이 누구나 개인 승용차를 소유하는 것도 들어 있었다.

전통적으로 사회주의자들은 의식적 무의식적으로 자연 정복이 역사적으로 필연적인 요구라고 생각해왔다. 여기에서 인간에 대한 인간의 지배도 역사적으로 회피할 수 없는 악이라는 생각으로 연결되고, 그 결과 자본주의적 착취 관계가 인간 해방을 위한 역사적 전제조건으로 정당화되는 것이다. 자연에 대한 기본 관점에 있어서 그들은 자유주의 자들의 공리주의적 입장에 일치하였다. 자연이란 단지 인간의 필요에 종속된 대상물이며 유용한 물건일 뿐이다. 그리하여 인간의 과제는 자신에게 적대적인 자연을 정복함으로써 '필연의 영역'에서 '자유의 영역'으로 이행하는 것이다. 그런데 여기서 이러한 유토피아적 계획도 문제가 없지 않다. 사람은 노동을 통해 영혼과 육신의 건강을 유지한다. 그렇다고 할 때, 그것을 하지 않으면 안 되는 절박한 생존상의 필요가 아니라 '자유의 영역'에서 다만 즐거움으로, 취미로 하는 노동이 진정성을 지닐 수 있을까? 물론 산업자본주의에서 지배적인 노동 소외는 극복되어야 한다. 노동에 즐거움이 수반되어야 하는 것은 당연한 요구이다. 그렇다 하더라도 살아남기 위한 생존상의 절실한 필요에 입각한 것일 때만 비로소 노동이 진지한 것이 되고, 진지한 만큼 기쁨도 진정한 것이 되는 것이라고 보아야 한다. 인도의 어떤 현자는 사람다운 사람살이의 기본 전제로서, 이삼 일이나 일 주일 간격으로 끼니 걱정을 해야 하는 '가난'이 필요하다고 말했는데, 이것은 깊은 진리를 말하는 것으로 볼 수 있다. 현대 산업문명의 아이러니는 가난으로부터의 해방이라는 바로 그 동기로 말미암아 인간정신이 피폐해졌다는 사실이다. 지나친 안정에 대한 추구가 생존의 근본 토대를 망각하게 하고, 문화를 병들게 만들어버린 것이다. 산업문화의 헤게모니에 대하여 근본적인 비판과 대안을 발전시키지 않는 한, 어떠한 진보적인 정치·사회적 이념도 부적절한 것일 수밖에 없다.

인간의 사회 관계가 그대로 인간의 자연에 대한 관계에 반영된다는 의미에서 생태학의 문제도 본질적으로 정치적인 문제라고 할 수 있다. 그러나 이런 경우 정치적이라는 것은 인간 자신이 자연의 일부라는 것을 겸손하게 수용하는 의식의 대전환, 즉 일종의 개종(改宗)에 인도되는 정치라야 한다. 자연에 대한 인간의 지배권을 인정하는 한, 인간에 대한 인간의 지배를 궁극적으로 부인할 수 없고, 인간성의 피폐와 환경 악화를 막을 수도 없다. 사실상 인간이 자연에 대한 지배권을 행사해야 할 아무런 이유가 없다. 일찍이 해월(海月) 선생은 천지만물이 한울님을 모시고 있지 않은 것이 없고, 따라서 생물이 살기 위해 다른 생물을 먹는 행위는 한울이 한울을 가지고 자기를 먹여살리는 일이라고 말하였다. 이 말이 담고 있는 것은 약육강식의 잔인한 폭력성에 관한 언급이 아니라, 겉으로는 그렇게 보일지 모르지만, 실은 모든 생명이 다른 생명에 대하여 공양의 관계, 즉 희생과 헌신, 사랑의 관계로 맺어져 있는 것이 이 우주의 근본 짜임새라는 생각인 것이다. 여기서 강조되어 있는 것은 그러니까 내가 먹어치우는 이 물건과 이 생물이 그 속에 한울님을 모시고 있는 거룩한 존재라는 사실을 항상 기억해야 한다는 것이다.

로자 룩셈부르크가 감옥에 있을 때 읽은 책 가운데 조류의 이동에 관한 관찰이 담겨 있는 이야기가 있었다. 유럽에서 철새가 이동할 계절이 되면, 새들은 스칸디나비아나 북유럽으로부터 지중해를 건너 나일 강까지 긴 여행을 해야 한다. 이 여행은 너무나 멀고 힘든 길이어서 독수리나 매와 같은 몸집이 큰 맹금류도 목적지에 도착하면 며칠 동안은 거의 빈사 상태가 되어 강변 모래밭에 엎드린 채 일어서질 못한다고 한다. 큰 새들이 이런 형편인데, 노래 부르는 작은 새들, 예를 들어

방울새니 나이팅게일이니 하는 것들은 어떻게 그런 여행을 할 수 있을까? 철새가 이동하는 계절이면 기적 같은 일이 일어난다고 한다. 즉 평소에는 먹고 먹히는 관계에 있는 맹금과 작은 새들 사이에 이때가 되면 하늘에서 휴전이 성립한다는 것이다. 그리하여 작은 새들은 큰 새들의 등에 업혀서 멀고 먼 하늘을 날아가는 것이다.

이 아름다운 이야기가 시사하는 것은 자연의 세계는 사람의 인위적인 지식이나 기술로 개입하기에는 어림도 없는 정교하고 신비스러운 상호 의존의 인연 관계로 구성되어 있다는 사실인 것이다. 모든 것은 하나의 생명으로 통일되어 있음이 분명하다. "저 산을 밀어올리고 있는 힘, 그것이 나를 살아 있게 하는 것이다"라는 직관을 받아들이는 마음이 바로 생태학적 감수성이라고 할 수 있을 것이다. 우리는 이와 같은 감수성의 교육에 새로운 생존전략의 기초를 두지 않으면 안 된다. 문제는 그런 감수성의 교육에 적합한 생활 방식을 어떻게 강구하느냐이다. 『작은 것이 아름답다』를 쓴 슈마허는 불교적 생활 방식이 가능하려면 불교경제학이 필요하다고 말하였다. 이 경우 불교란 비유인데, 간단히 말하여 그것은 비폭력주의를 뜻한다고 할 수 있다.

비폭력주의를 기초로 하면서 또 그것을 조장하는 경제가 되려면 그것은 무엇보다 생태학적으로 지탱 가능한 것이라야 하고, 동시에 흙과 동식물과 태양과 바람에 대하여 사람이 일상적으로 친밀한 접촉을 유지할 수 있게 하는 경제라야 할 것이다. 그렇다면 그것은 결국 농업 중심의 문화일 수밖에 없다. 오늘날 우리의 가장 큰 비극은 농업문화의 포기와, 농업이 죽어가고 있다는 사실에서 온다. 농촌을 단순히 식량기지 정도로만 생각하는 데 문제가 있는 것이다. 농업은 우리의 삶과 문화의 진정한 하부구조이다. 인간 자신이 흙으로 만들어져 있기 때문에 흙을 떠나서 우리의 참다운 행복이 주어질 수 없다. 오늘날 대부분의 사람의 심신이 건강치 못한 것은 땅이 병들고, 흙으로부터 절연된 생활을 하기 때문이다. 병원과 약이 우리를 건강하게 만들어주지 않는다.

지금 많은 사람들이 농작물 오염에 관심을 표명하지만, 이것은 농사를 단순한 경제논리로 파악해온 어리석음의 당연한 귀결이다. 농작물이 건강하려면 땅이 건강해야 하고, 땅의 건강은 땅에 대하여 애착과 존경을 가진 사람들에 의하여 주의 깊은 보살핌을 받을 때 유지되는 것이다. 또 그러한 보살핌의 능력을 가진 사람들은 살아 있는 농촌 공동체에서만 존재할 수 있다. 오늘날 우리의 삶과 문화가 전체적으로 병들고 피폐해진 것은 농토의 피폐와 농촌 공동체의 해체라는 현실과 정확히 평행 관계를 이루고 있다. 농촌이 죽어가고 있는데 도시문화가 뿌리 없이 꽂핀다는 것은 불가능하다. 요즘 거품경제라는 말이 있듯이, 오늘날의 도시의 소비문화는 결국 거품문화라고 해야 좋을지 모른다. 근본으로부터 뿌리뽑혀진 문화가 영속적일 수 없다. 영속적일 수 없음을 본능적으로 알기 때문에 오늘날 도시문화가 더욱 퇴폐적이고 허무주의적인 것으로 빠져드는지도 모른다. 우리는 우리의 삶이 임시적으로가 아니라 항구적인 토대에 정말 튼튼하게 뿌리박지 않으면 이제 생존 자체가 불가능하게 되는 상황에 이르렀음을 알아야 한다.

우리의 농업은 우루과이라운드라는 바람이 불어오기 전에 이미 심각한 쇠퇴 국면에 있었다. 지금 농촌은 텅 비고, 농촌 공동체는 어디에서고 보존된 곳이 없다. 이것을 타개하기 위해서 기계농법, 대규모 기업영농이 적용된다면 돌이킬 수 없는 파국으로 치달을 것이 너무나 분명하다. 우리는 자주적인 자영농민과 그들을 지원하는 사람들에 의한 진정한 마을 민주주의가 실현될 것으로 믿는다. 농업문화의 창조적 복구를 위하여 도시인들이 무엇을 할 수 있는가? 지금 농산물 직거래 운동의 확대의 필요성이 나날이 커지고 있지만, 무엇보다도 도시인 각자가 자기의 밥상을 현명하게 차릴 줄 아는 능력을 갖추는 일이 급선무일 것이다. 열대의 바나나와 파인애플에 맛을 들이고, 개고기를 수입하고, 미국산 밀가루를 한없이 소비하는 데 아무 거리낌이 없는 한 우리에게 희망은 없다. 모든 징조로 보아 전망은 암담하다고 해야 할지 모른다. 아마 그렇게 때문에 타르코프스키의 다음과 같은 말이 절실한 것일까?

그럼에도 불구하고, 묵시록적인 전망에도 불구하고 희망은 있는가? 이에 대한 대답은 아마도 메말라 시들어버린 나무에 참을성 있게 짜증 내지 않으며 물을 준다는 오래된 전설, 지금까지 만든 영화 중 내게 가장 중요한 영화 속에 내가 각색하여 삽입한 이 전설이 해줄 수 있을 것이다. 모든 이성에 반하여 수년간 산으로 물통을 날랐던 수도승은 현혹되지 않고 확실하고 구체적으로 기적을 믿었기 때문에, 어느 날 그에게 그같은 기적이 나타날 수 있었던 것이다―앙상하게 메말랐던 가지들이 하룻밤 사이에 푸른 잎사귀로 뒤덮여버린 것이다(김창우 옮김, 『봉인된 시간』, 분도출판사, 1991, 309쪽).

(『간디의 물레』, 녹색평론사, 1999)

---

*이 글은 서울대학교 대학국어작문편찬위원회가 펴낸 『대학국어작문』(서울대학교 출판부, 2000)에 수록되어 있다.

생물다양성과 생명애착

에드워드 윌슨

1980년 『하버드 매거진』의 편집인들이 7명의 하버드 대학 교수들에게 앞으로 세계가 당면할 가장 중대한 문제가 무엇인지 지적해줄 것을 요청해왔다. 질문을 받은 교수 가운데 4명은 인구과잉, 농촌의 도시 유입, 자본주의 등 여러 가지에서 오는 빈곤을 들었다. 또 한 사람은 미국을 겨냥해 복지 실태와 지나친 정부의 통제를 들었다. 여섯번째 사람은 전 지구적인 핵위협을 지적했다.

이 학자들 중 아무도 환경을 언급하지 않았다. 즉 아무도 1980년대의 문제들이 미래 세대에게 줄 충격에 대해서는 신중하게 생각하지 않았던 것이다. 나는 질문받은 유일한 자연과학자로서 매우 다른 주제를 택하였다. 그것은 좀더 큰 시간적 차원의 문제였다. 다시 말해 점점 더 많은 생물종이 절멸되고 있다고 쓴 것이다. 생물권은 위험에 직면해 있고 인간은 예부터 내려온 생물학적 다양성의 창고를 비워가고 있다.

바로 나는 이 진화적인 시간 차원에서 진화생물학자처럼 생각하고 있었다. 나는 말했다. "앞으로 일어날 수 있고 또 꼭 일어날 최악의 일은 에너지 고갈도 경제적 파탄도 제한적 핵전쟁도 아니며 전체주의 국가에 의한 정복도 아닙니다. 이런 낭패들은 가공할 일이긴 하지만 수세대 사이에 극복될 수 있습니다. 1980년대에 일어나고 있는 한 가지 진행 과정으로서 그 회복에 수백만 년이 걸릴 일은 자연서식처 파괴로 인한 유전 및 종(種) 다양성의 상실입니다. 이것이야말로 우리의 후손들이 전혀 용서하지 않을 우리의 어리석은 행위입니다." [1]

이 기사는 나를 환경운동가로 데뷔시킨 계기가 되었다. 그러나 나는 지금 고백하건대 여기에 이르기까지 용서받을 수 없을 만큼 뒤늦었다. 생물다양성의 파괴는 지난 수십 년 동안 나를 괴롭혀온 문제였으나 이에 대한 공개적인 반응을 거의 표명해오지 않았었다. 1950년대에 앨라배마의 벌거벗은 붉은 진흙 골짜기에서 연구하고 또 사라지고 있는 쿠바의 다우림을 찾아갔을 때 가공할 만큼 무언가가 잘못되고 있다는 것을 깨달았다. 나의 이러한 불안은 국제자연 및 자연자원 보존연맹이 낸『적색자료집 Red Data Book』에서 절멸된 동물과 위기 동물종의 명단을 곰곰이 살펴보면서 더욱 커졌다. 1960년대에 로버트 맥아더와 내가 서식처 감소 뒤에는 동식물종의 상실이 가차없이 따른다는 것을 발견하자 전망은 더욱 암울해졌다. 우리는 대충 잡아도 삼림이나 초지 또는 하천변의 나무를 90퍼센트 없애면 그곳의 생물종은 반으로 줄어든다는 것을 안 것이다.

---

1) 「80년대를 위한 결의 Resolutions for the 80s」, *Harvard Magazine*, January February 1980, pp. 22~26.

나의 이러한 걱정을 다시 가중시킨 것은 꿈이었다. 이것은 문자 그대로 근심의 꿈으로서 지금도 가끔 경험한다. 나는 공항이 가까운 한 섬이나 마을에 와 있다. 나는 이곳이 어디인지 금방 알아본다. 밤마다 다르지만 모두 남태평양에 있는 푸투나이거나 뉴칼레도니아이다. 나는 이런 곳에 몇 주 머문 적이 있다. 이제 나의 주위가 점점 자세히 드러나면서 나는 떠날 시간이 가까워짐을 기억한다. 나는 이 섬의 동물과 식물상을 조사하지 않았고, 또 대개의 종이 아직 학계에 보고되지 않은 개미들로서 채집을 시도하지도 못한 단계에 있음을 깨닫는다. 나는 이곳 숲을 미친 듯이 살피기 시작한다. 멀리서 잡목림의 한 끝자락 같은 것을 본다. 그리고 그곳으로 달려간다. 그러나 방풍림으로 심어진 외국 나무들과 집들, 그리고 더욱 뻗어나간 들을 발견할 뿐이다. 이제 나는 자동차 위에 앉아 있다. 나는 시골길을 달린다. 양쪽에는 집과 들이 있을 뿐이다. 북쪽으로도 산이 있는데 꿈마다 산은 언제나 북쪽에 나타난다. 어떤 산엔 아직도 숲이 남아 있을 것 같다. 나는 지도를 더듬거리며 빠져나갈 길을 찾는다.

그러나 갈 수가 없다. 시간이 다 된 것이다. 꿈은 끝나고, 나는 그만 근심과 회한으로 꼼짝 못하게 결박된 상태로 꿈에서 깨어난다.

실제 상황에 접하고 또 꿈을 꾸면서 나는 이밖의 문제에 대해서 연구하고 글쓰는 것만이 과연 내가 할 일일 것인가를 스스로 묻게 되었다. 이러한 상황에서 나에게 결정적인 계기로 작용한 것은 1979년에 영국의 생태학자 노먼 마이어즈가 처음으로 열대 다우림의 파괴 속도를 추정하여 발표한 것이다. 나라마다의 데이터를 종합해보니 전체 식피(植被)의 1퍼센트가 약간 못 되는 정도로 매년 전세계적으로 식피의 손실이 일어난다는 것이다. 이 한마디 우울한 소식은 곧 전세계 자연

보존자들의 주의를 사로잡았다. 다우림은 과거나 지금이나 생물다양성의 저장소로서 절대적으로 중요하다. 다우림은 세계의 모든 생태계에 사는 동식물종이 가장 다양하게 살고 있는 서식처이다. 그러나 마이어가 보고할 당시 다우림은 육지 면적의 7퍼센트였을 뿐이다. 그 면적은 미국의 48개 주를 합친 것과 비슷했고 또 매년 제거되는 식피는 플로리다 주 면적의 절반에 해당되었다. 서식처 면적과 생물다양성의 일반적 관계를 다른 생태계에서 밝힌 바에 따르면, 이러한 다우림 면적의 감소로 인해 현생 생물종의 1퍼센트의 약 1/4 정도가 매년 절멸되거나 절멸 위기에 놓이고 있다. 벌목과 화전은 땅에 굶주린 도시민과 날이 갈수록 증대되는 목재 수요로 인해 가중되고 있는 것 같았다.

드디어 나도 친구 피터 레이븐을 따라 적극적인 활동에 나서게 되었다. 얼마 후 나는 세계야생기금 미국 지부의 이사회에 참여하였고 과학 담당 외부 주요 자문인사가 되었다. 나는 생태계 파괴와 종의 절멸에 관한 문제들과 이를 해결하기 위한 사회 경제적 방안에 관해 여기저기 강의하고 또 글을 썼다. 그리고 1985년엔 미국과학학술원의 정책잡지에 「생물학적 다양성의 위기 : 과학에 대한 도전The Biological Diversity Crisis : A Challenge to Science」이라는 글을 실었는데 많은 사람의 주의를 끌었다.[2]

그 이듬해 미국과학학술원과 스미소니언연구원의 공동 주최로 워싱턴에서 열린 '생물다양성 전국 포험'에서 기조연설자의 한 사람으로 강연하였다. 그후 이 토론회 발표록인 『생물다양성BioDiversity』의 편집인으로 일했는데 이 책은 미국학술원 출판부 사상 처음으로 베스트

---

2) Issues in *Science and Technology* 2(1), fall 1985, pp. 20～29.

셀러의 하나가 되었다. 이 토론회야말로 '생물다양성'이라는 낱말이 처음 쓰여진 행사였는데 이 책이 출판된 후 놀라운 속도로 전세계에 퍼져나가 1987년에는 보존과학 문헌에 가장 많이 나타나는 용어의 하나가 되었다. 더욱이 '생물다양성'은 박물관 전시와 대학 세미나에서 매우 선호하는 주제가 되었다. 드디어 1992년 6월 리우 데 자네이루에 100여 개국 정상들이 지구환경 의정서를 토론하고 비준하기 위해 모였을 때에는 '생물다양성'이 일상 용어가 되다시피 했다. 그러나 미국의 부시 대통령이 '생물학적 다양성에 관한 협약(Convention on Biological Diversity)'에 서명을 거부하자 이 문제는 정치적 현안이 되었다. 결국 위기종법(Endangered Species Act)과 북부점박이올빼미에 관한 토론이 끊임없이 이루어지면서 이 말은 미국 문화의 일부가 되었다.

'생물다양성'은 개념상 모든 생물을 포함하는 것으로 자연보존을 지지하는 강력한 상징이 되었다. 그렇다면 그 말은 정확히 무엇을 뜻하는 것일까? 생물학자와 보존주의자들 사이에 합의된 정의에 따르면, 유전자와 염색체에서 시작하여 산림과 호수 같은 생태계 군집 등 최고 수준에 이르는 모든 생물학적 조직화 단계의 생명 형태들이 나타내는 유전적 변이를 말한다. 이 무한한 생물다양성의 한 예를 든다면 쿠바의 담수어의 한 종이 갖는 여러 가지 염색체와 유전자를 들 수 있다. 다른 예로는 쿠바에 있는 각각의 강에 사는 물고기와 기타 모든 생물들을 가리킬 수 있다.

1988년에 출간된 책 『생물다양성』을 편집한 것이 나였기 때문에 많은 사람들이 내가 이 말을 처음 쓴 것으로 생각하고 있다. 그러나 그것은 1986년 미국과학학술원 주최의 워싱턴 토론회를 조직한 미국과학

학술원 행정관인 월터 로젠이었다. 로젠과 학술원의 다른 직원들이 내가 이 토론회의 편집인이 되도록 교섭하러 왔을 때 나는 당시까지 나와 다른 사람들이 즐겨 쓰던 '생물학적 다양성(Biological Diversity)' 이란 용어를 쓸 것을 주장했다. 말하자면 '생물다양성'은 외우기는 좋으나 품위가 없다고 말했다. 그러나 로젠과 그의 동료들은 '생물다양성'이 더 간단하고 분명해서 대중이 이 말을 더 잘 기억할 것이라고 계속 주장하였다. 주제로 말하면 우리가 끌 수 있는 모든 주의를 재빨리 모을 수 있는 말이어야 하는 것은 확실하다. 나는 결국 양보하였다.

지금 생각하면 내가 왜 그 새로운 낱말에 저항했는지 알 수가 없다. 그 말은 재빠르게 스스로의 지위를 확보하고 영향력을 발휘했는데도 말이다. 사실상 나는 1979년에 자연보존에 관한 『뉴욕 타임스』의 한 기사에서 이와 비슷한 용어인 '바이오필리아(biophilia)'를 만들어 썼었다.[3] 그후 1984년에 이 말을 나의 책 『바이오필리아』의 제목이면서 동시에 주축이 되는 개념으로 썼다. 그것은 곧 인간이 다른 생명 형태들에 대해 선천적으로 타고나는 유대감을 말하며 이러한 유대감은 그때그때 조건에 따라서 즐거움이나 안전감 또는 경외심이나 거부감이 섞인 경악으로 나타난다.

내가 바이오필리아라고 한 것은, 모든 생물들이 자신이 기본적으로 살 곳으로 특정 자연환경을 선호함을 나타낸다. 이 문제를 선구적으로 연구한 워싱턴 대학의 동물학자인 고든 오리언스는 '이상적'인 서식 장소를 대개의 사람들이 자유 선택의 기회가 주어졌을 때 택하는 장소

---

3) *New York Times Book Review*, January 14, The Column, Harvard University Press, 1970, p. 43.

라고 진단하였다. 즉 사람들은 약간 높직한 곳이면서 호수나 바다 또는 기타 물에 가깝고 또 공원 같은 땅에 둘러싸인 곳에 집을 갖기를 원하는 것이다. 그리고 집에서 바라볼 수 있기를 원하는 나무들은 줄기로부터 가지들이 지면 가까이까지 무성하게 뻗어 있고 가지에는 작고 가늘게 분리된 잎새들이 많이 나 있어 수관부가 넓게 퍼져 있는 그런 종류를 말한다. 이러한 기본형은 우연하게도 인간이 과거 수백만 년 동안 진화해온 아프리카에 가장 많은 열대 사바나 지역과 일치한다. 그곳에 사는 원시인들은 필경 탁 트인 땅에서 가장 안전을 느꼈을 것으로 생각되는데, 그것은 개방된 시야로 인해 먹이를 찾거나 적을 감시할 수 있기 때문이며 몸을 숨길 식물과 또 쫓기면 도망쳐 올라갈 나무들이 필요했기 때문이기도 했다.

이와 같이 태고 시절의 인간과 집과 현대인의 서식처 선호 조건이 비슷한 것은 그저 하나의 우연에 불과할까? 호모 사피엔스의 조상에 가장 가까운 영장류를 포함한 모든 동물들은 생존을 의지할 장소를 타고난 성향에 따라 선택한다. 여기에서 우리의 조상들이 예외였다면 이상할 것이고, 또 인류의 농경과 도시 환경에 단기간 살아봄으로써 우리가 갖고 있는 유전자군으로부터 그런 성향이 지워졌다고 생각해도 이상할 것이다. 만약 뉴욕의 한 억만장자가 막대한 부로 인해 살 곳을 마음대로 선택할 수 있어서 호수가 보이고 뉴욕의 센트럴 파크를 내려다볼 수 있는 곳에 옥상 가옥을 짓고 화분에 심은 관목들을 테라스 둘레에 가지런히 놓았다고 생각해보자. 그는 자신이 알고 있는 수준보다 깊은 감각의 차원에서 인간의 뿌리로 돌아가고 있는 것이다.

발라지 문드쿠르가 이와 비슷한 설명으로 인간 성향의 특성을 제시한 것이 있는데 바로 뱀을 보면 꼼짝 못하는 것이다. 이 뱀들은 인간이 쉽게 공포감을 느끼는 대상으로서 인간의 태고 환경의 여러 모습 중 하나였다. 이와 같이 공포감을 크게 유발하는 다른 예로는 거미, 늑대, 고지, 폐쇄공간, 그리고 흐르는 물이 있다. 한 어린아이에게 무서운 옛 날이야기를 들을 때처럼 가볍게 한번 뱀에 놀라는 경험을 갖게 하는 것만으로도 뱀에 대한 혐오감을 불어넣기에 충분하다. 이와 같이 놀란 경험을 한 후에는 공포감, 현기증, 식은땀, 보통 이성적인 통제력으로 제어할 수 없는 정도의 자율신경계 반응을 나타내는 특징을 보인다. 이러한 반응은 재빨리 회복되긴 하지만 이상하게도 없어지긴 힘들다.

  이와 같이 뱀에 대해 일정한 방향으로 강한 반응을 나타내는 것은 유전적 기초를 갖고 있기 때문인 것 같다. 이에 대한 증거로는 현대인 들이 일상적으로 경험하는 총, 칼, 전기 소켓, 달리는 자동차 등 진정 위험한 것들에는 공포감을 새로 얻는 일이 거의 없다는 점을 들 수 있 다. 우리 인간은 이들을 보면 자동적으로 물러서도록 보장하는 성향의 유전자를 얻을 만큼 오랜 동안의 진화 기간에 걸쳐 이들에게 노출된 적이 없기 때문이다. 어느 곳에 사는 사람이건 대개 뱀을 보면 그저 성 큼 물러서기만 하는 것이 아니다. 꼼짝달싹 않고 있다가 안전하다 싶 으면 가까이 가서 유심히 살펴본다. 뱀은 꿈에 가장 많이 나타나는 야 생동물로서 종교적 상징 속에서 신비의 뱀으로 지목되곤 한다.

  뱀은 인간이나 기타 동물과 잡종이 되어 깃털을 달고, 서로 꼬여 있 거나 거인으로 자라고 또 재빠르게 만물을 투시하는 변신자로서 신이 되어 터무니없는 기분과 그때의 상황에 따라 원수를 갚고 지혜를 전달 한다. 한 쌍의 뱀이 막대 하나를 친친 감고 신의 메시지를 전달하는 사 자로서 상징되고 있는 모습은 오늘날 의업(醫業)을 상징하는 문장으 로 쓰이고 있다.

우리 인간이 뱀에게 주의를 기울이는 궁극적인 이유는, 뱀이 다른 영장류 동물에게 일으키는 두려움과 공포의 원인과 같은데, 그것은 뱀의 치명적 성질 때문이다. 독성을 나타내는 뱀은 전세계에 분포하는데, 북반구에서는 캐나다와 핀란드 같은 북쪽 지방에까지 이르고 자연환경에 가까운 지역에 사람이 사는 곳이면 어디나 죽음의 원인이 될 수 있다. 문드쿠르의 증거에 근거해 1984년 내가 풀이한 바와 같이 생명체 유대의 진화는 다음과 같은 사슬로 이어져왔다. 일부 뱀의 치명적 독성은 오랜 진화 기간을 통해 인간이 뱀을 보면 본능적으로 피하고 질겁을 해 꼼짝 못하는 현상을 낳았다. 그후 뱀들은 모호한 상징물의 모습으로 자주 꿈에 나타나 잠을 혼란스럽게 만들었다. 무당과 예언자들은 이러한 꿈을 신의 계시라고 하고 신화와 종교 속에 영상으로 심어놓는다. 이런 식의 성스러운 보루를 통해 빛나게 반짝이며 변신한 뱀은 우리의 이야기와 미술 속에 침투되었다.

생물애착의 증거는 자연과학의 일반적인 기준으로 볼 때 아직 미약하고 그것이 유전적 기초를 갖고 있다는 이론도 매우 상상적인 면이 크다. 그러나 그러한 생각에 대한 논리는 탄탄하고 너무나 중요한 문제여서 결코 무시할 수 없을 정도이다. 1992년엔 매사추세츠 주의 우즈홀에서 생물학자, 심리학자 등 여러 학자들이 모여 회의를 가졌는데 이 자리에서는 현재 진행중에 있는 연구들이 많이 평가되었다. 그 가운데는 실험적인 것도 있어서 초기 데이터와 일치하는 것은 매우 강한 설득력을 나타냈다.[4]

---

4) 이 회의의 발표록은 책으로 출판되었다. 『생물애착 가설 *The Biophilia Hypothesis*』, eds. Stephen R. Kellert and E. O. Wilson, Washington D C, Island Press, 1993.

내 생각에는 이렇게 천성적으로 인간이 갖고 있는 생물애착의 중요한 의미는 현재 끈질기게 지속되고 있는 자연보존 윤리운동의 기초를 제공한다는 데 있다. 만약 현재 남아 있는 생명체들에 대한 걱정이 인간 본성의 일부이고 또 우리 인류 문화의 일부가 야생의 자연으로부터 유래된 것이라고 한다면 이것만으로도 다른 생명체들을 소멸시키는 것은 근본적으로 잘못된 일이라고 말할 수 있다. 우리가 자연의 일부이듯이 자연 또한 바로 우리의 일부이기 때문이다.

나에게는 내 생애 대부분에 걸쳐 한결같이 나에게 매력적이었던 몇 가지 생각이 있는데 생명애착은 내가 이룬 종합 개념들 중 이에 합류한 최신판이라 할 수 있다. 내가 말하는 진실에는 다음 세 가지가 있다. 첫째, 인간성은 궁극적으로 볼 때 생물학적 진화의 소산이라는 것, 둘째, 생명의 다양성은 인간의 요람이며 인간의 가장 위대한 자연유산이라는 것, 셋째, 철학과 종교를 논할 때 앞의 두 가지 개념을 고려하지 않으면 아무런 의미가 없다는 것이다.

나는 이 회고록에서 나 자신과 독자를 위해 내가 어떤 과정을 통해 이러한 자연주의적 세계관을 갖게 되었는지를 기술하였다. 여기에 기여한 근원들은 먼 과거의 기억 속을 거슬러 올라가지만 내가 이 글을 쓰고 있는 66살의 지금에도 나의 상상을 사로잡고 있다. 나는 나의 창조적 삶의 원천으로서 거기서 나온 산물들을 끊임없이 다듬고 덧붙여가며 조심스럽게 지켜나가고 있다. 그것이 반복적으로 증거를 나타내며 법칙에 따를 때 이렇게 얻은 지식이 곧 내가 과학이라고 부르는 바로 그것이 되는 것이다.

이러한 영상들은 하나의 구심점을 창출해서 활발한 영구 회전을 통해 나의 생애에 활력을 불어넣었다. 그래서 지금의 니에게 또다른 과학자로서의 모습을 갖출 수 있게 해주고 있다. 짐작컨대 나는 죽을 때까지 탐험하는 자연연구가로 남을 것이다. 나는 이러한 생각이 지나친 낭만이나 비현실적인 감상주의라고 생각하지 않는다. 어쩌면 흔히 상상하는 야생은 이미 존재하지 않을지도 모른다. 또 얼마 지나지 않아 이 지구의 매 평방킬로미터의 작은 땅마다 사람의 발자국이 훑고 지나갈 것이다. 나는 이미 아마존 강 상류와 뉴기니의 고원 지대, 그리고 남극까지도 관광지가 되었다는 사실을 알고 있다. 그럼에도 불구하고 나의 환상 속엔 끝없는 신세계를 이루는 진짜가 들어 있다. 아마도 90 퍼센트가 넘을 생물종의 절대 다수가 아직 학계에 알려져 있지 않은 것이다. 그들은 어딘가에 아무도 건드리지 않은 상태로 누가 이름도 지어준 적도 없이 린네와 다윈과 파스퇴르의 손길을 기다리고 있다. 절대 다수가 열대 지방의 오지에 살고 있지만 산업국가의 도시 가까이에도 많이 있다. 지구는 현란할 정도로 다양한 생물이 살고 있는 행성이지만 아직도 알려지지 않은 게 무궁무진한 행성이기도 하다.

생물다양성을 저울질하는 데 중요한 점은 차원을 아래쪽으로 내리는 데 있다. 즉 생물체가 작을수록 분포 일선이 넓어지고 미개척의 땅은 깊어진다. 육지의 산길에서 볼 수 있는 통상적인 야생 상태는 앞으로 사라질지 모른다. 포유류, 조류, 나무 같은 지구상의 대형 생물들은 대개 이미 관찰되고 기록되었다. 그러나 세계 어디서나 한줌의 흙이나 진흙 속에는 야생미생물(microwilderness)이 존재한다. 이들은 거의 아직 사람의 손길이 닿지 않은 원시 상태에 가깝다. 박테리아, 원생생물, 선충류, 응애류, 기타 작은 동물들이 우리 둘레에 우글거리고 있으며 이들이 바로 지구 표면을 둘러싸는 삶의 모체이다. 만약 지평선으로 경계지워진 세계를 바라보는 시선을 흔쾌히 한치 밖의 가까운 세계로 돌린다면 이들이야말로 우리가 끊임없이 연구하고 경탄할 수 있는 대상들이다. 말하자면 단 한 그루의 나무줄기 둘레에서 마젤란의 세계 일주 여행을 하며 일생을 보낼 수도 있는 것이다.

　내가 만약 21세기엔 모든 것을 다시 시작할 수 있고 또 잃었던 시력도 되찾을 수 있다면 나는 미생물 생태학자가 될 것이다. 단지 엄지와 집게손가락 사이로 겨우 잡힐 1그램의 흙 속에는 100억 마리의 박테리아가 살고 있다. 이 속에는 수천 종이 들어 있지만 학계에 알려진 것은 거의 없다. 나는 최신 현미경과 분자생물학적 분석 방법의 도움을 받아가며 그 세계 속으로 뛰어들 것이다. 나는 모래 낱알들 위에 퍼져 있는 숲을 뚫고 지나가며, 비유적으로 말해 호수의 크기로 보이는 물방울 속을 여행하면서 포식자(捕食者)와 피식자(被食者)를 찾아내 아직 알려지지 않은 새로운 생활 방식과 생소한 먹이망을 발견할 것이다. 이 모든 것을 하는 데는 실험실 밖으로 열 발짝 이상을 나가지 않아도 된다. 재규어, 개미, 난 들은 여전히 멀리 떨어져 있는 숲속에서 그 화려한 모습을 자랑하겠지만 이제 그들은 더욱 생소하고 무한히 복잡한 생물계에 의해 합류될 것이다. 이 모든 것들이 다시 한번 한 마리의 관해파리와 바닷속 깊이 겨우 알아볼까 말까 한 괴물에 신비를 느꼈던 파라다이스 해변의 작은 소년으로 하여금 계속 살아 움직이게 만들 것이다.

(『자연주의자』, 이병훈·김희백 옮김, 민음사, 1996)

---

* 이 글은 숙명여자대학교 국어교재편찬위원회가 펴낸 『대학국어』(숙명여자대학교 출판부, 1998)에 수록되어 있다.

생명에 대하여:
사회생물학자가 바라본 생명의 뒷모습

최재천

호랑이도 죽어서 유전자를 남기고 사람도 죽어서 유전자를 남긴다

결코 단언할 수는 없으나 지구상에 생명체가 처음 등장한 이래 인간
이 태어나기 전까지는 '생명이란 무엇인가' 또는 '나는 과연 무엇을
위해 생겨났나' 등의 질문을 던질 수 있었던 생명체는 없었던 것 같다.
만일 지구의 역사 중 어느 순간에 우리가 모르는 어떤 생명체들이 생
명의 본질에 관한 해답을 얻었었다 하더라도, 최소한 그들의 지식이
기록으로나 또는 어떤 흔적으로라도 남아 있는 것은 아닌 듯싶다. 설
령 어딘가 남아 있다 하더라도 우리는 아직 이렇다 할 증거를 발견하
지 못하고 있다.

지구상에 태어났다 사라진 모든 생명체들을 통틀어 볼 때 거의 제일
막둥이 격인 인간이 태어났을 때는 이미 최초의 생명체가 지구상에 나

타난 이래 너무나 많은 시간이 흘러버린 뒤였기 때문에 생명에 대한 우리들의 의혹은 대단히 풀기 어려운 수수께끼일 수밖에 없다. 생명이 처음 생성되던 순간을 지켜볼 수 있었던 인간이 있었던 것이 아니기에 생명의 본질에 대한 우리들의 의문을 해결할 수 있는 방법은 다음 두 가지 외에는 없을 것이다. 하나는 믿음을 기본으로 하는 종교적 해답을 얻는 것이고 다른 하나는 자연과학적 방법론을 사용하여 생명현상의 특성을 규명함으로써 그 기원과 원리를 탐구해가는 것이다.

창세기 제1장에 의하면 하나님이 최초의 인간을 만드신 날은 그가 생명을 창조하시기 시작한 지 여섯째 날이나 되어서였다. 따라서 그 최초의 인간도 자신이 태어나기 전 닷새 동안에 벌어진 일들을 직접 목격할 수는 없었다. 다만 하나님으로부터 설명을 들었거나, 아니면 하나님이 해놓으신 일을 보고 스스로 느껴야만 했을 것이다. 생명의 기원과 본질에 대한 종교적 해답이 어쩔 수 없이 믿음에 의존해야 함은 이렇듯 지극히 간단한 사실로부터 출발한다. 생물학은 말 그대로 생명을 연구하는 학문이다. 따라서 생물학은 생명의 본질과 특성에 대해 가장 직접적이고 객관적인 증거들을 제시할 수 있다. 워낙 다양하고 복잡한 것이 생명현상이라 그것을 연구하는 생물학 역시 매우 여러 분야로 나뉘어 발달해왔다. 그러나 크게 보아 생물학은 세포생물학, 유전학, 생리학, 발생학, 내분비학, 신경생물학, 분자생물학 등 생명현상의 물리화학적 메커니즘을 밝히는 기능생물학(functional biology) 과 행동생물학, 생태학, 진화학, 계통분류학, 집단유전학 및 각종 개체 생물학 등의 이른바 진화생물학(evolutionary biology)으로 나뉜다. 물리학과 화학의 기반 위에 세워진 분자생물학(molecular biology)은 최근 몇십 년간 실로 가공할 만한 발전을 거듭하여 현재 많은 생명현

상의 메커니즘의 실마리를 풀어내고 있다. 다분히 환원주의적
(reductionist)인 분자생물학의 접근 방식에 역사학적 추론 방식의 진
화학을 덧붙여 현대 생물학은 생명의 본질에 한 걸음 한 걸음 다가가
고 있다.

생명의 본질은 그 동안 주로 철학자들과 종교사상가들에 의해 여러
각도로 연구되어왔다. 20세기를 거치며 놀라운 속도로 발달한 생물학
은 우리로 하여금 생명의 본질을 보다 근본적인 차원에서 분석하도록
종용하고 있다. 이에 필자는 다음의 짤막한 수상을 통하여 겉으로 드
러난 생명의 여러 현상들 뒤에 숨어 있는 그 뒷모습을 사회생물학적
관점에서 분석해보고자 한다.

사회생물학적 생명론

하버드 대학의 생물학자 에드워드 윌슨은 그의 저서『사회생물학
Sociobiology』(1975)에서 사회생물학을 "모든 사회적 행동을 체계적으
로 연구하는 학문"이라고 정의했다. 그는 또 지구의 생물들을 연구하
러 온 어느 화성 생물학자의 눈으로 우리 인류가 이룩해놓은 모든 학
문 영역을 둘러보면 의학과 법학은 물론 사회학, 정치학, 경제학 등의
모든 학문 분야들이 결국은 다 호모 사피엔스라는 영장류의 한 종을연
구하는 생물학의 소분야들에 불과할 것이라고 설명했다. 다시 말하면
생명의 본질을 다루는 생물학이야말로 그 어느 학문보다도 더 근본적
이고 포괄적이라는 말이다.

사회생물학은 인류를 포함한 모든 동물들의 사회, 정치, 경제, 문화

등을 진화학에 이론적 바탕을 두고 연구하는 학문이다. 따라서 사회생물학적 생명론은 어쩔 수 없이 유물론적 사고 방식 위에 세워질 수밖에 없다. 진화란 결국 생물의 형질이 유전자라는 정보물질을 통해 전파되는 과정을 말한다. 어느 특정한 형질을 지님으로써 그 개체가 보다 많은 자손을 퍼뜨릴 수 있다면 그 형질의 발현에 관여하는 유전자들은 보다 많은 복사체들이 후세에 남겨질 것이다. 이렇듯 사회생물학은 생명의 문제를 유전자의 관점에서 바라보길 요구한다.

진화생물학은 본질적으로 역사학이다. 이런 점에서 볼 때 역사적으로 의미 있는 유산과 사건들을 분석하는 인문학적 역사학의 방법론이 사회생물학에서도 대단히 중요함은 말할 나위도 없다. 따라서 사회생물학은 인문과학과 사회과학 분야의 도움을 필요로 하는 종합적인 학문이다. 진화생물학에서 다루는 역사적 유산이란 기본적으로 화석을 의미한다. 역사적 유물들이 그 시대의 문화와 사회를 대변하듯이, 화석 역시 우리들 중 어느 누구도 직접 목격하여 기록으로 남길 수 없었던 과거에 대해 가장 직접적인 증거를 제시한다. 그러나 물질적인 화석만이 지구의 역사를 대변하는 유일한 증거는 아니다. 각종 풍습들과 민족성 등이 인류사 연구에 중요한 관건이 되는 것과 마찬가지로, 오늘날 우리가 관찰할 수 있는 모든 행동과 생리적 적응은 물론 유전자의 구조 등 온갖 생명현상들은 바로 오랜 진화의 결과로 빚어진 살아 있는 화석들로서 생명의 본질과 기원을 밝히는 데 중요한 자료가 된다.

사회생물학의 역사와 범주

윌슨의 1975년 저서가 사회생물학에 대한 관심을 크게 불러일으킨
것은 부인할 수 없는 사실이지만, 사회생물학이라는 학문이 윌슨에 의
해 새로 시작된 것은 결코 아니다. 크게 보면 현대 생물학의 거의 모든
분야들이 그렇듯이 사회생물학도 다윈으로부터 출발한다. 다윈의 진
화론에 개념적인 바탕을 두고 새롭게 동물들과 인간의 사회적 행동들
을 분석하려는 학문이 바로 다름아닌 사회생물학이기 때문이다. 생명
현상에 대한 가장 합리적이고 폭넓은 해답을 제공한 다윈에게도 몇 가
지 풀기 어려운 고민들이 있었다고 한다. 그중에서도 가장 심각했던
문제는 바로 몇몇 사회성 동물들이 나타내는 자기 희생 또는 이타주의
적 행동이었다. 다윈의 철저하리만치 개체 중심적인 이론인 자연선택
설로는 남을 돕기 위해 자신의 생존과 번식을 희생하는 행동이 어떻게
진화할 수 있었는지 설명할 수 없었다.

특히 개미나 벌과 같은 이른바 사회성 곤충들(social insects)의 사회
에서 벌어지는 일개미나 일벌들의 번식 희생은 다윈을 무척이나 괴롭
혔던 불가사의한 생명현상이었다. 모든 생명체는 자신의 번식을 위해
서 행동하도록 진화했다는 다윈의 자연선택론으로는 각기 다른 생명
체들로 태어나 스스로 번식을 억제하고 오로지 여왕으로 하여금 홀로
번식할 수 있도록 평생 봉사하는 일개미나 일벌들의 헌신적 행동을 이
해할 수 없었다. 다윈은 끝내 이 문제에 관해 아무런 답을 얻지 못한
채 세상을 떠나고 말았다.

이타주의적 행동이 어떻게 기본적으로 이기적인 개체들로 구성된
사회에서 진화할 수 있는가에 대한 논리적인 설명을 처음으로 제공한

사람은 영국의 생물학자 윌리엄 해밀튼(William D. Hamilton)이었다. 두 편의 연속 논문(1964)으로 발표된 그의 이론이 나온 때는 다윈의 『종의 기원』(1859)이 출간된 지 무려 백여 년이 흐른 후였다. 포괄적응도설(inclusive fitness theory) 또는 혈연선택설(kin selection theory)로 알려진 해밀튼의 이론은 개체 수준에서는 엄연한 이타주의적 행동이 유전자 수준에서 분석해보면 사실상 이기적인 행동에 지나지 않음을 보여준다.

해밀튼의 이론에 의하면 번식(reproduction)이란 결국 유전자들이 자신들의 복사체들을 퍼뜨리기 위한 수단이라는 것이다. 특정한 유전자를 지니고 있는 개체가 직접 번식하는 것이 이 목적을 달성하는 가장 확실한 길이나 자기와 유전적으로 가까운 개체들을 도와 그들로 하여금 보다 많은 자손을 낳게 하는 것도 간접적이긴 하나 같은 목표에 다다르는 길이다. 유전자의 관점에서 보면 자신의 복사체가 어느 경로를 밟아가는가는 전혀 문제가 되지 않는다. 미국 뉴욕 주립대학의 생물학자 브라운(Jerram L. Brown)은 이 두 경로를 각각 직접적응도(direct fitness)와 간접적응도(indirect fitness)라 부르고 이 두 경로를 통해 얻어지는 적응도들을 종합적으로 사정하면 그것이 바로 해밀튼의 이른바 포괄적응도라고 설명한다. 그런 의미에서 다윈이 생각했던 개체 중심적 적응도는 개체적응도(individual fitness) 또는 다윈적응도(Darwinian fitness)라 부르는데 비해 간접적응도를 포함한 유전자 중심적 적응도는 포괄적응도(inclusive fitness) 또는 해밀튼적응도(Hamiltonian fitness)라 부른다.

1, 2편으로 씌어진 해밀튼의 논문과 거의 때를 같이하여 윌리엄즈(George C. Williams)의 명저 『적응과 자연선택 *Adaptation and*

Natural Selection』(1966)과 랙(David Lack)의 『조류의 개체군 연구 *Population Studies of Birds*』(1966) 『새들의 번식을 위한 생태적 적응 *Ecological Adaptations for Breeding in Birds*』(1968) 등이 출간되어 다윈의 자연선택이 표현형(phenotype)간의 차이로 인해 일어나는 현상임을 재확인했다. 훗날 이들의 이론은 탁월한 과학수필가 도킨스(Richard Dawkins)의 저서 『이기적 유전자 *The Selfish Gene*』(1976), 『확장된 표현형 *The Extended Phenotype*』(1982), 『눈먼 시계공 *The Blind Watchmaker*』(1986), 『에덴 밖의 강 *River out of Eden*』(1995), 『있음직하지 않은 산에 오르기 *Climbing Mount Improbable*』(1996) 등을 통해 일반에게도 널리 알려지게 되었다.

생명의 한계성(Ephemerality of life)

'생명' 즉 'life'란 단어를 초등학생용 옥스퍼드 영어사전(The Oxford Junior Dictionary)에서 찾아보면 "출생에서 사망까지의 기간"이라고 정의하고 있다. 물론 성인용 옥스퍼드 사전에는 더 많은 해설들이 있지만 어린아이들에게 생명의 개념을 설명하는 목적에는 '살아 있다'는 의미의 시간적 정의를 선택한 것이다.

종교에서는 대체로 우리에게 일단 한계성 생명을 부여한 후 믿음과 의식을 통해 영원불멸의 경지에 도달할 수 있다고 가르친다. 기독교의 가르침에 따르면 우리가 우리를 창조하신 영원불멸의 존재를 믿고 그를 거역하여 지은 원죄를 인정하면 내세에 이르러 영원히 생존할 수 있다고 한다. 불교에서는 생명이 한계성을 지니되 그것을 담아줄 그

릇, 즉 육체를 바꿔가며 윤회한다고 가르친다. 한계성을 전제로 한 생명의 개념이지만 영생의 가능성을 배제하지 않고 있다.

생물학적 생명의 개념은 생명의 주체가 무엇인가라는 관점에서 논의되어야 한다. 생명의 주체란 다시 말해서 진화의 단위(unit of evolution), 즉 자연선택의 수준(level of selection)을 말한다. 자연선택론을 제창한 다윈에게 생명의 주체 또는 진화의 단위는 논란의 여지 없이 개체(individual)의 수준이었다. 당시의 생물학적 지식으로는 개체가 바로 출생과 사망의 실체이고 번식의 단위였기 때문이다.

그러나 개체란 그 한계가 대단히 모호한 개념이다. 딸기의 경우를 예로 들어보자. 지상에 나와 있는 부분만을 보면 각 개체로 보이는 줄기들이 각자 독립적으로 꽃을 피우고 열매도 맺는다. 그러나 그들 중 한 줄기를 잡고 들어올려보면 상당히 넓은 면적에 퍼져 있던 '개체'들이 줄줄이 딸려 올라오는 것을 알 수 있다. 독립된 개체들처럼 보이던 지상줄기들이 실제로는 모두 지하줄기로 연결되어 있는 하나의 개체이기 때문이다.

바이러스를 제외하곤 가장 간단한 생명체인 단세포생물 박테리아들은 세포분열을 통해 한 개체가 둘로 갈라지는 방법으로 번식한다. 그러나 그들 중 일부는 상황이 여의치 않게 되면 접합(conjugation)이라는 방법을 통해 유전물질의 일부를 교환하여 회춘(rejuvenation)하기도 한다. 따라서 성공적인 박테리아는 자기 고유의 개체적 특성과 성분을 잃지 않은 채 영원히 살아남을 수도 있다는 말이다.

앞에서도 잠깐 언급했던 사회성 곤충들의 이타주의적 행동 역시 개체의 범주를 모호하게 하는 문제이다. 일개미나 일벌들이 스스로 생식 활동을 포기하는 일은 개체의 수준에서 보면 전혀 적응적이지 못한 행동이다. 그러나 일개미나 일벌 개체들이 일정한 시간이 경과한 후 직접적인 번식을 이루지 못한 채 사라지는 것은 사실이나, 그들의 어머니인 여왕이라는 개체의 몸을 빌려 오히려 더 많은 유전자를 후세에 남기게 된다. 유전자의 관점에서 보면 대단히 성공적인 번식을 한 셈이다.

그러나 아무리 후세에 정보를 전달하는 주체가 유전자라고 하더라도 그것은 홀로 행동할 수 있는 생명의 단위가 아니다. 유전자는 언제나 다른 유전자들과 함께 어느 특정한 생명체를 이루며 행동한다. 따라서 그 생명체의 안녕과 번영이 그 속에 들어 있는 유전자의 운명을 좌우함은 말할 나위도 없다. 어느 특정한 유전자가 혼자서든 또는 같은 개체 내에 공존하는 다른 유전자들과의 협동을 통해서든 자신이 속해 있는 개체로 하여금 성공적으로 번식하게끔 한다면, 유전자의 관점에서 본 생명은 영속 가능성을 지닌다. 그러나 똑같은 상황을 개체의 관점에서 보면 한계성이 내재된 영속성을 의미한다.

생명의 영속성(Perpetuity of life)

그렇다면 다윈의 생각대로 개체가 과연 자연선택의 단위인가? 『이기적 유전자』의 저자 도킨스에 의하면 긴 진화의 역사를 통해 볼 때 개체는 잠시 나타났다 사라지는 덧없는 존재이고 영원히 살아남을 수 있는 것은 바로 자손 대대로 물려주는 유전자라는 것이다. 에드워드 윌슨의 표현을 빌리면, "닭은 달걀이 더 많은 달걀을 복제하기 위해 일시적으로 만들어낸 매체에 불과하다"는 것이다. 유성생식을 하는 생물의 경우, 사실상 개체들이 직접 자신들의 복사체를 만드는 것은 아니다. 유전자가 복제되어 후손에 전달되는 것이다. 따라서 적응형질들은 집단을 위해서도 아니고 개체를 위해서도 아니라 유전자를 위해서 만들어지는 것이다. 멘델의 유전법칙 중 제1법칙인 분리의 법칙에 의하면 평균적으로 한 개체의 자손 중 반은 한 대립형질(allele)을 물려받고 나머지 반은 다른 대립형질을 물려받는다. 그러나 때로 개체에 악영향을 미치면서까지 다른 유전자들을 물리치고 자신의 빈도만을 높이는 초이기적인 유전자(ultra-selfish gene)들이 있다. 이같은 초이기적 유전자들과 또 그들의 확산을 저지하려는 억제 유전자(suppressor gene)들은 모두 같은 개체의 유전자군(genome)에 존재하나 서로의 이해가 상반되는 관계로 끊임없이 경쟁한다. 이러한 현상을 '유전자 간 분쟁(intragenomic conflict)' 이라고 부르며 최근 대단히 활발한 연구가 진행되고 있는 과제이다.

그러나 결국 유전자도 개체의 번식을 통해서만 자신의 복사체들을 후세에 퍼뜨릴 수 있다. 한 개체 내의 유전자들의 운명은 그 개체에게 달려 있다. 헬레나 크로닌(Helena Cronin)은 그의 저서 『개미와 공작 *The Ant and the Peacock*』(1991)에서 다음과 같이 설명한다.

유전자들은 스스로 발가벗고 자연선택의 심판을 기다리지 않는다. 그들은 꼬리나 가죽, 또는 근육이나 껍질을 내세운다. 그들은 또 빨리 달릴 수 있는 능력이나 기막힌 위장술, 배우자를 매료시키는 힘, 훌륭한 둥지를 만드는 능력 등을 내세운다. 유전자들의 차이는 이러한 표현형의 차이로 나타난다. 자연선택은 표현형적 변이에 작용함으로써 유선사에 작용하게 되는 것이다. 따라서 유전자들은 그들의 표현형적 효과의 선택가치(selective value)에 비례하여 다음 세대에 전파된다.

지금까지도 그랬고 앞으로도 계속 자연선택의 단위와 수준에 관해서는 논란이 끊이지 않겠지만 현재로선 개체보다 더 합리적인 선택의 단위는 없다. 자연선택은 유전자, 개체, 집단, 그리고 심지어는 종의 수준에서도 일어나기는 하나 적응은 주로 개체, 즉 표현형 수준에서 형성되기 때문에 개체선택이 가장 강력한 진화적 요인이라고 간주해야 할 것이다. 자연선택은 표현형에 작용하고, 그 결과로 후세에 전달되는 것은 유전자이다.

도킨스는 『이기적 유전자』에서 개체를 '생존기계(survival machine)'라고 부르고, 끊임없이 복제되어 후세에 전달되는 유전자, 즉 DNA를 '불멸의 나선(immortal coils)'이라고 일컫는다. 개체의 몸을 이루고 있는 물질은 수명을 다하면 사라지고 말지만 그 개체의 특성에 관한 정보는 영원히 살아남을 수 있다는 뜻이다. 생명의 한계성은 개체의 수준에서는 너무나 명확한 사실이나 일단 우리의 관점을 유전자의 수준으로 낮추면 생명의 영속성도 충분히 가능한 실제로서 나타난다.

화학자들과 생물학자들의 연구에 의하면 지금으로부터 약 30 내지 40억 년 전 지구의 표면을 덮고 있던 원시 바다 속에 떠다니던 각종 유기물들이 태양으로부터 내리쬐는 자외선 등의 에너지에 의해 점점 더 커다란 분자들로 결합되었다고 추정할 수 있다. 그러던 중 우연히 자신의 복사체들을 만들어내는 능력을 지닌 분자가 탄생한다. 그 분자는 그후 자기 복제를 보다 더 잘해줄 수 있는 생존기계를 만드는 데 성공한다. 실제로 근육, 심장, 눈 등 탁월한 생존기계 기술이 개발된 것은 불과 6백만 년 전의 일이다. 이처럼 복제자(replicator) 분자가 우리들이 흔히 생명의 단위이며 주체라고 생각하는 개체를 제작하여 자기 복제를 보다 효율적으로 할 수 있게 되기 때까지는 상당한 시간이 걸렸을 것으로 추정된다.

생명의 특성 중 가장 신비로운 일은 아마도 하나의 세포에 불과한 수정란으로부터 여러 다른 기능을 수행하는 다양한 기관과 조직들을 갖춘 복잡한 다세포생물이 만들어지는 이른바 개체의 발생 과정일 것이다. 인간의 경우 그 한 세포로부터 무려 100조 개의 세포들이 만들어진다. 그런데 이 100조 개의 세포들 중 소수의 생식세포(germ cell 또는 reproductive cell)들을 제외하고는 대부분 유전적으로 볼 때 막다른 골목으로 치닫는 이른바 체세포(somaticcell)들이다. 19세기 독일의 진화생물학자 바이스만(August Weismann)이 주창한 이른바 생식질설(germ plasm theory)에 의하면, 영속성을 지니는 생식세포들이 한계성을 지니는 체세포들을 만들곤 그들의 도움으로 또다른 생식세포들을 생성하는 것이다.

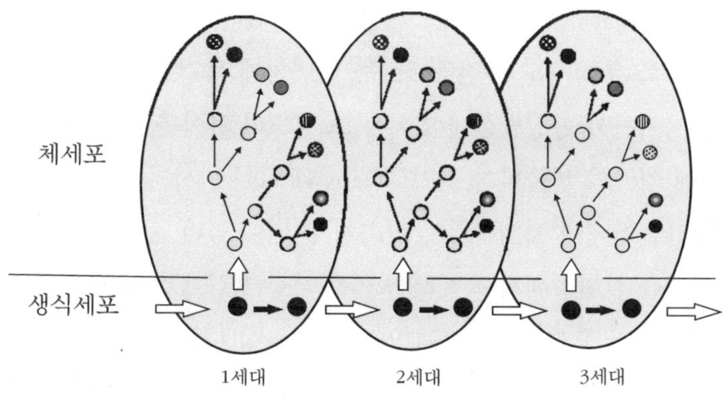

〔그림〕 바이스만의 생식질설

생명의 정체성(Identity of life)

진화학자 도브잔스키(Theodosius Dobzhansky)는 다음과 같은 말을 남겼다.

유전은 독립적이나 발생은 단위적이다. 모든 생명현상들은 주어진 환경 속에서 일어나는 그 생명체의 모든 유전자간의 상호 작용에 의해 벌어진다.

유전은 실제로 부모로부터 자손에게 전달되는 유전자에 의해 이루어지나 그 유전자들이 어떠한 상호 작용을 거쳐 어떤 개체를 만들어내는가는 대단히 복합적인 과정이다. 하버드 대학의 집단유전학자 르원튼(Richard Lewontin) 박사는 동일한 유전자를 가진 초파리들을 동일한 실험조건하에서 동시에 발육시켜도 형질의 변이가 발생한다는 실험 결과를 토대로 이른바 '반응범주(reaction norm)' 또는 '발생잡음(developmental noise)'이라는 개념을 소개했다. 실제로 일란성 쌍둥이의 경우를 보더라도 유전적으로는 완벽하게 똑같은 개체라도 발생과정을 거치면서 형질발현에 있어 어느 정도의 차이를 보인다.

일전에 영국의 생물학자 윌머트(Ian Wilmut) 박사가 실험적으로 복제양을 만들어내어 세계를 떠들썩하게 한 일이 있다. 육종학적으로 우수한 가축을 실험실에서 복제하여 인류 식량 생산에 기여할 수 있으리라는 긍정적인 측면보다는 복제인간의 가능성 때문에 대단히 심각한 반응을 불러일으켰다. 그러나 한 가지 엄연한 사실은 윌머트 박사가 개발한 기술로는 유전자 복제는 가능할지 모르나 생명체 복제가 가능한 것은 아니라는 것이다. 일란성 쌍둥이의 경우와 마찬가지로 체세포 복제의 경우에도 발생 과정의 차이로 인한 형질발현의 변이는 사실상 피할 수 없는 현상이다. 지난 수년간 미국에서는 어려서 입양시켰던 자기 자식을 되찾는 사건들이 발생하여 다시금 생명의 정체성에 관한 논란을 불러일으켰다. 그런데 낳은 부모와 기른 부모를 구별하기 위해 방송매체들이 선택한 용어들에 문제가 있음을 지적하려 한다. 방송매체들은 한결같이 낳은 부모를 가리켜 생물학적 부모(biological parents)라고 하고 기른 부모를 가리켜 입양 부모(adopted parents) 또는 사회적 부모(social parents)라고 칭했다. 그러나 이는 '생물학적'이라는 용어를 올바르게 이해하지 못한 결과이다. '생물학적' 과정은 유전적인 측면과 발생학적 측면을 모두 포함한다. 부모의 몸 속에서 벌어지는 초기 발생은 물론 성장기에 주어지는 사회환경의 영향 역시 모두 생물학적 과정에 속한다. 따라서 낳은 부모는 단순히 '유전적 부모(genetic parents)'라고 일컬어야 옳을 것이다.

위에 간략하게 열거한 예들이 주는 교훈은 비록 진화의 단위가 유전자라 할지라도 일련의 생명현상들의 주체인 개체가 생명의 정체성을 지닌다는 것이다. 물론 개체를 어떻게 정의하느냐에 따라 대단히 모호한 개념이 될 수도 있으나, 개체의 정체성은 유전자의 정체성에 비해 훨씬 더 중요한 의미를 지닌다. 왜냐하면 거듭 강조하는 내용이지만 유전자는 아무도 독자적으로 행동할 수 없는 단위이기 때문이다. 각각 독특한 정체성을 지닌 개체들의 생명현상들이 유전자의 운명을 결정하기 때문이다.

생명의 연속성(Continuity of life)

DNA의 기본 구조는 현재까지 확인된 모든 생명체에서 동일하다. 다윈이 주장한 대로 오늘날 이처럼 다양한 지구상의 모든 생물들은 모두 태초에 우연히 생성된 그 어느 성공적인 복제자로부터 분화되어나왔기 때문이다. 비록 오랜 세월이 지난 지금에는 제가끔 보다 효율적인 복제를 위하여 다른 생존기계들 안에 들어앉아 있지만 과거로 거슬러 올라가보면 모두 하나의 조상을 모시는 한 집안 식구들이다. 이처럼 생명은 무수히 많은 가지를 뻗었으나 모두 하나로 연결되어 있는 연속성을 지닌다.

"생각한다, 고로 존재한다"라는 명언을 남긴 17세기 프랑스의 철학자 데카르트는 인간만이 유일하게 사고할 수 있는 능력을 지녔다고 주장했다. 그는 뇌 조직의 일부인 송과체(pineal body)가 인간의 뇌에서만 발견되었던 당시의 미흡한 생물학적 지식을 바탕으로 송과체가 바로 인간만이 유일하게 갖고 있는 혼(soul)이 담겨 있는 곳이라는 사뭇 성급한 결정을 내렸다. 그후 송과체는 다른 많은 척추동물들의 뇌에서 발견되었고 그 기능도 대부분 혼의 존재와는 거리가 먼 것으로 밝혀졌다. 어쨌든 데카르트는 인간만이 유일하게 사고력을 지닌 생명체라고 믿고, 따라서 인간은 그렇지 못한 다른 모든 짐승들과 근본적으로 다르다고 설명했다.

이같은 데카르트의 이원론은 기독교적 관념론과 더불어 서양의 인본주의를 철저하게 뒷받침해주었다. 창세기 제1장 27절에 보면 "하나님이 자기 형상, 곧 하나님의 형상대로 사람을 창조하시되……"라고 적혀 있다. 얼마나 철저하게 인간 중심적인 환상인가? 이 방대한 우주 전체를 만드신 분이 어찌하여 이 넓은 우주에 떠 있는 수많은 행성들 가운데 그리 대수롭지도 않은 지구 위에 살고 있는 많은 생물들 중 유독 우리만 당신의 모습대로 만드셨다는 것인가? 지구에서 살아온 다른 모든 생명체들이 모두 자연의 선택을 받는 동안 어떻게 우리 인간은 유독 신의 선택을 받았다는 것인가?

개나 고양이를 키워본 사람이라면 누구나 데카르트의 주장이 얼마나 어처구니없는 억지인가를 잘 알 것이다. 인간을 제외한 다른 영장류들은 말할 나위도 없고 그밖의 많은 동물들도 감정은 물론 과거에 대한 기억과 미래에 대한 기대를 갖고 있다. 꿀벌의 춤언어를 밝혀내, 1973년 로렌츠(Konrad Lorenz), 틴버겐(Nikko Tinbergen) 등과 함께 노벨 생리학 및 의학상을 수상한 폰 프리쉬(Karl von Frisch) 박사의 임종에 얽힌 다음과 같은 일화가 있다. 폰 프리쉬 박사가 마지막 숨을 가눌 때 그의 뒤를 이어 꿀벌의 춤언어에 관한 연구를 계승 발전시킨 수제자 린다우어(Martin Lindauer) 박사가 "스승님께서는 동물도 과연 사고할 능력을 가지고 있다고 생각하십니까?" 하고 물었다고 한다. 이에 폰 프리쉬 박사는 "동물들이 생각할 줄 안다는 사실은 나도 알고 있고 자네도 알고 있네. 다만 우리 동물행동학자들의 임무는 다른 사람들도 그 사실을 알게 되도록 객관적이고 과학적인 방법을 찾는 것일세"라고 답했다고 한다.

생명의 일원성(monism)과 우연성(fortuity)

다윈을 단순히 자연선택론에 입각하여 진화적 현상을 설명하려 했던 영국의 한 생물학자로만 알고 있는 이들이 많으리라 생각된다. 하지만 그가 사상가로서 우리 현대인들의 의식 구조에 얼마나 큰 영향을 미치고 있는가를 아는 사람들은 그리 많지 않은 것 같다. 그가 제안한 자연선택론의 의의 중 가장 중요한 것의 하나는 바로 인간을 모든 다른 생물체들로부터 분리시키는 이른바 이원론에 바탕을 둔 인본주의(humanism)의 허구와 오만으로부터 우리를 구원해주었다는 점이다.

인간과 원숭이가 그 옛날 공동 조상을 지녔다는 사실만큼 우리를 철저히 겸허하게 만드는 일은 또 없을 것이다. 분자생물학적 연구에 의하면 우리 인간은 침팬지와 거의 99퍼센트에 가까운 유전자들을 공유한다고 한다. 인간도 남자와 여자가 따로 있고 그들이 만나 수태하여 아이를 만들어 자궁 속에서 일정 기간 동안 키우다가 낳은 후에는 또 젖을 먹여 키우는 젖먹이동물의 일종임에 틀림이 없다. 인간이 참으로 특별한 종임을 부인할 수는 없으나, 인간도 엄연히 이 자연계의 한 구성원이며 진화의 역사를 가진 한 종의 동물에 불과하다는 사실 역시 틀림이 없다.

요사이 부쩍 달이나 화성을 비롯한 다른 행성들에 생명이 존재할 가능성에 대해 많은 관심과 논란이 일고 있다. 그러나 설령 지구를 제외한 다른 행성에 생명체가 존재한다고 하더라도 그들이 지구의 생명체들과 같은 메커니즘에 의한 생명현상들을 보이리라고 기대하는 것은 확률상 대단한 무리이다. 하버드 대학의 진화학자 굴드(Stephen Jay Gould) 박사는 그의 저서 『경이로운 생명 *Wonderful Life*』(1989)를 통하여 지구상에 존재하는 생명현상의 엄청난 우연성에 대해 논하고 있다. 제임스 스튜어트(James Stuart) 주연의 영화에서 그 제목을 따온 이 책에서 굴드는 만일 우리가 지구 생태계의 역사를 담은 필름을 처음부터 다시 돌린다고 했을 때 지금과 같은 생명체들이, 그중에서도 특히 우리 인간이 출현할 가능성은 희박하다고 설명한다.

맺음말

사회생물학적 관점에서 바라본 생명의 본질을 여러 각도로 분석해 보았다. 생명의 이해라는 측면에서 보면 반드시 명확한 결론이 내려져야 하는 것은 아니겠으나 사회생물학 자체가 안고 있는 여러 특성상 현재로서는 극히 원천적인 해석 수준을 벗어나지 못하는 아쉬움이 있다. 앞에서도 언급한 바 있지만 생물학의 발전 속도로 미루어보아 그리 머지 않은 장래에는 보다 확실한 자료들을 바탕으로 어느 정도 결론적인 발언도 가능하리라 추측된다. 다만 이 글을 통해 인문사회과학자들에게 새로운 관점을 제시할 수 있었기를 바랄 뿐이다. 앞으로 인문사회과학과 자연과학, 그중에서도 특히 생물학과 더 많은 학문적 교류가 이루어져 생명의 본질을 보다 다각적으로 분석할 수 있게 되기를 기대한다.

(『과학과철학』 제8집, 1997)

가이아 경제학

호세 루첸버거

가이아 개념은 영국의 기상학자 제임스 러브로크와 미국인으로서 우리 시대의 위대한 생물학자 중 한 사람인 린 마굴리스에 의해 처음 제기되었다. 생물권과 대기권과 지작(地殼)과 수계(水界)가 화합을 이루어 활동하고 있는 거대한 기능적 단위를 가리킬 때 조금 덜 감정적인 생태학자라면 '생태권'이라는 용어를 쓴다. 러브로크는 의도적으로 '가이아'라는 말을 택했는데 이것은 감정이 담겨 있는 말인 것이다. 그가 일부러 이러한 여성적인 이름을 선택한 것은(가이아Gaia는 희랍 신화에서 대지의 여신을 가리킨다―옮긴이) 그가 보기에 생태권은 단순히 하나의 죽은 기능적인, 인공두뇌학적으로 균형을 갖추고 있는 단위가 아니라 그것 나름으로 하나의 살아 있는 존재이기 때문이었다. 실제로 바로 이것이 가이아이다. 이 행성 위에서의 생명은 하나의 거대한 유기체이며 우리 인간들과 여타 수백만의 생물종은 그 유기체 조직의 세포일 뿐이다.

러브로크는 이 행성에서 생명이 가능하게 되고, 35억 년 동안 생존이 계속될 수 있게 한 정교한 재순환과 기후 조절의 메커니즘의 많은 예들을 보여준다. 그 긴 세월 동안 생명은 진화하고 다양화하여 믿을 수 없을 만큼의 유기적 진화의 교향악을 형성하였는데 그 속에서 우리는 최근에 매우 위험스럽게 되기는 했지만 오직 매우 작은 부분일 뿐이다.

러브로크는 삶에 결정적인 요소들을 재순환시키는 메커니즘을 설명한다. 생명이 유지되기 위해서는 약 스물다섯 개의 원소가 필요하고 이 원소들―탄소, 산소, 수소, 질소, 유황, 칼륨, 칼슘, 나트륨, 마그네슘, 망간, 철, 구리, 코발트, 기타―은 끊임없이 재순환되지 않으면 안 된다. 이렇게 되지 않았다면 생명은 수십억 년 전에 끝났을 것이다. 예를 들어 살아 있는 존재에 대단히 중요한 원소인 유황은 만일 그것이 재순환되지 않으면 육지에서 금세 고갈되어버릴 것이다. 그런데 아주 최근에야 대륙붕의 비옥한 물 속에 살고 있는 특수한 종류의 해초에 의해서 유황이 재생된다는 사실이 발견된 것이다. 원소들은 각기 육지에서 바다로, 대기로, 그리고 되돌아 육지로 끊임없이 재순환되고 있다. 우리가 현명하다면 우리는 가이아를 파괴하지 않도록, 그러한 순환 과정을 깨뜨리거나 간섭하지 않도록 주의해야 할 것이다. 그러나 불행하게도 현대 산업 사회는 바로 그러한 파괴를 일삼는 인간 행동의 양태를 풀어놓았다.

이러한 문제에 관심을 가지고 가이아에 대한 파괴를 멈추고자 하는 사람들의 집단이 소수이긴 하나 빠르게 커가고 있다. 우리는 어디에서 우리가 잘못 가고 있는지 이해하지 않으면 안 된다. 현대 산업 사회는 일련의 그릇된 가정에 기초해 있는데, 그것은 생명과 자연의 법칙에 반하는 신념과 주장들로 이루어져 있다. 그것은 가이아의 존재나 인공 두뇌학적 균형을 유지하는 메커니즘을 고려하지 않는다.

실제 우리가 이 행성 위에 하나의 종(種)으로서 나타나기 수십억 년 전부터 가이아는 존재했다. 이 행성 위에 생명이 처음 구성된 이래의 35억 년에 비해 볼 때 3, 4백만 년이란 도대체 무엇인가? 생명의 원초적 탄생기에 어떤 복잡성을 갖춘 최초의 유기분자가 형성되었다. 그 다음에 아마도 10억 년 동안 유기화학적 진화가 이루어졌고, 그 뒤 세포의 진화가 이루어졌다. 더욱더 복잡한 유기체들이 진화하여 선캄브리아대라고 불리우는 지질학적 시기의 끝 무렵인 약 6억 년 전에 해양에서 비교적 복잡한 생물들이 출현하였다. 1억 또는 2억 년 뒤에 최초로 바다로부터 유기체가 기어나와서 육지를 식민화했다. 가이아는 우리보다 훨씬 나이들었고, 우리 없이 살아남을 수 있다. 그러나 우리는 가이아 없이 살아남을 수 없다.

만일 우리가 영리하다면 우리는 말하자면 가이아의 두뇌 조직을 이룰 수 있을지 모른다. 우리는 위대한 교향악의 지휘자로서의 역할을 떠맡을 수 있다. 그러나 우리가 어리석다면 우리는 감염된 상처 농(膿) 속의 박테리아처럼 버림받게 될지 모른다. 가이아는 계속될 것이다. 가이아는 어떤 좀더 초기의 아마도 더 단순한 형태로 되돌아갈 것이다. 그러나 우리의 태양이 지나치게 뜨거워져서 지구를 삼키고 그 자신도 서서이 죽어갈 때까지는 아직도 50억 년이 더 걸릴 것이다.

러브로크는 가이아가 스스로 살아남기 위한 조건들을 어떻게 통제하는지를 흥미롭게 설명하고 있다. 지구상의 삶은 굉장히 좁은 범위의 온도, 즉 섭씨 0도에서 섭씨 50도 사이에서만 가능하다. 소수의 희귀한 박테리아들은 섭씨 70도에 이르는 뜨거운 물 속에서도 생존할 수 있지만 대부분의 살아 있는 존재들은 섭씨 50도 이상에서는 죽는다. 그런데 우리의 태양은 이 행성에 생명이 처음 나타났을 때보다 지금 두 배나 뜨거운데, 지구의 온화한 기온은 비교적 안정되게 유지되어왔다. 가이아가 그러한 기온의 안정성을 어떻게 이루어왔는가 하는 것은 대기로부터 탄산가스를 추출하여 그것을 석탄이나 천연가스와 같은 화석 퇴적물의 형태로 땅속에, 그리고 거대한 생물 체계, 특히 열대우림이나 토양부식질 속에 저장하였기 때문이다. 그런데 오늘날 우리 인간들은, 우리 자신들이 그렇게나 총명하고 자연보다 우월하다고 생각하는 우리들은 그 모든 탄산가스를 대기중에 되돌려 넣고 있는 것이다. 우리는 우리의 삼림을 파괴하고, 우리의 토양 속의 부식질을 저하시키고, 화석퇴적물을 불태워버리고 있다. 우리는 화석퇴적물을 마치 그것이 우리만을 위해 창조된 것인 양 우리의 탐욕 속에서 화석연료라고 부르고 있다.

특히 지난 수년 동안 기후가 혼란스러워지는 것처럼 보이는 것은 그리 놀라워할 일이 아니다. 전세계에 걸쳐 기상은 불규칙해지고 있다. 비가 내려야 할 곳이 건조해지고, 그 반대 현상도 일어난다. 예를 들어 내 고향 브라질에서는 건조한 날씨여야 할 때 약 오 개월간 계속적으로 비가 내렸고, 바로 이웃나라에서는 오 개월간 가뭄이 계속되었다. 유럽에서는 당연히 추워야 할 때 더웠고, 더워야 할 때 추웠다. 이런 현상은 오십 년 또는 백여 년마다 일어나는 일시적인 부침일지도 모르지만, 다른 한편으로 앞으로 닥칠 보다 심각한 어떤 것의 전조인지도 모른다.

현대 산업 사회는 정교하게 조율되어 있는 가이아의 조절 메키니즘을 간섭하고 있다. 우리는 탄산가스 균형에 간섭을 가하고 있을 뿐만 아니라 오존 균형을 교란시키고, 보다 많은 먼지를 대기중에 집어넣고, 삼림을 파괴하여 토양의 반사력을 변화시키고 있다. 비가 우림 지역에 내릴 때 그런 지역에서의 놀라운 증발발산율로 인하여 약 40시간 내에 빗물의 70퍼센트가 대기중에 되돌아간다. 그런데 숲이 벌채되고 벌거벗은 토양이 남게 될 때 거의 수직적인 적도의 태양광선이 토양을 섭씨 50~60도까지 덥히게 된다. 그러면 새로운 구름을 만들고 비가 재순환되게 하는 증발발산 대신에 구름을 해체시키는 뜨거운 가뭄이 계속되는 것이다.

우리의 행동은 큰 비행기의 조종석에서 자기들이 무슨 짓을 하고 있는지도 모르면서 조종기제들을 가지고 장난하는 한 떼의 원숭이들에 흡사한데, 이제 그 비행기는 이미 흔들리고 있는 것이다. 어째서 우리는 그런 식으로 행동하고 있는가? 어째서 가이아의 신진대사 기제에 대한 우리의 간섭의 규모가 바로 그 신진대사의 규모 자체에 비견할 만한 지점에 우리가 이르렀는가? 어째서 우리는 이 모든 정교하게 조율된 항상성(恒常性)의 메커니즘을 교란하고 있는가?

현대 산업주의는 광신적인 종교운동에 비유할 수 있지만, 그러나 그것은 예컨대 천 년 전에 지중해 지역에 밀어닥치던 이슬람의 진격보다도 훨씬 더 광적이고 치열하다. 산업주의는 어떠한 옛 전통 종교도 필적할 수 없는 신념의 힘과 선교 정열과 사제들에 대한 보상으로 움직이는 하나의 운동이다. 그렇기 때문에 그것은 그렇게나 성공적인 것이다. 그것은 이미 거의 전 지구를 정복하였다. 아직 옛날 방식에 집착하고 있는 몇 안 되는 토착적이고 개성적인 문화들은 지금도 파괴되거나 흡수되고 있는 중이다. 그러한 문화권의 사람들이 이 광적인 종교에 맞닥뜨리는 순간 그들은 지독한 무기력을 경험한다. 남미 인디언들이 우리가 문명이라고 부르는 것에 접촉하는 것을 본 사람이면 누구든지 내가 말하는 것이 무슨 뜻인지를 알 것이다. 그들은 즉각적으로 전면적인 사기 저하를 경험하고 절대적으로 무력해진다. 일찍이 이처럼 모든 다른 문화에 대하여 산업주의가 가하는 것과 같은 능력을 가졌던 종교는 없었다. 이 지구에는 실제 오직 하나의 문화만이 남게 되었는데, 그것은 산업문화이다. 다른 모든 것들은 소멸될 운명인 것으로 보인다. 나는 우리가 아직 몇몇 문화를 가질 수 있기를 희망하지만, 그렇게 되기 위해서는 무엇이 일어나고 있는지 우리 모두가 충분히 인식해야 한다.

우리의 선교 정열은 엄청나서 다른 문화들이 모두 변화하기를 우리는 원한다. 몇 달 전에 나는 우리의 인디언 관계 관청의 공무원과 얘기를 나누면서 얼마 남아 있지 않은 소수의 인디언 문화를 보존해야 한다고 주장했다. 그는 충격을 받았다. 그가 말했다. "그러나 이 사람들은 인간 이하의 삶을 살고 있습니다. 우리는 그들이 문명화되도록 도와줘야 합니다. 우리는 그들을 우리의 소비 사회 속으로 통합시켜야 합니다. 그들은 아직 돈이 무엇인지조차 모릅니다. 상상해보십시오! 그들이 얼마나 뒤늦었는지를요!"

오늘날 우리는 세계를 개발 지역과 저개발 지역으로 나누고, 모든 정부의 언명된 목표는 최후의 저개발 지역까지 개발시킨다는 것이다. 우리는 모든 사람이 뉴욕 사람처럼 되기를 바라고 있다. 이것이 외국 원조가 기도하는 것이다. 즉 후진적인 사람들을 '현대화' 하도록 돕는다는 것이다. 아직 그 원초적 형체가 건드려지지 않고 있는 아마존 삼림은 세계에서 가장 후미진 곳으로 간주되고 있나. 거기에는 엘리베이

터도 비행기도 큰 빌딩도 없고 다만 건드려지지 않은 숲만이 있을 뿐
이다. "그런 식으로 남아 있을 수는 없다. 그걸 개발하기 위해 우리가
무엇인가 하지 않으면 안 된다"라고 우리는 말한다.

쉘 사(社)의 피터 슈바르츠는 그들이 브라질에 제공하는 50억 달러
알루미늄 공장 프로젝트에 대해 언급하였다. 이것은 어마어마하게 악
질적인 프로젝트이다. 그것이 의미하는 것은 온 산들을 파괴하는 것인
데, 이미 그것은 인디언 부족들 전체를 주변으로 밀려나게 했다. 인디
언 부족들의 문화는 수만 년의 전통을 가진 것이고 그로부터 우리가
많은 것을 배울 수 있는 문화이다. 그런 문화가 그냥 그대로 제거되었
다. 어떤 인디언 부족들은 기관총에 의해 소탕되었는데, 물론 쉘에 의
해서가 아니고 쉘을 위해 길을 터준 사람들에 의해서였다. 알루미늄
공장은 20만 헥타르의 원시림을 잠기게 하는 커다란 댐으로부터 전력
을 공급받게 될 것이다. 삼림이 먼저 벌채되게 되어 있었고, 그것을 위
해 세계은행으로부터 4억 달러가 제공되었지만 마지막에 가서 그 돈
이 이 목적을 위해 사용되지 않았고 그 결과 삼림은 아직 그대로 남아
있다.

그 지역으로부터 주민들을 쫓아내는 데 사용되는 도구 중 하나는 다
우 케미칼 사(社)가 제조한 2, 4, 5—T라고 불리우는 제초제였다. 이
것은 또다른 제초제인 2, 4—D와 함께 베트남전에서 사용되었다. 거
기에서 수만 평방킬로미터의 숲이 죽었다. 기술관료들과 군인들이 완
곡어법으로 '고엽제'라고 불렀으나 그것은 실인즉 제초제로서 숲을
깡그리 파괴하였다. 수몰 지역으로부터 사람들을 아무런 보상도 해줄
필요없이 옮기기 위해서 개발자들은 주민들이 생존을 위해 의존하고
있는 커다란 브라질 밤나무들과 고무나무들이 자라고 있는 지역으로

들어가서 그곳 주민들이 생계수단을 잃어버리고 옮겨가지 않을 수 없
도록 2, 4, 5—T로 모든 나무들에 물감칠을 해버렸다. 그같은 일이 다
른 곳에서도 일어나고 있다. 브라질에 속하는 아마존의 서부 내륙 지
역에서는 대지주들과 남쪽으로부터 온 기업가들이 사람들을 내쫓기
위하여 미국인들이 인도차이나에서 했던 것과 같은 방식으로 비행기
에서 제초제를 뿌림으로써 천연 고무나무들을 파괴하고 있다. 그들이
거기서 무엇을 하고 싶어하는지 아는가?

그들은 거기에 고무나무들을 심고자 하는 것이다. 그런데 그들이 꾀
하는 것은 제초제와 살충제와 살균제의 사용을 필요로 하는 거대한 단
작(單作)인데, 그로부터 얻은 이윤은 이미 너무 많은 돈을 가진 소수의
사람들을 더 부유하게 만들 것이다. 숲속의 천연 고무나무를 통하여
훌륭하게 생계를 꾸려왔고 숲의 보존에 관심을 가진 모든 사람들은 주
변으로 밀려났다. 그들은 일용 노동자들이 되거나 어떤 빈민가에서 굶
주려 죽게 될 것이다.

이 모든 거창한 프로젝트들의 수혜자는 소수의 부패한 브라질 정치
가들 그리고 미국인이건 독일인이건 프랑스인이건 화란인이건 또는
어떤 나라 사람이건 힘센 사업가들과 몇몇 거대 다국적 기업들이다.
아마존 숲은 아마존 사람들에 의해 파괴되고 있지 않다. 오히려 그곳
은 다른 양식의 삶, 자연과 조화를 이룬 매우 행복하고 아름다운 삶의
양식을 가진 사람들로 가득 차 있다.

이런 계획에 책임이 있는 기술관료들에게 말을 걸면 그들은 언제나
이렇게 말한다. "네, 우리는 피해를 최소한으로 하기 위해 우리가 할
수 있는 주의를 다할 것입니다." 물론 인간은 실수를 하면서 배울 권리
가 있다. 그러나 우리가 범할 권리가 없는 한 가지 종류의 실수가 있는

데, 그것은 돌이킬 수 없는 결과를 가져오는 실수이다. 일단 우리가 열대우림을 베어버리면 그것은 다시 돌아오지 않을 것이다. 열대우림 밑에는 세계에서 가장 빈약한 토양이 있다. 왜냐하면 우림 지역 생태계에서는 자양분들이 모두 순환하고 있기 때문에 그 토양에는 아무런 자양분이 쌓여 있지 않기 때문이다.

이런 종류의 악독한 행동은 자본주의에만 전형적인 것이 아니다. 공산주의라고 부르는 나라들에서도 같은 일이 일어난다. 실제 공산주의와 자본주의 간의 차이는 내가 보기에 가톨릭과 개신교 간의 차이와 같다. 가톨릭과 개신교가 모두 기독교인 것처럼 공산주의와 자본주의는 둘 다 기술관료적이며 산업주의적이다. 옛 전통 종교에서 사제들은 교리와 도그마와 의식을 통하여 권력을 행사하고 유지하였다. 현대 기술관료라는 사제직은 매우 특정한 형태의 이데올로기와 기술공학적 하부구조를 통하여 자신의 권력을 유지하고 강화한다. 한 가지 특별한 면은 전통 종교들과 반대로 이러한 이데올로기는 공개적으로 결코 진술되지 않는다는 것이다. 가톨릭 교회의 도그마를 알고자 한다면 우리는 단지 교리문답이나 성인록들을 읽어보기만 하면 된다. 공산주의 이데올로기를 알고자 한다면 우리가 해야 할 것이라고는 마르크스, 엥겔스 또는 레닌의 책을 읽기만 하면 되고, 그러면 그들이 무슨 말을 하는지 정확히 그 의미를 알게 된다. 히틀러가 계획한 바를 알고자 한다면 그것에 관해 그의 책 『나의 투쟁』을 읽어볼 수 있다. 그러나 현대 산업사회, 기술관료의 이데올로기는 결코 공개적으로 진술되지 않는다. 그러나 그것은 정치가들과 공공행정가들과 특히 경영가들이 말하는 모든 것 속에 암시되어 있다. 우리는 그것이 공개화되어 있지 않기 때문에 그 이데올로기를 받아들인다. 교회들조차도 최근까지 그 합창에 동참했고, 세상에 나가서 사람들을 '진보'로 개종시키려고 노력하였다.

현대 산업 사회는 많은 숨겨진 도그마를 갖고 있다. 나는 그중 몇 개만을 여기서 언급하려고 한다. 첫째 도그마는 기술관료들이 창안한 것이 아니다. 그것은 유태 기독교 전통으로부터 온 것인데, 인간 중심적으로 세계를 보는 관점이다. 우리는 자신이 이 행성 위에서 유일하게 중요한 생물체라고 생각한다. 우리들 가운데 아주 드물게 몇 사람만이 — 알버트 슈바이처나 아시시의 성 프란체스코 같은 사람만이 — 세계를 보는 상이한 방식을 갖고 있었을 뿐, 일반적으로 서구 문화에서는 동물, 식물, 박테리아, 바이러스 등 가릴 것 없이 사람 아닌 모든 생물들은 완전히 우리의 윤리 체계 바깥에 존재한다.

어느 불교 철학자의 유명한 말이 있다. 그는 서구적 사고 방식에 조우했을 때 이렇게 외쳤다. "성행위가 죄악으로 간주되고, 오백 년 묵은 나무를 파괴하는 것은 죄악으로 간주되지 않는 문화를, 나는 결코 이해할 수 없다."

우리들에게는 전체 삼림을 벌채하는 것이 죄악이 아니다. 브라질의 기술관료들은 수십만 킬로미터에 이르는 숲을 베어버리고 세계에서 가장 복잡하고 환상적이며 신비로운 생태계의 하나를 파괴하고 있다. 유럽의 숲은 수십 종의 상이한 나무들을 갖고 있을 것이다. 그런데 아마존 숲은 식물학자에게 알려져 있는 2천5백 종 이상의 상이한 나무들을 갖고 있는데, 분류되지 않은 것들이 1만 종 이상에 이를 것으로 짐작된다. 아마존에 가축을 키우러 가는 부자들이나 기술관료들에게 그 숲은 절대적으로 아무 가치가 없다. 그것은 파괴해버려야 할 방해물일 뿐이다. 우리가 다른 생물체들을 존중하지 않고 이 믿을 수 없는 세계에서 우리가 유일하게 중요한 생물체라고 생각한다는 것이야말로 아마도 원죄이며, 가장 악독한 죄악일 것이다. 우리는 세계를 하나의 환상적인 교향악으로 보지 않는다. 우리는 오직 우리 자신만을 본다. 나머지는 모두 일종의 자원이며, 우리가 이용할 수 있는 그 무엇이거나 이용할 수 없을 때는 던져버리는 그 무엇에 불과하다.

공개화되어 있지 않은 또하나의 도그마는 생태학적으로 불가능한 것이다. 앞서 내가 언급했듯이 러브로크는 그의 책에서 가이아를 살아 있게 유지하는 순환 과정을 설명한다. 살아 있는 체계가 이용하고 있는 모든 자원들은 에너지만을 예외로 하고 항구적으로 영원히 재순환된다. 자연의 살아 있는 체계는 하나의 닫혀진 원(圓)의 모델에 따라 움직인다. 예를 들어 식물은 산소를 생산하고, 동물은 그것을 소비한다. 반면에 동물은 탄산가스를 생산하고 식물이 그것을 소비한다. 그러므로 한 그루 나무는 나의 간이나 콩팥이나 허파와 같이 내 유기체의 한 기관인 셈이다. 그것은 나의 외부적 기관이고, 나는 나무의 외부적 기관이다. 우리는 하나의 체계이다. 그러나 현대 기술관료 체제는 그렇게 생각하지 않는다. 그것은 전혀 다른 모델, 즉 하나의 무한하고 일방적인 흐름이라는 모델이 따르고 있다. 그것은 한편으로 무한한 자원을, 다른 한편으로는 무한한 쓰레기 쌓기를 상징한다. 물론 기술관료들은 자원이 언젠가는 고갈된다는 것을 안다. 그러나 그들은 말한다. "우리가 석유를 다 써버리면 우리는 핵분열 에너지를 그 다음에는 핵융합 에너지를 개발할 것이다. 그리고 우리가 우리의 모든 철, 구리, 알루미늄, 셀레늄 등등을 다 써버렸을 때 우리는 언제나 대체물을 찾을 수 있다." 그렇게 그들은 무한한 자원을 믿고 있다. 그리고 납이 들어 있는 가솔린과 수은이 포함된 물감 또는 구리와 수은이 들어 있는 살충제 같은 것을 사용한다는 것은 그걸 사용하는 인간이 쓰레기를 무한정 버릴 수 있다고 믿는다는 것을 의미한다. 이러한 납이나 구리나 수은과 같은 물질들은 행성 전체에 걸쳐 획일적으로 원자적으로 뿌려지도록 사용하고 있고, 그 결과 그것들은 결코 회수될 수 없게 된다. 이러한 모델은 미치광이 짓이고 결코 오래 유지될 수 없는 것이다.

자연의 닫혀진 체계에서 쓰레기는 있을 수 없다. 어떤 것의 찌꺼기는 다른 것의 자원이 된다. 인디언들이 숲속에서 배설을 할 때, 그들은 나무들한테 거름을 주는 셈이다. 그러나 산업화된 사회에서 우리가 땅속이나 강으로 오물을 집어넣을 때 우리는 오염을 만들어낸다. 그렇게 되는 것은 우리가 오물을 잘못된 장소에 넣고 있기 때문이다.

위생 기사(技師)들은 생활 쓰레기나 산업 폐기물이 무엇인가 근본적으로 바람직스럽지 않다는 것을 인식하고 그것들을 묻어버릴 수 있는 거대한 폐기물 하치장을 건설하여 그 위에 나무를 심는 일 같은 것을 한다. 그러나 그렇게 한다고 해서 쓰레기가 사라지지 않는다. 그것은 마치 양탄자 밑에 먼지를 쓸어버리는 것과 같다. 이 행성 위에는 바람직스럽지 않은 물질은 아무것도 없다. 우리는 항상 "이걸 가지고 무엇을 할 수 있는가?" 하고 스스로 물어보아야 한다. 그렇게 하는 순간 우리는 사태의 원천으로 갈 수 있을 것이다. 예를 들어 제혁공장은 굉장히 악취가 나고 끈적끈적하고 더러운 잡동사니 폐기물을 생산하는데, 그것에는 약 13퍼센트의 고체 유기물질과 하나의 중금속 크롬이 포함되어 있다. 위생 기사들은 보통 제혁공장에서 나오는 오물을 비우고 파묻을 큰 처리공장을 건설하고, 한편으로는 오염된 물이 강물로 들어가기 전에 어떤 물질을 첨가하여 물을 정화하려고 한다. 그런데 가죽 처리 과정에서 나오는 유기물질이 지금 쓰레기가 되었고, 중금속으로 오염된 이 유기물질은 다음 세대들에게는 대단히 위험하다. 만일 이와 상이한 철학이 적용되었다면 위생 기술자들은 크롬조(槽)에서 크롬을 제거하고 그것을 재순환시키려 했을 것이다. 그들은 가죽 원료가 칼슘과 황화물로 처리될 때 처음의 수조(水槽)에서 유기물질이 나타날 때 그것을 추출했을 것이다. 찌꺼기들은 각기 분리 처리되었을 것이고 쓸모 있게 이용되었을 것이다. 실제 브라질의 어떤 제혁공장에서는 지금 그렇게 하고 있다. 농부들에게 그 찌꺼기 유기물들이 좋은 비료가 될 것이라고 믿게 하는 데 얼마간의 시간이 걸렸다. 그래서 우리는 처음에 그것을 무료로 제공했다. 이제는 농부들이 경쟁적으로 그것을 구입하려고 하며 제혁사업은 추가적인 이익을 올리고 있다.

자원이 무한하고 쓰레기도 무한히 처리할 수 있다는 철학은 바뀌어야 한다. 개방적으로 되어 있는 유일한 흐름은 에너지의 흐름이다. 폐쇄 사이클 속에서 생명 체계들은 햇빛의 열린 흐름에 의해 유지되고 있다. 햇빛은 50억 년이 더 지난 뒤에 종말을 고할 것이지만, 그것이 지속되는 한 이러한 재순환은 말하자면 영원하다. 그러나 유감스럽게도 우리는 전혀 다른 모델을 믿고 있는 것 같다. 그렇지 않으면 어떻게 지금 우리가 하는 것과 같은 일을 할 수 있는가? 우리는 미래를 희생하고서야 생산할 수 있을 뿐인 농업 체계까지 세워놓았다. 예를 들어 우리는 북아프리카, 소련, 플로리다, 북부 브라질의 광산에서 채굴된 인(燐)을 사용하고 있고, 또 우리는 모든 토양의 양분들을 우리의 하수도를 통하여 바다로 씻겨나가게 허용하고 있다.

현대 산업 사회에서 세번째 도그마이자 산업 사회의 가장 중요한 신조 중 하나는 영원한 경제 성장에 대한 믿음이다. 우리가 만일 연 5퍼센트의 경제성장률을 계획하고 4퍼센트밖에 성장하지 못한다면 그것은 위기로 간주된다. 물론 어떤 경우에 성장은 바람직스러운 것일지 모른다. 세 살짜리 아이가 성장을 멈춘다면 그것은 문제일 수 있다. 그러나 57살에도 성장이 계속된다면 그것은 커다란 재난일 것이다. 경제학자들은 우리가 영원히 성장하는 경제를 필요로 하고 있다고 믿는 것으로 보인다. 사이버네틱스의 언어로 말하자면 이것은 포지티브 피드백의 요소를 체계 속에 도입한다는 것을 의미한다. 자연 속에서 우리는 여러 개의 행동 유형을 가지고 있다. 움직이지 않는 것들도 있다. 예를 들어 우주비행사들이 달 표면에서 발견한 돌은 40억 년 이상이나 조금도 움직이지 않았다. 그것은 정적인 상황이다. 동적인 상황 가운데서는 두 개의 양극단이 있다. 하나는 수학자들이 지수(指數) 행동이라고 부르는 것이며 다른 하나는 생태론자들이 항상적(恒常的) 행동이라고 부르는 것이다. 지수 행동은 눈덩이 만들기에서 보는 것과 같은 유형이다. 눈덩이는 포지티브 피드백을 받는다. 눈덩이가 굴러감에 따라 그것은 점점 더 빠르게 구르게 된다. 그런데 이런 종류의 행동은 본질적으로 오래 지탱할 수 없는 것이다. 눈덩이를 영원히 굴린다는 것은 불가능하다. 온 세계 안에 영원히 눈덩이를 굴릴 수 있을 만큼 비탈도 눈도 충분치 않다. 여하튼 그것이 지나치게 거대한 덩어리로 되기 훨씬 전에 눈덩이는 부서지고 굉장한 눈사태를 만들어낼 것이다.

바로 이것이 오늘날 우리가 우리의 경제에 포지티브 피드백을 계속하여 도입하고 있는 한 일어나고 있는 일이다. 이미 우리는 눈사태가 일어날 지점까지 도달하고 있다. 그런데 경제학자들은 여전히 보다 많은 자원을 찾아냄으로써 상황을 개선할 수 있다고 생각하는 것이 분명하다. 그러나 보다 많은 자원은 보다 큰 재앙을 의미할 것이다. 우리가 약간의 시간을 더 벌 수 있을지 모르지만, 시간을 버는 그만큼 제안은

더 지독한 것이다. 우리는 눈덩이 굴리기와 같은 행동을 포기할 필요
가 있다.

우리는 다른 유형의 행동, 지수적 행동이 아니라 항상적 행동으로
나아가야 한다. 인습적인 경제학자들에게—그런데 다행스럽게도 더
이상 인습적이지 않은 많은 경제학자들이 있다—우리가 안정된 상황
을 필요로 한다고 말해줄 때 그들은 즉각적으로 항변한다. "아니오, 우
리는 경기침체를 받아들일 수 없습니다." 그러나 항상성의 상황은 엄
청나게 동적일 수 있다. 우리의 태양은 항상적인 상황이다. 태양 빛은
지난 45억 년간 거의 변함없는 강도로 유지되어왔는데, 그것은 바깥으
로 미는 힘과 안으로 미는 힘이 완전히 균형을 이루고 있기 때문이다.
입구와 출구가 있는 물탱크에는 항상적 상황이 존재한다. 이들 탱크에
는 물이 너무 많이 빠져나갈 때는 코크가 열리고, 너무 많은 물이 들어
올 때는 코크가 닫히는 장치가 입구에 있다. 이것은 네거티브 피드백
이다. 네거티브 피드백이 존재하는 것에서는 굉장히 역동적인 상황이
존재할 수 있다. 엄청난 양의 물이 그 탱크를 통해 흐를 수 있지만 안
정된 상황이 유지된다. 매우 좁은 범위 안에서 수위(水位)가 끊임없이
조정되는 것이다.

마찬가지로 우리는 안정되면서 비정상적인 매우 역동적인 경제를
가질 수 있다. 그러나 우리가 영원한 성장을 믿고 있는 한 그것은 눈덩
이 굴리기가 영원히 계속될 수 있다고 믿는 것과 같은 것이다. 우리 경
제의 영원한 성장에 대한 믿음을 우리가 오래 유지하면 할수록 우리는
우리의 아이들을 위해 그만큼 더 큰 재앙을 준비하고 있는 셈이다.

많은 다른 오류가 있지만 내 생각에 가장 중요한 오류들을 나는 언
급했다. 우리의 아이들을 위한 미래를 우리가 원한다면 우리가 지금

해야 하는 것은 완전히 다른 이데올로기로 변화해가야 하는 것이다. 다행하게도 사람들이 변화하기 시작하고 있다. 예를 들어 많은 사람들이 화폐가 그 자체 가치가 있다는 생각을 포기하고 있다. 불교철학자 앨런 와츠는 언젠가 말하기를 우리가 때때로 그렇다고 생각하지만 실제 현대 산업 사회는 물질적이지 않다고 했다. 우리가 만일 물질적이라면 우리는 지금 우리가 하는 것과 같은 방식으로 물질을 다루지는 않을 것이다. 우리는 아마존 삼림과 같은 경탄스러운 것들을 파괴하지 않을 것이고, 귀중한 물질들을 낭비하고 있지 않을 것이다. 우리는 물질주의자가 아니라 추상론자들이다. 우리는 오직 우리의 책 속에 나와 있는 수치만을 본다. 우리가 만일 진정한 물질주의자라면 우리는 진정한 한계를 볼 것이다. 그런데 우리가 책 속의 수치에만 집중하고 있는 한, 한계란 존재하지 않을 것이다. 일단 우리가 1조(兆)를 적는다면 수만 수억 조를 적는 것도 가능하다. 우리가 지구를 파괴하는 것은 우리가 수치를 믿고 있기 때문이다. 이 사실을 우리가 깨달을 때 우리는 돈이란 것이 일정한 한계 내에서만 흥미로운 것임을 알게 될 것이다. 내 주머니에 10파운드를 가졌다는 것과 500파운드를 가졌다는 것 사이에는 엄청난 차이가 있고, 500파운드와 500만 파운드 사이에는 커다란 차이가 있다. 그러나 내가 10파운드를 가지고 있다면 20파운드가 내게 무슨 소용이 있는가? 다행스럽게도 점점 더 많은 사람들이 이 사실을 주목하기 시작하고 있는데, 이것은 변화에 이바지하게 될 것이다.

우리가 할 수 있는 것들이 많다. 우리는 현재의 농사 방법을 포기하고, 토착적 자원으로 농사를 짓는 법을 배워야 한다. 그것은 유기농법을 해야 한다는 것을 의미한다. 독성물질을 사용하지 않고 지금 수준의 높은 수확률을 유지한다는 것은 완전히 가능하다. 우리는 보다 많은 조림에 착수해야 한다. 그러나 오늘날 우리가 하는 것과 같은 이국종(異國種) 나무로 된 단작(單作)의 방법으로는 안 된다. 우리는 진짜의, 복잡한 자연적인 삼림이 형성되도록 허용해야 한다. 그렇게 하면 열대삼림이나 유럽에 존재했던 토착림과 같은 고도로 균형잡힌 사이버네틱 시스템이 가능해지는 것이다. 우리는 적어도 살아남을 수 있는 모든 형태의 생태계를 보호해야 한다. 우리가 산을 파괴할 때 우리는 식물 공동체 전체를 파괴하는 것이다. 그런 산에는 가장 경탄스러운 형태의 식물 공동체가 있는데, 그것들은 어떤 특정 장소에서만 볼 수 있고 지구상의 다른 어떤 곳에서도 볼 수 없는 토착적인 종(種)들로 이루어져 있다. 그러한 식물들의 삶터를 우리가 제거해버릴 때 그 종들은 사라진다. 하나의 종이 사라지면 우주는 그만큼 가난해진다. 그 종들은 수억 년에 걸쳐 계속되어온 진화의 축적된 지혜를 가지고 있는데, 우리는 그것들이 전혀 아무 의미가 없는 것처럼 파괴를 일삼고 있는 것이다. 우리는 실제 그런 종들이 가이아 속에서 수행하는 기능이 무엇인지도 모른다. 너무나 때늦어서야 우리는 그것을 이해하게 될지 모른다.

우리는 또 우리의 인구를 조정하는 법을 배워야 한다. 우리는 적합한 기질(基質)만 있으면 홍청망청 마구잡이로 증식하는 박테리아처럼 행동하는 것을 계속할 수 없다. 박테리아는 처음에 급속도로 번식을 하지만 어떤 지점에서 갑자기 모두 사멸하고, 그 수효는 다시 거의 영(零)으로 떨어져버린다. 이것이 오늘날 우리의 상황이다.

변화한다는 것은 교육적인 과정이다. 하룻밤 사이에 그것이 일어날 수 없다. 가장 중요한 것 중의 하나는 우리 자신의 테크놀로지를 이해하는 것이다. 오늘날 우리의 생활의 모든 국면은 어떤 종류의 복잡한 기술에 침투되어 있다. 우리는 적어도 즉각적으로는 이 기술을 모두 포기할 수 없고, 모든 기술을 우리가 포기해야 한다고 나는 생각하지도 않는다. 예를 들어 텔레비전이 어떻게 작동하는가에 대해 기술적으로가 아니라 원리상으로 설명할 수 있는 사람이 극소수에 불과하다는 것은 흥미로운 사실이다. 보통의 자동차 엔진과 디젤 엔진 사이의 차이를 설명할 수 있는 사람이 몇이나 될까? 대다수 사람은 이런 것들에 관해 아는 것이 별로 없다. 그리고 좀더 복잡한 것, 예컨대 경제를 유지하고 있는 기술적 하부구조 같은 것에 대해서는 대부분의 사람들은 아무것도 모른다. 얼마나 흥미로운 모순인가! 우리는 고도로 순수하게 기술공학적인 문화 속에 살면서 실제로는 모두 기술공학적으로 까막눈이다. 게다가 우리는 전문가들이다. 이것은 치명적인 상황이고, 그렇다는 것을 우리가 깨닫고 있지 않기 때문에 그만큼 더 위험스럽다. 중세의 기술은 아주 복잡했지만 누구에게나 투명했다. 풍차나 수차(水車)를 이해하기 위해서 방앗간 주인이 될 필요는 없었다. 오늘날 우리들의 대부분은 인간적인 필요를 위해 구상된 기술과 권력자의 이해 관계를 위해 구상된 기술과의 차이를 더이상 구별할 수 없다.

예를 들어 내 고향 브라질 남부에는 커다란 사과와 배 농장이 있고, 다섯 개의 큰 통조림 공장이 있다. 약 십 년 전 수백 명의 여성들이 그 공장들에 고용되어 칼로 과일껍질을 벗기는 일에 종사하였다. 그런데 오늘날 부식성 소다 욕조에 담그는 방법에 의해서 과일껍질은 화학적으로 벗겨지고 있다. 이 새로운 기술을 도입한 경영자는 관습적인 이데올로기에 따라 행동한 것이다. 그가 도입한 것은 효율성의 제고였다. 지금은 두세 사람이 기계를 가지고 수백 명의 여성이 손으로 하던 일을 할 수가 있다. 그는 아마 그의 결정이 윤리나 정치와는 아무런 관계가 없는 단순히 기술적인 것이라고 확신했을지 모른다. 이것은 또하나의 기술관료주의의 암시적인 도그마인데, 그것에 의하면 기술과 과학은 다소간 동의어적(同義語的)이며, 윤리나 정치와는 아무런 관계가 없다는 것이다.

그런데 이 경영자가 화학적인 껍질벗기기 기술을 도입하기로 결정했을 때 그는 실제로 그 지역 사회에 매우 심각한 손상을 야기시킨 것이다. 첫째로, 계절 노동에 저임금이기는 하지만 정말로 그 일자리를 필요로 하는 수백 명의 가난한 여성들이 실직 보상 제도가 없는 나라에서 일자리를 잃었다. 경영자는 빈곤에 이바지하였으므로 하나의 정치적인 행동을 수행한 것이다. 둘째로, 과일껍질이 손으로 벗겨지는 한, 공장 옆의 작은 강은 깨끗하고 수정처럼 맑은 물고기로 가득 차 있었다. 그런데 지금은 지독한 냄새를 풍기는 죽은 하수도가 되었다. 가난한 사람들은 그들이 버는 급료를 잃어버렸을 뿐만 아니라 하나의 자원—강에서 얻는 훌륭한 단백질을 잃어버렸다. 게다가 또다른 상실이 있었다. 과일껍질이 손으로 벗겨지는 동안에는 다섯 개의 공장에서 내놓는 연 5천 톤의 껍질이 돼지의 먹이가 되었고, 돼지는 또한 식량의 한 원천이었다. 그렇게 하여 우리는 일자리와 강과 돼지를 모두 잃어버렸다. 그리고 누가 이득을 취했는가? 오직 그 기업만이다. 그 기술 전문가가 보다 큰 효율성 쪽으로 가기로 결정했을 때 그는 실제로 정치적인 결정을 내린 것이다. 이런 종류의 결정은 오직 지방의회에서만 내려져야 하고, 전체 주민이 그러한 문제를 결정해야 하는 것이다. 아마 세계의 다른 어떤 곳, 예컨대 가난한 사람들이 없는 스톡홀름 같은 곳에서는 그것이 적합했을지 모른다. 그러나 거기서도 폐수처리장을 요구해야 할 것이다.

모든 기술적 결정은 정치적인 결정이다. 그러나 우리는 아직 테크놀로지 하나하나를 사회 전체를 위해 유익한지, 오직 소수의 권력 있는 사람들에게만 좋은 것인지에 따라 분석할 수 있는, 테크놀로지에 대한 필요한 정치적 비판을 가지고 있지 않다. 이것은 우리가 테크놀로지를 포기해야 한다는 것을 의미하는 것이 아니다. 정반대로 우리가 연성(軟性) 테크놀로지, 즉 민중의 이익을 위해 고안된 테크놀로지를 향해 가야 한다는 것을 의미한다. 우리는 그러한 방향으로 진화해 나갈 길을 찾아야 한다.

지금의 곤경으로부터 벗어나려면 우리는 완전히 새로운 경제 모델을 필요로 한다. 그것은 기술전문가적인 사고 방식의 오류를 포기하고, 그 대신 생태학적인 사고 방식에 기초하는 모델인데, 그 속에서는 완전한 재순환이 포함되고 우리가 실제로 가진 에너지, 즉 태양에너지만이 이용되어야 한다. 이 행성 위에서 우리가 가진 모든 항구적으로 지탱 가능한 형태의 에너지, 예컨대 수력 같은 것은, 모두 태양에너지의 형태들이다. 원자를 분열시키거나 우주공간에 패널(panal)을 설치하여 추가적인 태양광선이 이 행성에 반사하도록 하는 수단에 의해서 우리가 외부로부터 에너지를 도입할 때, 우리는 균형을 교란시키고 지구에 너무나 많은 에너지를 투입하기 때문에 커다란 재난에 봉착할 것이다. 무엇보다, 우리에게는 생명에의 외경을 가르치는 새로운 종교가 필요하다. 그것은 알버트 슈바이처나 성 프란체스코가 가르쳤고, 많은 오래된 비기독교 문화, 예컨대 아메리카 인디언들이 실천했던 것이다. 그들은 자연 세계의 모든 것이 하나도 빠짐없이 중요하고, 그들 자신이 전체 생명의 일부라고 믿었다. 우리에게 필요한 것은, 우리가 우리

자신을 자연의 정복자가 아니라 자연의 창기로서 보는 것을 배울 수
있게 하는 가이아적인 종교다.

(『녹색평론선집 1』, 녹색평론사, 1993)

＊이 글은 서강대학교 국어국문학과가 펴낸 『대학국어교정Ⅰ : 읽기』(서강대학교 출판부,
2000)에 수록되어 있다.

5부
정보 사회, 정보기술

정보·미디어·인간

최정호

> "……지금 유우춘(柳遇春)의 거문고는 온 나라가 알고 있지만 오
> 직 이름만 듣고 알고 있을 뿐, 정작 거문고 소리를 듣고 아는 사람이
> 몇이나 되겠는지……
> 기술이 더욱 발전할수록 사람들은 더욱 알지 못하는 것이다……"
>
> —『冷齋集』卷 10

1

언제부터인지 '정보화 사회'란 말이 유행하고 있다. 일본 사람이 지어냈다[1]는 이 말은 이제는 미국 사람이나 유럽 사람들도 스스럼 없이 옮겨 쓰고 있고 우리나라에서도 한국말로서의 시민권을 확보하고 있다. 그러나 이 정보화 사회란 말은 마치 위에 인용한 조선조의 소설 유우춘의 거문고와 마찬가지로 "온 나라가 알고 있지만 이름만 듣고 알고 있을 뿐, 정작 거문고 소리를 듣고 아는 사람이 몇이나 되겠는지……"

---

1) Everet M. Rogers, *Communication Technology: The New Media in Society*, New York & London, 1986, p. 181.

"기술이 더욱 발전할수록 사람들은 더욱 알지 못한다(技益進而人不知)"는 사정은 비단 유우춘이 살던 조선의 옛날에만 국한된 얘기가 아니다.

이른바 '새로운 국제 정보 통신 질서'를 모색하는 유네스코를 위해서 '현대 사회와 커뮤니케이션의 현상 및 장래'에 관하여 성찰한 맥브라이드 위원회의 보고서에서도 "기술의 수준이 고도화되면 될수록 불평등은 커져간다"[2]고 선후진국간의 큰 문제점을 지적하고 있다.

뉴미디어의 기술적 발전이 정보 사회를 낳게 하는 중추적인 추진 수단이 된다고 할 때, 뉴미디어나 정보 사회를 논의하는 오늘날이 유우춘의 옛날과 근본적으로 달라진 점은 대부분 사람들의 '무지'나 '불평' 등을 이제는 그냥 그대로 내버려둘 수 없다고 생각하는 데 있다. 만일 대부분의 사람들이 알지 못해도 좋고 사람과 사람 사이의, 또는 나라와 나라 사이의 불평등이 커져도 좋다고 한다면 '정보 사회'의 논의란 처음부터 무의미한 논의요, 목표를 상실한 공허한 논의라고 하지 않을 수 없다.

2

도대체 정보 사회를 낳고 있는 '뉴미디어'란 무엇인가?
먼저 '미디어'는 두말할 것도 없이 사람들 사이의 생각이나 느낌이

---

2) *Many Voices, One World*, Report by the Intermational Commision for the Study of Communication Problems, UNESCO, Paris, 1980, p. 129.

나 뜻을 전달하는 수단, 곧 커뮤니케이션의 수단을 가리키는 말이다.

'뉴미디어'란 말은 '정보 사회'란 말과 같이 일본 사람들이 만든 말[3]로 영어권에서는 '뉴커뮤니케이션 테크놀로지' 또는 '뉴커뮤니케이션 미디어'라고 일반적으로 불려오다가 근래에 와서는 영어권에서도 강세가 된 일본식 영어를 수용해서 뉴미디어란 말을 쓰고 있는 듯싶다.

비디오 텍스트에서 퍼스컴 네트워크까지, 통신위성에서 광섬유까지 뉴미디어의 구체적인 외연(外延)의 예는 일일이 열거하기가 어려울 정도로 많다. 요컨대 정보를 기호화하고 전달하고 확산하고 제시해주는 새로운 통신기술로서의 뉴미디어는 재래의 매스미디어를 포함한 모든 '올드미디어'보다 정보를 교환하는 속도에서, 정확성에서 그리고 양에서 압도적으로 전진하고 있다는 것이 특색이다. 뿐만 아니라 뉴미디어는 올드미디어와는 달리 음성과 영상과 기타 데이터를 훨씬 효과적으로 통합할 수 있다는 것이 또다른 특징이다.

한편 뉴미디어는 한 세대 전까지만 하더라도 그 구별이 분명했고 또한 그처럼 구별하는 것이 유용하다고 생각했던 ① 기술과 예술 ② 일반적인 것과 특수적인 것 ③ 미디어의 통제와 방임 ④ 정보의 전달과 처리 ⑤ 시간과 공간 ⑥ 능동적인 통제와 수동적인 통제 ⑦ 송신과 수신의 차이를 모호하게 하고 있으며[4] 커뮤니케이션의 개인적 맥락, 조직적 맥락, 그리고 공공의 맥락을 융합시킨다는 지적도 있다.[5] 그러나

---

3) "ニュー−メディアは社會をどうかえる?", 『中央公論』1983年 9月號, 卷末 特輯 座談會, p. 342.

4) 大藏雄之助, 『ニュー−メディア文化論』, 東京, 1986, p. 3.

5) Ronald E. Rice & Associates, *The New Media Communication, Research and Technology*, Beverly Hills, Sodon, New Delhi, 1984, p. 35.

커뮤니케이션의 뉴미디어를 올드미디어에 대해서 특징짓고 있는 그러한 특성이 인간의 사회 문화에 가장 중요한 영향을 미칠 것으로 내다보이는 점은 위에 열거한 기술적인 특징과도 직간접으로 관계되는 다음의 세 가지 점이라 할 수 있다.

첫째는 뉴미디어에 의한 커뮤니케이션의 상호 작용성이다. 재래식 매스미디어는 신문이건 방송이건 독자나 시청자에게 일방적으로 메시지를 전달하고 있었으나 뉴미디어는 쌍방통행의 커뮤니케이션을 가능케 한다는 것이다.

둘째는 뉴미디어에 의한 커뮤니케이션의 비(非)매스화(de-massification) 경향이다. 재래식 '매스'미디어와는 달리 보다 개별화된 메시지가 보다 개별화된 이용자에게 교환될 수 있는 뉴미디어의 이 특성은 또한 개별화의 특색이라고도 일컫고 있다. 이 경우 커뮤니케이션의 흐름에 대한 통제는 정보의 생산자로부터 이용자 쪽으로 이행될 것이라는 지적도 있다.

셋째는 뉴미디어 커뮤니케이션의 비동시성(Asynchronism)의 특성이다. 사람들이 아무 때나 편리한 시간에 메시지를 보내고 받을 수 있는 뉴미디어의 시간 조정 능력은 다시 정보전달 체계에 있어서의 통제를 송신자로부터 수신자 쪽으로 부분적으로 옮겨가게 한다고 풀이되고 있다.[6]

이러한 뉴미디어의 등장과 보급 및 이용은 질과 양 면에서 다 같이 정보 자원의 비약적인 개발·확대를 촉발할 것이고 그것이 또한 고도 정보 문명, 이른바 '정보화 사회'를 가져온다는 것이 일반적인 전망이

---

6) *op. cit.*, p.80.

다. 따라서 여기에서는 한국에도 도래하리라고 예견되는 정보 사회에 있어 이러한 뉴미디어가 어떠한 영향을 미칠 것인가를 알아보기로 하겠다.

3

먼저 분명한 것은 뉴미디어에 있어서는 어느 것이나 '기술'이 선행하고 있고 그의 구체적인 '이용'이나 '서비스'는 미국, 일본과 같은 선진국에서도 아직은 모색 단계에 있다는 사실이다.[7]

뉴미디어는 '하드웨어'가 앞서 개발되어가는 빠른 템포에 '소프트웨어'가 따라가지 못하고 있다는 얘기이다. 따라서 이러한 뉴미디어가 인간 생활과 사회 문화에 어떠한 영향을 미치고 거기서 나올 정보 사회가 어떠한 것이 될지는 아직은 예상과 추론의 단계를 크게 벗어나지 않고 있는 것 같다.

일반적으로 미디어의 영향에 관해서는 논자에 따라, 또 시대에 따라 소효과(minimal effect) 이론, 제한된 효과(limited effect) 이론, 또는 대효과(powerful effect) 이론으로 갈려져왔다. 이러한 미디어의 효과 분석이 다분히 커뮤니케이션 과정을 개인적인 차원에서 선형 모델(linear model)에 따라 미시적인 시각에서 정태적으로 다루고 있었다고 한다면 뉴미디어의 사회 문화적인 영향을 연구하기 위해서는 보다 더 사회적 차원에서 순환적 모델에 따라 거시적인 시각에서 동태적(動

---

7) 大藏雄之助, 앞의 책, p. 212.

態的)으로 다루는 작업이 요청된다고 하겠다. 그러한 연구는 그래서 효과 분석이란 말 대신에 '영향' 또는 '결과' 의 연구란 말을 쓰고도 있다.

그래서 새로운 미디어의 출현이 초래하는 '커뮤니케이션의 혁명' 을 이해하기 위해서는 '인식론의 혁명' 이 요청된다는 얘기까지 제기되고 있다.[8]

현재 이와 같은 뉴미디어의 거시적인 영향에 관해서는 모든 새로운 미디어가 등장할 때마다 늘 그랬던 것처럼 사람들은 크게 낙관론과 비관론의 두 진영으로 갈라지고 있다.

문제는 결국 뉴미디어가 초래할 이른바 정보 사회의 삶이 산업 사회에서의 삶보다 나은 것이 되겠느냐, 못한 것이 되겠느냐 하는 견해의 대립이다.

무비판론적 예찬론은 특히 상업적인 이해 당사자들이 적극적으로 성원해서 오늘날 널리 퍼져 있는 견해이다. 이를 지지하는 사람들은 뉴미디어나 그것이 초래하는 정보 사회의 부정적인 결과에 대해서는 거의 눈을 가리고 있는 것 같다. 그와 대조적으로 비판 과다의 비관론은 새로운 미디어가 언제나 혼란과 불행을 야기한다고 보고 경우에 따라서는 뉴미디어의 생산이나 이용의 '모라토리움' 을 요구하기도 한다. 그러나 비관론의 지지자들은 정보 사회를 긍정적으로 구축하기 위한 건설적인 지침을 제시해주지는 못하고 있다.

일반적으로 인간의 역사는 그의 발전 과정에서 새로운 미디어의 개발을 통한 몇 차례의 획기적인 커뮤니케이션 혁명을 경험해왔다.

다니엘 벨은 그 과정을 말(speech)의 발명, 글(writing)의 발명, 인

---

8) E. M. Rogers, *op. cit.*, p. 161.

쇄(printing)의 발명, 원격통신(telecommunication)의 발명이라는 네 단계로 구분해보면서 '말'은 집단적인 수렵·채취 생활에 중추적인 커뮤니케이션 수단이 되었고, '글'은 농경 사회에서 최초의 도시 성립의 기초가 되었으며, '인쇄술'은 산업 사회로 이끄는 밑기둥이 되었고, '원격통신'은 정보 사회의 토대가 된다고 풀이하고 있다. 벨의 생각은 커뮤니케이션 체계를 교통수송 체계 및 에너지 체계와 함께 사회적인 결집의 핵심적인 하부구조로 보고 있다는 것을 알 수 있다.[9]

한편 로저스는 인간의 커뮤니케이션 발전 과정을 ① 필기 단계(The Writing Era : 기원전 4천년경부터 현재까지) ② 인쇄 단계(The Printing Era : 1456년부터 현재까지) ③ 원격통신 단계(Telecommunication Era : 1844년부터 현재까지) ④ 상호교환통신 단계(Interactivity Communication Era : 1946년부터 현재까지)의 네 단계로 나누고 그 사이에 미디어 발전에 관계되는 27개의 주요 이정표도 들고 있다.[10]

커뮤니케이션의 역사를 공부하는 학도들은 이처럼 새로운 미디어의 발전 과정을 되돌아보면서 몇 가지 일반화할 수 있는 원리들을 추려보고 있다.

첫째는 커뮤니케이션의 역사에 있어 새로운 미디어의 출현은 앞서의 낡은 수단을 소멸·대치하는 것이 아니라 뉴미디어는 올드미디어의 기능을 제한시키거나 특화시킬 따름이라는 것이다.

둘째는 뉴미디어가 출현하게 되면 낡은 미디어에 숙달해 있는 사회적 문화적 엘리트 계층은 새로운 기술의 채택에 빈번히 거부반응을 일

---

9) Daniel Bell, *Communications Technology*, Harvard Business Review, 1979, p. 71.

10) E. M. Rogers, *op. cit.*, pp. 24~26.

으키곤 했다는 사실이다.

셋째는 그럼에도 불구하고 커뮤니케이션의 뉴미디어가 등장하는 시간 간격은 점점 좁혀져가고, 그 뿐만 아니라 새로운 기술의 개발과 보급 사이의 시간 간격도 점차 더욱 좁혀져간다는 점이다.

넷째는 새로운 미디어의 개발은 단순한 기술혁신에 그치지 않고 조만간에 그의 후속 현상으로 심대한 사회혁명을 초래하곤 했다는 사실이다(예를 들면 인쇄 전단과 종교혁명, 잡지 미디어와 프랑스혁명, 신문 미디어와 러시아혁명, 라디오와 히틀러의 등장, TV 토론과 케네디의 당선, 카세트 테이프와 호메이니의 이란혁명 등).

물론 새로운 미디어의 도입이 초래하는 사회적인 영향 가운데엔 바람직스러운 것, 긍정적인 것도 있고, 바람직스럽지 못한 것, 부정적인 것도 있을 수 있다. 거기에는 예측할 수 없었던 것도 있고 예측하지 못했던 것도 있을 수 있다. 현실적으로 새로운 미디어의 도입에는 항용 이러한 두 종류의 영향이 같이 수반된다고 보아야 할 것이다.

4

그렇다면 미래의 정보 사회를 열어줄 뉴미디어가 인간 생활과 사회 문화에 미치리라고 본 영향에 대해서는 어떠한 낙관적인 예상과 비판적인 견해가 대립되고 있는지를 알아보아야 되겠다.

먼저 뉴미디어에 관한 낙관적인 견해로는 바람직하고 예측할 수 있는 영향으로서 앞에 거론했던 뉴미디어의 상호 작용성, 비매스화, 비동시성이 우선 그의 긍정적인 기능으로 평가될 수 있겠다.

이러한 뉴미디어에 바탕을 둔 정보 사회의 미래상에 대해 아마도 가장 매혹적이고 총체적인, 그리고 가장 방대하고 원대한 시나리오를 쓴 것이 토플러의 『제3의 물결』이 아닌가 생각된다. 이분법적으로 단순화해서 본다면 토플러는 문명의 '두번째 물결'이라 하는 산업 사회의 원리(hidden code)가 표준화(규격화), 전문화(분업화), 동시화, 집중화, 극대화, 중앙집중화라고 한다면[11] 문명의 '제3의 물결'이 굽이치는 정보 사회에서는 표준화 대신에 다양화의 원리가, 분업화 대신에 통합화의 원리가, 동시화 대신에 '시간의 비매스화'[12]가, 극대화 대신에 비매스화의 원리가, 그리고 중앙집권화 대신에 분권화의 원리가 지배할 것이라고 내다보고 있다. 요컨대 산업 사회의 원리가 대량생산, 대량전달, 대량소비라고 한다면 정보 사회의 원리는 다품종 소량의 주문생산에 있고 그에 따라 이미지, 미디어, 생산, 소비, 시간〔日課〕, 라이프 스타일 그리고 가치관에 이르기까지 모든 면에서 비매스화, 탈규격화가 이룩되리라고 토플러는 내다보고 있다. 뿐만 아니라 미래 정보 사회에 사는 사람들은 전문화·분업화를 원리로 했던 산업 사회에서는 서로 분리되었던 머리일(head-work)과 손일(hand-work), 추상적인 것과 구체적인 것, 객관성과 주관성 사이의 균형을 갈구하게 될 것이며[13] 그러한 전망 밑에서 정보 사회에는 생산자이자 동시에 소비자인 산비자(産費者, the prosumer)라고 하는 '새로운 인간(homme nouveau)'의 출현조차 예언하고 있다.

결국 뉴미디어의 낙관론자들은 고도정보사회에 있어서는 모든 면에

---

11) Alvin Toffler, *The Third Wave*, New York, 1980, pp. 46~60.

12) *ibid.*, p. 250.

13) *ibid.*, pp. 265~288.

서 분산화가 촉진되고 창조성, 개성이 발휘되며 여가생활은 충실해지고 정신적으로 여유 있는 생활이 실현되며 커뮤니케이션은 확대될 뿐만 아니라 효율화, 활성화, 신속화되어 사회 전반에 풍요로움과 삶의 질적 향상을 가져올 것이라는 얘기이다.

그 반면에 뉴미디어에 대한 비관적 내지는 비판적인 견해로는 그의 소망스럽지 못한 결과로서 다음과 같은 부정적인 측면들이 거론되고 있다.

첫째는 뉴미디어의 도입으로 생산력을 극적으로 제고하는 자동화혁명(OA·FA)은 대량의 일자리를 빼앗아감으로써 대규모의 실업 사태를 유발하리란 전망이다. 여기서는 특히 사무직에 종사하는 사람들이 큰 타격을 받을 것이라 예상된다. 미국의 경우는 80년대에 들어와서 이른바 '하이테크' 활용으로 3백만 명의 새 고용이 창출된 반면 2천5백만 명의 일자리가 소멸된 것으로 알려지고 있다.[14]

뿐만 아니라 뉴미디어의 도입은 중류계급에 속하고 있던 과거의 기능인들의 급격하고 대량적인 기능 상실을 초래해서 그들의 사회경제적인 신분을 전락·격하시키고도 있다. 그 결과 정보 사회의 계급 구조는 농경 사회의 피라미드형, 산업 사회의 다이아몬드형에 비해서 비교적 소수의 사회경제적 엘리트(과학자, 교수 등 정보산업 종사자, 정보산업의 소유·경영자)와 다수의 저임금 노동자로 양극화되어 사회적인 안정의 기둥이 되는 중산층이 몰락한다는 전망도 있다. 바로 내일의 정보 사회는 그를 선구하고 있는 미국의 실리콘 밸리가 보여주는 것처럼

---

14) E. M. Rogers & Judith K. Larson, *Silicon Valley Fever Growth of High-Technology Culture*, New York, 1984.

사회경제적 신분 사이의 불평등이 더욱 커져간다는 얘기이다.[15]

둘째는 뉴미디어의 도입은 과거에도 새로운 미디어가 등장할 때마다 그랬던 것처럼 개인이나 집단 사이에서 정보를 많이 가진 자와 정보를 못 가진 자의 격차를 해소시키는 것이 아니라 오히려 정보의 부익부 빈익빈 현상이라고 하는 이른바 '마타이 효과(Mattew effect)'를 낳는다는 지적이 있다.

설혹 하나의 새로운 미디어가 점차 대중적으로 보급이 된다고 하더라도 그렇게 될 즈음에는 또다른 새 미디어가 등장해서 가진 자와 못 가진 자의 격차를 다시 벌어지게 할 뿐만 아니라 새로운 미디어가 시장에 출회하는 빈도와 그 시간 간격은 갈수록 촉박해져가고 있는 실정이다. 게다가 새로운 미디어가 시장에 출회되는 초기의 가격은 언제나 비싸기 마련이다. 따라서 그러한 뉴미디어를 처음에 수용할 수 있는 사람들이란 오직 사회경제적 엘리트 계층에 국한될 수밖에 없다.

결국 뉴미디어에 의해서 정보 격차가 넓혀지느냐 좁혀지느냐 하는 것은 매우 중요한 공공정책의 문제라 할 것이다. 만약에 이 문제를 시장의 자유경쟁원리에 맡겨버리고 정부가 방임적인 입장을 취한다면 정보의 부익부 빈익빈 현상은 가속화될 우려가 있다는 것이다.

셋째는 뉴미디어의 도입에 의한 정보의 과다·과중 현상도 문제로서 지적되고 있다. 여기에서 정보의 과다·과중 현상이라 함은 개인적인 차원에서나 사회적인 차원에서나 커뮤니케이션 과정에서 정보의 과잉 입력을 처리할 수가 없어 장애 현상을 유발하게 되는 상태를 지칭하는 말이다. 이 문제는 일본의 '정보 사회'의 논의에서도 중요한

---

15) E. M. Rogers, *op. cit.*, p. 166.

관심사가 되고 있을 뿐만 아니라[16] 서독에서도 심각한 쟁점이 되고 있는 것 같다.[17]

전자통신에 의한 정보통신의 급격한 성장률에 비해서 그를 실제로 소화할 수 있는 정보 자료의 성장률은 매우 저조한 것이 사실이다. 시간적으로나 생리적으로나 사람들의 정보 수용 능력은 제한되고 있음에도 불구하고 무제한한 정보를 공급한다는 것은 종종 당초에 기대한 것과는 정반대의 결과를 가져온다는 우려도 있다. 즉 선택의 어려움을 피하고 복잡성을 환원시키기 위해서 언제나 같은 정보 자료만을 수용함으로써 선택의 다양화가 아니라 오히려 선택의 동일화·동질화를 가져온다는 것이다.[18]

요컨대 필요 불필요를 따지지 않는 정보의 과다 범람은 생활의 질서를 문란하게 하고 정보 가치를 스스로 떨어뜨리는 역기능 현상을 야기할 수도 있다는 이야기이다.[19]

그밖에도 뉴미디어에 의한 프라이버시 침해의 문제가 있다. 컴퓨터, 비디오테이프, 포토카피 등 미디어는 유일한 것, 비밀의 것, 사적인 것에 관한 정보를 보다 쉽게 입수하고 복제하고 보존할 수 있게 한다. 따라서 뉴미디어의 등장은 갈수록 프라이버시의 수호를 어렵게 하고 있

16) Youichi Ito, The "Johoka Shakai", *Approach to the Study of Communication in Japan*, Keiho Communication Review Vol. 1, pp. 13~40.

17) Peter Atteslander, *Mehr oder Weniger Demokratie? Durch die neuen Medientechniken droht eine gefährliche Ûberinformation*, Die Zeit. Nr. 52, 1985, S. 42.

18) *ibid.*

19) 濱口惠後, "日本人にとつて高度情報文明とは―情報のデメリットを克服しうる可能性", 『中央公論』, 1986年 6月號, p. 150.

는 것과 마찬가지로 저작권의 효과적인 수호도 어렵게 하고 있다.

결국 뉴미디어는 정보 집중을 통한 관리화 사회를 촉진하고 프라이버시를 침해하고 정보 격차에 의한 새로운 불평등을 확대하고 실업 문제를 유발하고 인간성의 획일화 내지는 인간 소외를 낳을 수도 있다는 것이 비관론의 논의 내용들이다.

5

중요한 것은 그러나 뉴미디어의 기술적인 의미나 가능성이 아니라 그것이 인간에게, 인간을 위해서 무엇이며 어떤 가능성을 줄 수 있느냐 하는 문제 제기이다. 나아가 정보 사회의 논의도 그것이 한국적인 맥락에서 어떠한 가능성을 약속하고 어떠한 문제점을 잉태하고 있느냐 하는 문제 제기가 우리에게는 중요하다.

그렇기에 이러한 문제 제기를 바탕으로 해서 한국적인 맥락에서 바람직스런 정보 사회를 건설하기 위한 몇 가지 명제를 거론해보겠다.

첫째, 정보 사회를 둘러싼 모든 논의에 있어 언제나 인간 중심·인간 존중의 이념이 관철되어야 할 것이다. 뉴미디어의 도입과 운영에 있어서도 인간이 미디어를 위해서가 아니라 미디어가 인간을 위해서 봉사하고 이용되는 사회 제도적인 기반이 마련되어야 할 것이다. 산업 사회가 인간 소외를 낳았다면 정보 사회에서는 인간 회복이 이루어져야 된다는 대원칙을 확립하고 그를 관철해야 할 것이다.

둘째, 그러기 위해서는 뉴미디어의 개발이 경제적 문화적으로 가진 자와 못 가진 자의 격차를 더욱 넓히는 것이 아니라 좁혀갈 수 있도록 공공정책적인 배려가 이루어져야 할 것이다. "테크놀로지가 진보함에 따라 모든 단계에서 고려되어야 될 중요한 본질은 그러한 진보가 사람들 사이의 보다 훌륭한 이해와 국내의 민주화를 촉진하는 데 이용되어야지 기득(旣得)의 이익을 강화하는 데 이용되어서는 안 된다"는 맥브라이드 위원회의 주장은 여기서도 중요한 지침이 된다고 하겠다.[20]

셋째, 뉴미디어는 사람들 사이의 사회 문화적 격차, 정보 격차만이 아니라 한국의 성공적인 산업화의 슬픈 유산인 지역간, 도농간의 발전 격차도 더욱 확대하는 방향이 아니라 그를 축소·해소하는 방향으로 설계되고 이용되어야 할 것이다.

넷째, 뉴미디어의 네트워크는 고려조와 조선조의 1천 년에 걸친 중앙집중적 및 중앙집권적 교통통신 체계(우역망, 봉수망, 파발망)와 개화 이후 1백 년에 걸친, 역시 서울 중심의 교통통신 체계(철도망, 도로망, 전화망)를 시정하고 중화할 수 있는 설계가 되도록 슬기와 결단을 필요로 하고 있다. 뉴미디어는 서울의 비대화와 지방(중소도시)의 사막화를 촉진할 수도 있고 해소할 수도 있는 양면의 가능성을 지니고 있다. 그와 관련해서 고려해야 할 점은, 미국의 데이터 통신은 미대륙의 광대한 국토를 어떻게 관리하고 어떻게 군사적으로 방위할 수 있을 것인가 하는 가능성을 추구하다 개발되었다는 것이다. 그 결과 미국에서는 뉴미디어의 발전으로 마침내 『유에스에이 투데이 *USA Today*』와 같은 전국지가 부산물로 탄생하기도 하였다. 우리는 그와 반대로 지나치게 전국화·획일화된 고밀도의 작은 나라를 어떻게 분산화하고, 다양화하고, 지역화하느냐 하는 가능성의 추구에 뉴미디어의 개발이 이

---

20) Many Voices, *One World*, p. 80.

용되어야 할 것이다.

다섯째, 정보 사회의 발전에 기초가 되는 것은 '상품' 이나 '용역' 이 아니라 바로 '정보'를 생산하고 유통시키는 이른바 '지식산업' 이요, 그의 육성이다. 그리고 그러한 지식산업의 핵심이 되는 것이 바로 대학이다. 대학은 스스로 수행하는 연구, 특히 기초과학의 연구를 통해서 정보를 생산할 뿐만 아니라 정보생산자도 생산해내는 곳이다. 따라서 정보 사회에 있어서 대학의 지위와 가능은 산업 사회에 있어서 공장의 그것에 비유되고 있다.[21] 그렇다면 정보 사회의 발전에는 대학을 육성하는 것이 무엇보다도 중요하다고 하지 않을 수 없다. 산업화 사회를 건설하기 위해서 경제개발 장기계획을 세우고 집중적인 투자를 했던 것과 마찬가지로 이제는 정보화 사회를 건설하기 위해서 연구 · 교육개발 장기계획을 세우고 그를 위해 집중적인 투자를 해야 한다는 것은 매우 현실적이자 긴요한 과제라고 하겠다.

여섯째, 정보통신이란 결국 전달할 정보가 없을 경우에는 '빈혈' 현상을 일으키고 통신 행위는 무의미한 것이 되고 만다. 따라서 뉴미디어의 통신혁명이 가져올 정보 사회의 내실은 전달 · 교환되는 정보의 양과 질에 의해서 결정된다고 해도 과언이 아니다. 그렇기 때문에 중요한 것은 정보 사회를 위해서는 교육의 향상과 함께 보도의 자유, 정보의 자유가 절대적으로 보장되어야 한다는 것이다. 이 점에서 맥브라이드 위원회의 보고서가 지적한 "정부는 아무리 현명하다고 하더라도 국민이 알 필요가 있는 것이 무엇이며, 하물며 국민이 말해도 좋다고 허용할 수 있는 것이 무엇인가를 결정하는 유일한 심판관이 될 수 없

---

21) E. M. Rogers, *op. cit.*, p. 15.

다"는 결론은 아무도 부정하기 어려운 진리라고 할 것이다. 필요한 것은 민간인의 창의와 자발성이 살아날 수 있도록 자유와 기회를 보장해 주는 일이다.

일곱째, 다시 정부와 관계되는 사회적인 통제의 문제가 있다. 뉴미디어의 발전은 다니엘 벨도 우려한 바와 같이 ① 감시기술의 팽대 ② 기록보존 기술의 중앙집권화 ③ 정부의 비밀주의에 의한 중요 정보의 독점 혹은 접근 통제 등이 모두 다 프라이버시의 침해에 대한 우려와 함께 권위주의적인 관리 사회의 강화에 대한 불안을 낳고 있다. 이에 대해서는 역시 민간의 자유와 자율을 극대화하고 관(官)의 통제를 극소화하는 정부의 금욕주의와 그것을 제도화하는 입법조치나 행정관례가 확립되도록 노력해야 될 것이다.

여덟째, 정보 사회의 발전을 위해서는 뉴미디어의 하드웨어에 못지 않게, 아니 그 이상으로 소프트웨어의 개발이 절대적인 중요성을 갖는다. 극장 건물을 짓는 데는 엄청난 투자를 아끼지 않으면서도 공연 프로그램의 지원에는 인색한 문화행정, 대학 건물을 짓는 데는 엄청난 투자를 하면서도 교수 요원의 질적 양적인 확충에는 인색한 공·사립 대학의 정책이 정보 사회의 정책에서까지 반복되어서는 안 될 것이다. 눈에 보이는 것 못지 않게 눈에 보이지 않는 것에 투자를 하고 하이테크 미디어에 못지 않게 그를 다루는 기계 아닌 사람에게도 투자를 해야 할 것이다.

6

　마지막으로 미디어, 정보 커뮤니케이션의 문제를 다시 한번 생각해 보아야 하겠다. 올드미디어나 뉴미디어나 모든 미디어는 결국 사람들 사이의 커뮤니케이션을 위한 미디어이다.

　'커뮤니케이션'은 라틴어의 'Communicatio'란 어원에 있어서나 영어·독일어의 'imparting' 'mit-teilen'이란 말에 있어서나 다 같이 '알림으로써 서로 나눠 갖는다' '지식과 의견, 앎과 뜻에 있어서의 공통성을 창출한다'는 뜻이 함축되어 있다. 다만 지금까지의 '매스미디어'에 있어서는 커뮤니케이션의 메시지가 미디어(신문·방송)로부터 매스(독자·시청자)에게 일방적으로만 전달되어왔기 때문에 우리는 커뮤니케이션을 흔히 화살표 방향의 선형 모델에 따라 생각하는 것이 관례가 됨으로써 본래적인 인간의 커뮤니케이션이 갖는 상호 작용적인 면, 공동체 형성적인 면을 망각해온 것이 사실이다. 따라서 상호 작용적 특성을 갖는 뉴미디어의 출현은 본래적인 커뮤니케이션의 순환적인 '상호 접근(convergence) 모델'을 다시 우리에게 제시해준다고도 볼 수 있다.[22] 뉴미디어는 매스미디어처럼 사람들을 멀리 따로따로 고립시키는 것이 아니라 서로 가까이 연결시켜야 될 것이다.

　정보에는 한편에 사물이나 기호에서 유래하는 정보가 있고 다른 한편에 직접적인 인간 관계에서 유래하는 정보가 있다. 생활의 현장에서 행동하는 주체로서 살아가는 인간에게 의미 있는 중요한 정보란 구체적이요, 주관적인 의미가 부여된 정보, 행동의 차원에서 선택 가능한

---

22) *ibid.*, pp. 199~201.

적실(適實)한 정보이다. 그리고 그처럼 현실적으로 의미 있는 중요한 정보는 고도의 하이테크가 낳은 뉴미디어로부터가 아니라 바로 '경험이 풍부한 사람'으로부터 직접 입수할 수 있는 경우가 많다. 바꿔 말하면 뉴미디어—기계로부터의 정보에 못지 않게 오랜 경험을 축적한 사람으로부터의 정보도 언제나 의미가 있고 중요하다는 얘기이다.

만일 뉴미디어가 피가 통하지 않는 기계의 정보만 조달하고 정보의 과중 또는 과잉 상황에서 그러한 정보를 마지막 선택하는 사람과 사람 사이의 피가 통하는 정보의 소통을 막게 된다면 그것은 불행한 일이다. 원래 '정보'라는 말은 일본의 근대화 과정에서 만들어진 말로 이 말을 처음 쓴 의사이자 작가인 모리 오가이(森歐外)는 '정다움의 알림'이란 뜻으로 이 말을 사용했다는 것이다.[23]

커뮤니케이션이란 앎과 뜻만이 아니라 정다움도 나눠 갖는, 즉 지(知)·정(情)·의(意)를 공유하도록 해주는 기능을 지닌 것이다. 비매스화를 지향하는 뉴미디어는 바로 그러한 인간과 인간의 커뮤니케이션 네트워크의 형성에도 기여하는 것이 바람직하다.

뉴미디어가 개발되고 정보 사회가 실현된다고 해서 사람들이 별안간 더욱 유식해지고 더욱 지혜로워진다고 생각하는 것은 착각이고 교만이다. 지금부터 약 2천5백 년 전에 소크라테스는 이미 그 당시에 소피스트들이 그 기술을 자랑하던 커뮤니케이션의 새로운 미디어인 문자(Logographos)에 대하여 다음과 같은 흥미 있는 우화를 통해서 최초의 미디어 비판을 한 바 있다.

---

23) 濱口惠後, 앞의 논문, p. 157.

이 문자라는 것을 배우면 이집트 사람들의 지혜는 더해가고 사물을 더욱 잘 기억나게 할 것이다. 내가 발견한 것은 기억과 지혜의 비결이기 때문이다.

이처럼 문자를 발명한 신 테우스가 뽐내고 있자, 이집트에 군림하던 왕신(王神) 타무스는 이렇게 대답했다는 것이다.

더할 나위 없는 기술의 주인, 테우스여! 기술에 관계되는 것을 만들어내는 사람들이 따로 있고, 만들어낸 기술이 그를 사용하는 사람에게 어떤 손실과 어떤 이득을 주는가를 판단할 줄 아는 사람이 따로 있는 것이다. 지금도 당신은 문자를 낳은 어버이로서의 애정 때문에 문자가 실제로 지니고 있는 효능과는 정반대의 것을 말하고 있다. 왜냐하면 사람들은 이 문자를 배우게 되면 그것에 의뢰하고 기억력의 훈련을 소홀히 하기 때문에 그들의 영혼 속에는 오히려 망각병이 늘어날 것이기 때문이다……[24]

(『정보화 사회와 우리』, 도서출판 소화, 1995)

---

24) Platon, *Phaidros*, 274c ～275a.

＊이 글은 한국데이타통신(주)이 1987년에 주최한 '뉴미디어 국제 세미나(New Media and Information Society)'의 개막식에서 행한 주제 강연이다. 그후 한림대학교 한림과학원의 연구비 지원에 의해 한림과학총서(30) 『정보화 사회와 우리』(공저)로 출간되었다. 이 글은 위 책에서 재수록한 것이다.

컴퓨터, 사이버 스페이스, 유아론

이봉재

1. 미디어 기술 환경의 변화

우리 시대를 특징짓는 양상 가운데 하나는 정보통신기술의 혁신적 발달과 그로 인한 사회적 문화적 변화들이다. 멀티미디어, 정보 고속도로, 쌍방향 커뮤니케이션, 사이버 스페이스, 가상현실 등 요즘 주목받는 새로운 용어들의 매력은 급변하는 기술·미디어 환경에 대한 우리의 호감과 기대의 표현에 다름아니다. 그러나 지금 정확히 무엇이 변하고 있는지, 이 변화의 미래는 어떠한지에 대해서는 그다지 분명치 않다. 그에 대한 낙관과 비관의 시나리오들은 흔하다. 그러나 그중 어떤 시나리오를 어떠한 이유에서 근거 있다고 보아야 할까를 결정해야 할 지점에 이르면 어렵기만 하다. 현재적 변화가 늘 그렇듯이 변화는 존재하지만 정확한 개념을 얻고 있지 못하기 때문일 것이다.

　　이 글은 오늘날의 변화를 미디어 기술과 그것의 인지적 효과라는 측면에서부터 이해해보려 한다. 정보통신기술의 최근 성과 및 지향은 사이버 스페이스로 개념화해볼 것이다. 사이버 스페이스의 인식론적 효과를 이해하기 위해서는 그 기반 기술이라 할 수 있는 컴퓨터를 분석해볼 필요가 있다. 그것은 상호 작용적 미디어로 해석될 것이다. 미디어로 재해석된 컴퓨터가 갖는 인지적 잠재력은 무엇이며, 그것은 어떻게 사이버 스페이스로 이식되는가? 거기서 어떤 철학적 주제들이 시급한 것으로 드러나는가? 등에 대하여 생각해볼 것이다.

2. 미디어로서의 컴퓨터

　　최근의 정보통신기술의 발달을 사회 과학자들은 컴퓨니케이션(compunication)이란 조어(造語)에 의해 개념화한다. 컴퓨니케이션이란 컴퓨터와 커뮤니케이션의 합성어로서, 컴퓨터라는 고도의 정보 처리 기기가 보편화하는 동시에, 통신기술과 접목되어 커뮤니케이션 도구로 기능 전화되는 것을 말한다. 그로부터 정보화라 불리는 여러 가지 사회 문화적 변화의 기술적 근거가 마련된다. 기능상 컴퓨터는 고성능 계산기일 뿐이다. 디지털 기술이 모든 정보들을 가감 계산하여 가능한 이진 기호로 번역해내고, 그로써 그것은 텍스트 처리 기능까지 하게 된다. 디지털 기술에 기반하여 컴퓨터는 종래에는 이질적인 것으로 보았던 정보 종류들—이미지 정보, 음성 정보, 문자 정보 등—을 통합적으로 처리해준다.[1] 이러한 정보 처리 능력이 통신기술—통신위성 및 광케이블 등—과 결합됨으로써 우리가 현재 예상하는 기대한 변화들이 촉진된다. 종이가 전자매체로 대체되고, 전자은행이 발전함에 따라 지폐가 사라져간다. 텔레비전은 고도로 특화되어 사용자의 요구에 응답하는 커뮤니케이션 채널이 되며, 필요한 모든 정보를 통신망을 통해 접근할 수 있다.

컴퓨터는 이러한 가능성의 중심에 있기 때문에 이 시대의 대표 기술이라 할 수 있다. 그 비중이 더 큰 것일 수도 있다. 미디어학자 볼터(J. Bolter)는 컴퓨터를 시계, 증기기관과 더불어 하나의 문명을 상징하는 '규정 기술(defining technology)'이라고 분류한다. 규정 기술로서의 기술은 한 가지 기능을 탁월하게 해내는 그런 것이 아니다. 그것은 인간 자신의 사유 방식과 세계에 대한 인식을 변화시키는 힘을 갖는다. 시계는 어떤 인간적 의도나 힘도 개입하지 않고 정확하게 작동하는 기계적 구조를 보여줌으로써 당대 자연 해석의 지침이 되었으며, 증기기관은 인공 동력의 가능성을 보여줌으로써 인간의 엄청난 힘과 자연의 상대적 수동성을 부각시켰던 시대의 상징이었다. 우리 시대에는 컴퓨터가 그런 역할을 담당하는데, 인간을 정보 처리기로, 자연을 처리될 정보라고 보는 인지과학의 연구 패러다임이 그 유력한 증거일 것이다. 볼터의 말이 옳다면 컴퓨터 기술의 효과와 의미에 대한 연구는 현대 또는 현대 이후의 문명 전반에 대한 이야기가 될 것이다. 그러나 그런 방대한 이야기 이전에 도대체 컴퓨터가 어떤 내용의 기술인지, 어떤 기능에서 가장 고유한지에 대해서조차 분명치 않은 점이 있다. 이와

---

1) 디지털 기술의 의미는 이 이상이다. 정보의 포맷이 아날로그에서 디지털로 변화함으로써 정보 전송의 효율이 고도로 향상되며, 정보 유형의 차이가 사라짐에 따라 관련 기업군들도 재편된다. 방송사, 영화사, 정보 기술사들이 통폐합되는 최근의 기업 합병은 그런 맥락에서 이해되어야 한다.

관련하여 학문 분야마다 다른 의견들이 제시되어 있다. 고성능 계산기인가? 고성능 사무기기일까? 전례 없는 오락 기계는 아닐까? 혹시 인조 두뇌의 전조(前兆)는 아닐까?

우리가 알고 있듯이 철학자들, 특히 영미의 철학자들은 컴퓨터가 인간처럼 정보 처리를 해낸다는 사실을 주목한다. 인간의 다른 부분(또는 기능)과는 달리 결코 기계에 의해 환치될 수 없다고 믿어왔던 사유 능력마저 기계화가 가능하다는 조짐에 대해 숙고하는 것이다. 그래서 그들의 주제는 "기계도 생각할 수 있는가?"라는 것이었다. 컴퓨터가 겉으로는 아무리 생각하는 것처럼 보여도 그것은 인간의 생각과 같은 성격의 것이 아니다. 인간의 지능은 물리적으로는 복제할 수 없는 것이라는 등의 논변들이 거기서 나온다. 여기서 컴퓨터는 정보 처리 기계이며, 인간과 적대하는 그런 것이다. 컴퓨터가 효율적이면 효율적일수록 인간은 곤혹스러워지는 그런 관계다.

사회과학에는 컴퓨터는 일반적으로 새로운 차원의 자동화 기기로서 개념화된다. 그것은 자동 제어의 능력을 가지며, 뛰어난 정보 처리 능력을 겸비한 자동 생산 기계이자 사무 기기라는 것이다. 그것은 공장 자동화로부터 시작된 생산의 자동화를 완성할 기술로 여겨진다. 그래서 사회과학자들이 컴퓨터와 관련하여 고심하는 핵심적이 주제는 컴퓨터가 인간의 직업을 얼마나 없애버리고 어떻게 변화시킬까 하는 것이다. 경제학자 리프킨(J. Rifkin)이 그려주는 악몽의 시나리오는 이렇다. 오늘날 농업, 제조업, 서비스업 등 경제의 전 부문이 기술 대체를 경험하고 있다. 수많은 사람들이 실업자가 되지만, 새로 생겨나는 직종들―기업가, 과학자, 기술자, 프로그래머, 교육자 컨설턴트 등―은 매우 적은 인원만을 필요로 한다. 그리하여 미래의 세계는 기술과 생산력을 통제하는 엘리트 계층과 희망 없고 경제적 근거를 박탈당한 노동자 계층이라는 '화해할 수 없고 전쟁까지도 불사할' 두 개의 집단으로 분해될 것이다.

이것들은 물론 중요하고도 흥미로운 주제들이나 컴퓨터를 인간의 적(敵)—가공할 힘을 가진 적, 우리를 패퇴시킬 무서운 상대편으로서만 개념화한다는 점에서 편협한 관점들이다. 그것은 마치 기계파괴주의자들인 러다이트(Luddite)의 20세기 판을 보는 것 같다. 그러나 근대의 기계파괴주의자들이 옳았던가? 기술에 대한 올바른 대응 방식이었던가? 그들의 실패를 염두에 둔다면, 컴퓨터를 달리 볼 필요가 있다는 것이 나의 생각이다. 적이 아니라 우리와 더불어 함께 진화하는 '매개'로서 그것을 개념화할 수는 없을까? 그런 방식의 개념화를 굳이 강조하는 것은 그를 통해서만 우리는 정보화와 관련된 진부한 시나리오를 벗어날 수 있기 때문이다. 정보화에 대한 낙관과 비관은 대개 우리와 컴퓨터 간의 대결에서 컴퓨터가 이기고, 그 승리의 결과가 어떻게 나타나는가에 대한 이야기들이다.[2]

적이 아닌 것으로서의 컴퓨터, 그것은 '미디어'로 개념화해볼 수 있

---

2) 이러한 관점은 정치적 의미를 가질 수도 있다. 좌파 정치철학자 핀버그(A. Feenberg)에 따르면, 컴퓨터의 이해 방식은 그 자체로 하나의 정치적 행위이다. 그에 따르면 컴퓨터를 계산 도구, 인공지능으로 개념화하는 것은 컴퓨터와 인간을 대립시키며, 그 대결의 결과는 대개 컴퓨터 기술의 승리로 끝나는 비관적이고 숙명론적인 관점으로 귀결되는 반면, 컴퓨터를 미디어로 개념화할 경우 컴퓨터는 우리의 적대자가 아니라 새로운 우리의 문화적 파트너로 이해되며, 거기서 기술이란 우리의 운명을 결정짓는 낯선 힘이 아니라 우리와 더불어 미래를 개척해나갈 동반자가 된다. 기술이 우리와 함께 미래를 만들어가는 힘으로 파악될 때, 역사 결정론을 넘어서는 사회주의적 변혁의 가능성마저 엿볼 수 있다는 것이 핀버그의 논점이다.

다. 미디어란 엄밀히 정의되어 있지 않은 개념인데, 일단 인간들 상호 간의 정보 전달 및 의사소통의 기계적 물질적 수단이라는 통념적인 의미로 간주해두자. 역사적으로 보면 미디어는 인간의 정보와 만나는 방식을 변화시킨다. 이전의 대표적인 미디어들—문자, 인쇄 기술, 전기전자매체들— 은 우리의 정보 처리를 보조해준다. 문자는 정보의 보존을, 인쇄는 정보의 양적 확산을, 전기전자매체는 정보의 전달 속도를 획기적으로 개선시켜주었다. 그로써 우리의 정보 처리 능력은 고도로 향상되었다. 그러나 컴퓨터는 그와 다르다. 그것은 우리의 정보 처리를 보조할 뿐 아니라 정보 처리를 '더불어' 한다. 컴퓨터는 사용자가 키보드 조작을 통해 미디어에 반응하지 않고서는 작동하지 않는다는 구조적 특성을 갖는다. 키보드나 마우스를 통하여 우리는 컴퓨터의 세계를 통제하고, 컴퓨터의 계산이 우리의 판단과 접합되도록 지시할 수 있다. 그리하여 우리는 판단하고 컴퓨터는 그 판단에 필요한 계산을 대행하며, 우리는 그 결과를 가지고 다시 판단한다. 이때 인간 유기체의 입출력과 컴퓨터의 입출력은 하나의 피드백을 형성한다. 이는 정보를 보관해주고 전송해주는 능력과는 전혀 다른 것이다.

다시 말해서 컴퓨터는 그것의 정보 처리 능력뿐 아니라 그 정보 처리가 우리의 판단이나 행위와 연관되는 방식에서 특별한 것이다. 미디어 학자들이 흔히 상호 작용성(interactivity)이라 부르는 이 요소에 의해 컴퓨터는 탁월한 도구를 넘어서 '의식의 유기적 연장(延長, organic extension of consciousness)'이 된다. 온도와 습도가 잘 통제되는 널찍한 방 안에 홀로 서서 미친 듯이 계산해대는 슈퍼 컴퓨터의 이미지는 오늘날 적절하지 않다. 퍼스널 컴퓨터로서의 그것은 상호 작용성으로 특징되는 미디어다. 이제 컴퓨터는 우리 옆에서 우리의 판단을 시시

각각으로 도와주는 친구이다. '상호 작용성'이란 나와 컴퓨터의 친교
관계에 대한 이름이다.

3. 상호 작용성의 인식론 : 컴퓨터 게임 분석

친구라고 해서 다 좋은 것은 아니다. 컴퓨터의 상호 작용적 특성은
컴퓨터와 우리의 관계, 다시 말해 기계-인간 관계의 문을 열어준다.
그러나 그 문으로 무엇이 들어올지는 알 수 없다. 이 문제를 연구하기
위한 좋은 예로 컴퓨터 게임을 들 수 있다. 컴퓨터 게임은 컴퓨터의 상
호 작용성이 허용하는 능동적 개입의 요인에 모험의 스토리, 지적 탐
구(또는 퍼즐 풀이)의 구조, 동화상의 화려함과 속도 등의 요소가 결합
되어 있는 창조된 새로운 형태의 오락이다. 그 속에서 우리들은 신나
는 모험과 탐구의 재미, 복잡한 퍼즐을 풀 때의 몰두와 피곤함이 가득
한 쾌감을 맛보곤 하는데, 그것은 대개 너무 강렬해서 문제가 된다. 컴
퓨터 게임을 해본 사람이라면 누구라도 알 수 있듯이, 게임의 시작은
쉽지만 끝내기는 정말 어렵다. 게임을 증오하면서도, 멈춰야 한다고
이것 때문에 내일 일을 망친다고 불평하면서도 모니터를 끌 수 없다.
사회 심리학자 터클(S. Turkle)에 따르면, 게임광들은 게임을 다른 오
락이 아니라 마약, 섹스, 종교적 명상에 비유한다고 한다.[3] 그것은 일
반적인 의미의 오락과 다르다. 즐길 수 있는 것이 아니라 '중독되는'

---

3) 게임에서 집중은 너무나 특별한 것이어서, 어떤 사람들은 그것을 일종의 명상, 즉 고도
의 집중에서 얻은 종교적 체험에 비유하기도 한다. "그것은 선(禪)에서 말하는 순간이다.
곧 나 자신을 고도로 집중시키면서도 전혀 집중하고 있음을 느끼지 않는 순간"이다.

것이고 '사로잡히는' 것이다. 궁금한 것은 이 강도 높은 흡인력이 어디에서 오는가 하는 점이다.

컴퓨터 게임에서 상호 작용성이란 제한적인 형태의 것이다. 게임의 전개 방식은 이미 프로그램화되어 있지만, 게임하는 사람이 게임의 과정(또는 이야기)에 개입할 수 있고, 그 개입 방식에 따라 게임의 전개 방향이 결정되는 식이다. 물론 놀이와 오락에서 상호 작용성이란 진부할 만큼 흔한 것이다. 바둑이 그렇고, 카드 게임이 그렇고, 스포츠가 그렇고, 도박이 그렇다. 사람이 사람과 함께 하는 모든 활동은 상호 작용적이다. 그렇다면 컴퓨터 게임에서 새로운 점은 기계를 매개로 하는 (또는 기계를 상대로 하는) 게임이 상호 작용성을 갖게 되었다는 점이며, 이는 컴퓨터 게임의 세대를 길러준 이전의 텔레비전이 지극히 수동적인 시청밖에는 허용하지 않았다는 점과 비교할 때, 특히 두드러져 보인다. 컴퓨터 게임은 텔레비전의 시각적 다이내미즘을 능동적 참여의 계기와 결합시킨 형식이다.

그렇게 재미있던 텔레비전이 이제는 상호 작용성이라는 덕목을 더 가지게 된 것이다. 이 새로운 요소가 어떤 기능을 할까?[4] 이를 분석하기 위해서 컴퓨터 게임을 영화와 비교해보자. 많은 컴퓨터 게임들, 특히 어드벤처 게임들(정해진 스토리를 따라 모험을 즐기며 과제를 완수하

---

4) 상호 작용성이 무조건 재미를 배가시킬 수 있는 요소라고 말할 수는 없다. 적어도 성인의 경우에 정적 관조적 오락 형태가 갖는 매력은 상당하다. 그러나 아이들에게 상호 작용성은 대단한 매력의 요소이다. 박물관, 동물원, 야외 여행에서 드러나는 아이들의 형태에 대한 조사에 따르면, 아이들이 상호 작용할 수 있는 대상에 훨씬 많은 관심을 보인다고 한다. 동물원에서 아이들은 철책 너머 멀리 놓여 있는 이국적(異國的)인 동물보다는 가깝게 손댈 수 있는 비둘기, 다람쥐 등에 더 흥미를 가진다는 것이다. 아이들이 거의 일률적으로 텔레비전보다 게임을 더 좋아한다는 사실을 이렇게 이해할 수 있다.

는 형태의 게임)은 영화의 스토리를 빌리는 경우가 많다. 그래서 영화와 유사해 보이는데, 그럼에도 불구하고 컴퓨터 게임의 인지적 효과는 상호 작용성에 의해 영화의 그것과 근본적으로 달라진다.

일반적인 영화는 독자적인 서사(敍事, narrative)의 흐름을 갖고 있다. 그래서 좋은 영화일 경우 시청자는 그 흐름에 몰입하게 된다. 영화로부터의 감명은 그 서사의 흐름 속에서 이루어진다. 좋은 영화가 끝났을 때 느끼는 아쉬움은 하나였던 일체감이 해체되는 아픔의 그것이다. 영화가 갑자기 중단되었을 때 시청자가 느끼는 분노의 강도가 역설적으로 그 몰입 상태의 강도를 보여준다. 그러나 게임은 이와 다르다. 상호 작용적 게임은 본질적으로 그 진행이 'stop/go'의 구조로 이루어진다. 사용자가 게임의 흐름을 멈추고 어떤 행위를 취하면, 그에 따라 게임이 다시 진행되는 식이다. 게임은 본질적으로 단절의 체험 구조 위에서 이루어진다. 단절은 몰입의 기제가 아니므로, 게임에서 사용자는 영화에서 느낀 몰입의 행복을 누릴 수 없다.

일반적인 경우 영화 스토리에 몰입하는 것은 주인공 또는 마음에 드는 특정 역할에 대한 감정 이입적인 몰입이다. 샐리가 해리를 만날까, 이번에 만나면 어떤 말을 할까, 그것을 기다리면서 그 어색함, 초조함을 함께 누린다. 그러나 예를 들어 어드벤처 게임에서 주인공의 행위를 게임자가 결정하게 된다면, 그것도 게임 속의 상황에 따라 달리 결정하게 된다면 그런 식의 몰입 구조는 있기 어렵다. 게임 속의 행위자와 게임자는 몰입이라는 말이 가능한 '간격'을 갖지 못하기 때문이다. 내가 그리고 나의 전자 대행자가 특별한 능력을 가진 채 무시무시한 (그러면서도 꿈이 안전하듯 안전한) 탐험의 환경 속에 뛰어든 것이지, 그 자체로 살아 있고 움직이는 가상의 행위자, 매력적인 타인으로 느껴지는 행위자에게 나를 이입(移入)시키는 것이 아니기 때문이다.

　그렇다면 게임에 몰두하는 것은 어떻게 이해할 수 있을까? 영화적 몰입이 아닌 다른 방식의 몰입, 게임적 몰입의 방식은 무엇일까? 여기서 문학이론가 프리드먼(T. Friedman)의 의견을 들어보자. 프리드먼은 시뮬레이션 게임의 분석을 통해 게임자가 어떤 역할이 아닌 '과정' 자체에 몰입하게 되는 구조를 그려 보이고 있다. 예를 들어 도시 건설 과정을 시뮬레이션하는 심시티라는 (시뮬레이션) 게임에서 게임자는 수많은 프로젝트를 관리하고 집행한다. 도로를 건설하고 발전소를 건설하며, 수도 배관도 설계한다. 사람들이 많이 모이면 학교나 경찰서, 레크리에이션 센터도 지어주어야 한다. 이 게임은 영화와 전혀 다른 구조를 가졌으면서도 대단히 반응이 좋았던 프로그램인데, 여기서 게임자는 어떻게 게임에 집중하는가? 그 진행 구조는 이렇다. 게임자가 관리하는 여러 개의 프로젝트가 동시에 진행되며, 하나하나의 프로젝트 집행은 새로운 문제를 만들어낸다. 충분한 도로망을 만들어놓아 사람들이 많이 모이면 전력과 물이 부족해지고, 전력과 물을 공급하면 문화 기반 시설도 보충해야 하고, 그러다보면 도시에서 사용할 수 있는 부지가 부족해지고 등등. 한 가지 프로젝트의 집행이 야기하는 문제에 대한 해답은 다른 프로젝트에 영향을 주고, 그 영향이 다시 문제를 만드는 식으로 계속 진행된다. 말하자면 게임은 문제의 끊임없는 산출, 해결, 산출이라는 구조(과정)를 가지고 있고, 그렇기 때문에 게임자는 그것을 중단하기가 대단히 어렵다. 이때 빠져듦은 어떤 역할에 빠져드는 것이 아니다. 심시티에서 게임자는 시장이나 도시 설계자의 어떤 역할에 비유되곤 하지만, 실제로 그가 관여하는 프로젝트의 성격이나 종류를 보면 게임자가 어떤 고정된 역할을 한다고 보기 어렵다.

게임자는 프로젝트에 따라 도로를 내기도 하고, 경찰의 역할을 하며, 땅을 구입하는 등 계속 자신의 역할을 변화시키고 있으며, 거기서 일관되는 것은 꼬리를 물고 이어지는 문제의 흐름, 즉 과정일 뿐이다.

사건이 아닌 과정에 빠져듦으로써 게임자는 밤을 꼬박 새우게 된다. 우리는 피곤해하기도 하고, 지겨워하기도 하지만 게임을 끝내지는 못한다. 그것은 이미 게임자가 게임의 과정과 하나가 되었기 때문이다. 그런데 과정이란 무엇인가? 우리가 컴퓨터에 대해 작용하고, 컴퓨터 내의 프로그램들이 다른 문제로서 답하는 그 상호 작용의 연속적인 계열을 말하는 것 아닌가? 그렇다면 컴퓨터 게임이 펼쳐놓는 소프트웨어와 게임자 간의 상호 작용성이야말로 게임자를 꽁꽁 묶어놓는 비밀의 끈이다.

물론 컴퓨터 게임의 재미가 오로지 컴퓨터의 상호 작용성에 의해 만들어지지는 않는다. 여러 가지 소프트웨어 기법들이 상호 작용성의 힘을 보완해준다. 컴퓨터 게임에서 상호 작용의 구조는 단계적으로 전개된다. 모든 컴퓨터 게임은 게임자의 기교를 기준으로 하여 여러 가지 난이도의 단계를 설치해둔다. 이 난이도의 단계가 게임자들을 게임에 붙들어두는 강력한 요인 가운데 하나다. 이와 같은 단계들이 있기 때문에 게임은 다채로워지고, 게임자들에게는 성취감을 준다. 뿐만 아니라 다음 단계에 대한 기대감을 유발하는 효과 또한 거둔다. 이 단계적 구성의 기법은 여러모로 의미 심장하다. 여러 수준의 대상자들은 하나의 게임을 어려움 없이 즐길 수 있고, 게임자들이 좀더 즐겁고 좌절감 없이 게임의 난이도를 높여갈 수 있는 효과적인 시스템이기 때문이다. 개개인의 능력 차나 이해력 때문에 나타나는 학습 속도, 수준의 문제를 상당 부분 우회할 수 있다는 점에서 이것은 인상적인 학습 구조마

저 시사해준다. 그럼에도 불구하고 컴퓨터 게임의 매력은 상호 작용성
에서 그 원천을 찾아야 한다.[5]

컴퓨터 게임으로부터 얻는 재미는 결코 감각적인 것이 아니다. 그래
픽이 아무리 화려하고 사운드가 아무리 현란해도 그것은 컴퓨터 게임
의 본질이 아니다. 화면과 키보드를 통해 전송되는 감각적 자극에 대
한 판단, 그 판단에 대한 컴퓨터의 반응 과정과 그 과정을 질주하는 속
도감 등으로 구성되는 새로운 형태의 인간-기계 상호 작용성에서 모
든 것이 시작된다고 보아야 한다.

4. 사이버 스페이스

오늘날 사이버 스페이스는 우리의 기술적 미래를 상징하는 개념이
다—그러므로 절대로 지금의 현실은 아니다—그러나 그것의 정확한
의미는 분별되어 있지 않다. 그것은 흔히 가상현실(virtual reality)과
혼용해 쓴다. 그렇지만 동의어라고 볼 수 없다. 그것들의 공통점은 멀
티미디어 시스템에 기반을 둔다는 것이다. 개념으로서의 멀티미디어
는 모든 정보 유형을 자유롭게 처리, 소통할 수 있게 해주는 커뮤니케

---

5) 컴퓨터 게임의 상호 작용성은 게임 유형에 따라 다른 내용을 갖는다. 단순한 슈팅 게임에
서는 자극 반응적 형태를 띠지만 롤 플레잉, 시뮬레이션에 이르면 지적 판단과 반응을 요구
한다. 그것은 또한 여러 가지 수준으로 구현될 수 있다. 간단하게는 몇 개의 갈림길을 설정
하고는 거기서의 선택이 그 게임의 계속 여부를 결정짓는 유형으로부터, 복잡하게는 게임
의 등장인물과 그 능력, 게임의 롤 등을 모두 게임자가 지정할 수 있는 형식의 게임도 가능
할 것이다. 그 중간 형태로는 등장인물과 기본 룰은 고정된 채, 게임자가 그에 준하여 여러
가지 장애들에 능동적으로 대처해가는 게임 유형(가장 일반적인 유형이다)을 늘 수 있다.

이션 시스템이며,[6] 그것에 의해 열리는 특별한 '공간'이 사이버 스페이스다. 이념으로서의 사이버 스페이스는 아마도 이런 것이다.

"전 지구적 범위로 네트워크된, 컴퓨터에 의해 유지되며 컴퓨터에 의해 접근 가능한, 그리고 컴퓨터가 만들어내는, 다차원적이며 인공적 또는 '가상적인'" 어떤 공간, 물론 이때의 공간은 일단은 은유다. 이 용어를 만들었다고 알려져 있는 윌리엄 깁슨(W. Gibson)이라는 SF 작가에 따르면 그것은 "합의된 환각(으로서) 진정한 의미의 장소가 아니다. 공간도 아니다. 관념적(notional) 공간이다".

사이버 스페이스에서 네트워크와 연결된 모든 컴퓨터들은 하나의 창(窓)이다. 그 너머 보이거나 들리는 모든 대상들은 본질적으로 정보인데, 그것들은 문자로만 이루어지지 않는다. 그것들은 감각 보조 장치(아이폰, 데이터 장갑, 헬멧 형 디스플레이 등)를 통해서 우리가 만지고 느낄 수 있는 형태의 기묘한 '실체'다. 이렇게 정보를 감지할 수 있는 형태로 전환시키는 인터페이스 기술이 가상현실의 원래 의미다. 가상현실 기술을 통해 정보는 종래의 것과 전혀 다른 것이 된다. 기존 정보는 어떤 물질적 용기(容器)에 부착되어 있으며, 원래의 용기를 벗어날 경우에는 읽을 줄 아는 사람만이 이해할 수 있는 추상적 문자로 표현된다. 사이버 스페이스에서 정보는 그것의 물질적 지주(支柱)로부터 추출되면서도 감각의 형태를 보전할 수 있으리라고 약속한다. 그

---

6) 멀티미디어란 컴퓨터 기술, 통신기술, 인터페이스 기술 등이 종합되어 나타나는 복합 기능의 미디어에 대한 통칭이다. 개념상 멀티미디어 시스템은 컴퓨터 터미널을 이용하여 어떤 종류의 정보라도 거리와 무관하게 주고받을 수 있게 해준다. 필름, 비디오, 3차원 홀로그래픽, 시뮬레이션, 이미지, 음성, 문자 등 모든 유형의 정보를 저장, 처리, 전송할 수 있게 해주는 미래의 커뮤니케이션 시스템이다.

정보는 여전히 유용하면서도 누구나 읽을 수 있는 그런 것이다. 그런 의미에서 가상현실, 사이버 스페이스는 전혀 새로운 단계의 커뮤니케이션 미디어다.[7]

이제 사이버 스페이스를 기술적으로 정의해보자. 그것은 가상현실 기법과 네트워크의 결합이 만들어내는 매체 매개적(media-midiate) '공간'을 말한다. 그 공간의 거주자는 정보이며, 정보가 물질과 다른 존재론적 성격을 갖기 때문에 그곳의 축, 좌표, 차원은 현실의 그것과 같지 않다. 물질적 토대로부터 벗어날 수 있는 공간이라는 의미로부터 사이버 스페이스는 그 예찬자들에 의해 자유의 공간, 상상력의 공간, 이성의 공간으로 선전된다. 그것은 물질적 공간을 가로질러 가지 않을 수 없기 때문에 생겨나는 '모든 비능률, 화학적인 오염 및 정보 자체의 오염, 그리고 부패로부터' 우리의 세계를 구제하고 정화시키는 것이라고 선전된다. 순수한 정보의 공간으로서 그것은 피부색도 문제되지 않으며, 성별도 구분되지 않고, 폭력의 위협도 없으며, 거절당할 걱정 없이 타인에게 말을 걸 수 있는 자유의 공간이다. 각기 고립되어 있으나 굉장한 정보 능력을 가진 사람들이 폭력이나 감염의 위험 없이 만나 이야기할 수 있는 공간으로서의 그것은 부활한 '전자 광장(electronic agora)' 처럼 보이기도 한다.[8]

---

7) 사이버 스페이스에서 정보가 갖는 독특한 존재론적 · 인식론적 성격에 근거하여, 문자 이전 시대의 육체적 활동과 문자 시대의 상징적 활동의 장점을 결합하는 시대로서의 '탈문자 시대(post-literate era)' 의 도래를 말하는 학자도 있다.

8) 이런 맥락에서 사이버 스페이스는 이상향으로서 개념화되기도 한다. "(타락 이전의) 에덴이 우리의 순진함, 아니 무지 상태를 나타낸다면, '천상의 도시' 는 우리의 지혜, 지식 상태를 나타낸다. 에덴이 자연 물질계와 우리의 친밀한 접촉을 나타낸다면, '천상의 도시' 는 우리가 물질성과 자연 모두를 초월함을 나타낸다. 에덴이 상징화되지 않은 비사회

그러나 과연 그런가? 현실의 사이버 스페이스는 전혀 낙관적이지 않다는 점에서 충격적이다. 우리가 알고 있듯이 사이버 스페이스의 초창기 원형·통신 공간은 언어적 폭력, 절제되지 않은 음란성, 무의미한 시간 낭비가 난무하는 곳이다. 문화평론가 슬로카(M. Slouka)가 표현한 것처럼 그곳은 "모든 잠재적 미덕이 가지고 있던 어둠이 두 배가 되는 곳, 자유가 능욕당하고 괴롭힐 자유가 되는 곳, 익명성은 음란 전화의 익명성이 되고 물리적 육체로부터의 자유는 다른 누군가의 가상의 육체를 고문하기 위한 초대장이 되는 그런 세계"다. 사이버 스페이스의 어떤 찬양자들은 새로운 멀티미디어들이 개인주의와 창조성을, 민주주의를, 자본주의를 풍요롭게 하리라고 전망하곤 하였다. 온라인 커뮤니케이션의 능동성과 텔레비전의 손쉬운 해독력이 결합되는 효과가 놀랄 정도라는 것이다. 그러나 우리가 인터넷, CA TV 등으로부터 보게 되는 것은 정반대이다. 텔레비전의 가장 나쁜 것들—중독성, 수동성—과 온라인 커뮤니케이션의 가장 나쁜 것—피상적인 것에 대한 자의식적 탐닉, 잡담의 문화와, 견제되지 않는 충동—이 결합된 전혀 새로운 타락이 나타나고 있다.

궁금한 것은 이것이다. 왜 긍정적 가능성은 뒤편으로 밀려나고 그 어둠만이 실현되는 것일까? 인간성의 악한 본질 때문일까? 그렇다면 진부한 문제다. 그 문제라면 여기서 군이 따질 필요가 없다. 우리가 생

적 현실의 세계를 나타낸다면, '천상의 도시' 는 개화된 인간 상호 작용과 형식의 정보의 세계를 나타낸다 그래서 성서의 에덴을 상상의 것이라 할 때, '천상의 도시' 는 이중적으로 상상적이다. 첫째 그것은 실제가 아니라는 관습적인 의미에서 상상적이며, 둘째로는 그것은 어디까지나 정보로 이루어졌고 따라서 가상현실에서만, 다시 말해 '상상 속' 에서만 온전히 존재할 수 있다는 뜻에서 상상적인 것이다. '천상의 도시' 라는 이미지는 사실 사이버 스페이스의 종교적 비전이다."

각해야 할 것은 컴퓨터의 미디어적 특성이 이 난맥상에 어느 정도 책임 있지 않은가 하는 물음이다.

5. 시공간 순치(順致)와 유아론(唯我論)

널리 알려진 맥루한(H. M. McLuhan)의 명제─'미디어는 메시지이다'─에 따르면 미디어의 가장 중요한 인식론적 효과는 전달되는 내용보다는 오히려 미디어의 형식에서 야기된다. 그렇다면 컴퓨터, 상호 작용성이라는 미디어 형식에서도 의미 심장한 인식론적 효과가 나온다고 보아야 한다. 사이버 스페이스에서 그것은 무엇일까? 사이버 스페이스에서 컴퓨터의 상호 작용성은 상상할 수 없을 정도의 사실감을 인공적으로 만들어낼 수 있는 능력의 원천이다. 생생한 이미지만 가지고 현실감을 만들어낼 수 없다. 컴퓨터 게임 앞에서 우리는 특별한 현상을 마주하곤 한다.

우리는 드물지 않게 컴퓨터라는 기계, 그리고 게임 소프트웨어를 인격체처럼 말한다. "영리한데!" "멍청이!" "대단한 놈이군!" 등. 이것은 컴퓨터 프로그램이 우리에게 '반응'하기 때문에 나타나는 현상이다. 나의 행위가 상대방의 반응을 통해 되돌아오는 피드백 과정을 나의 상상력은 단지 프로그램일 뿐인 상대방을 살아 있는 것으로 여기곤 한다.

이 인공현실은 어떤 의미에서는 진짜 현실보다 우월하다. 그것은 축축하지 않으며, 먼지도 없고, 귀찮은 부모나 선생님도 없는 공간이다. 그렇게 '정화(淨化)된' 현실이다. 최근의 다마고치 열풍이 그 예를 보여준다. 그것은 인공의 전자 병아리를 키우는 프로그램인데, 그 그래픽은 단순하기만 하다. 그렇지만 이 전자 병아리는 깃털도 날리지 않고, 똥은 싸지만 그것으로 집 안을 더럽히지도 않고, 호주머니에 넣고 다닐 수 있다. 그래서 시제 병아리보다 깨끗하고 '귀엽다'. 내가 접했던 게임 매니아들은 이구동성으로 게임의 세계를 '깨끗하다' 또는 '순수하다' 고 표현했다. 어떤 변칙도 허용되지 않으며, 철저히 게임 룰이 지배하는, 그러면서도 현실의 불필요한 디테일이 제거된 '정화된' 공간이라는 의미일 것이다. 다마고치라는 기계 속의 병아리처럼 깨끗하고 엄밀한 규칙에 의해 지배되는 세계에 대한 애정의 표현이라고 생각된다.

가상의 공간은 정화되었을 뿐 아니라 순치된 것이기 때문에 더욱 가상적이다. 사진이나 영화 속의 영상도 가상현실이다. 그러나 그것은 우리가 변형시킬 수 없는, 객관성으로서의 가상이다. 컴퓨터, 사이버스페이스에서는 사정이 다르다. 모니터 위에 나타나는 영상은 조작할 수 있으며, 불러올 수 있고, 쫓아 보낼 수 있다. 모니터에서는 모든 장소와 사람, 시간이 소환될 수 있다. 그렇게 할 수 있기 위해서는 시공간이 압축되어야 한다.

컴퓨터에서 모든 공간, 모든 거리는 나와 키보드, 나와 마우스 간의 거리로 재조정되어 있다. 마우스까지만 갈 수 있다면, 나는 아무 곳이나 갈 수 있고, 어디로부터 떠나올 수 있다. 그 공간에서 거리는 컴퓨터가 반응하는 약간의 시간이라는 의미밖에 갖지 않으며, 따라서 겪어야 하는 거리로서의 공간이라는 의미는 존재하지 않는다. 공간과 더불어 시간도 압축된다. 컴퓨터 게임에서 그것이 잘 드러난다. 컴퓨터 게임의 재미는 사용자의 판단(조작)과 피드백되는 결과 사이의 시간적

간격이 압축됨으로써만 가능하다. 예를 들어 축구 게임에서는 내가 우
리편 골대에서 상대편 골대에 이르는 과정을 극단적으로 압축해놓는
다. 나는 한두 번의 행위를 통하여 상대방 골문 앞에 이르게 되며, 그
래서 상배방의 슛을 막거나 슛을 날리는 극점(極點) 사이를 계속 이동
하게 되는 긴장을 누리게 된다. 컴퓨터 게임의 재미가 컴퓨터와 우리
간의 피드백 과정에서 비롯된다면, 오직 피드백만이 남겨질 때 재미는
극대화될 것이다. 피드백을 기다리는 시간, 그것이 지워져야 한다.

　이러한 시공간 변형, 그를 통한 현실의 순치는 어떤 인식론적 효과
를 가져올까? 미디어 학자 정성욱은 어떤 상실에 대해 지적한다. "그
분절과 축약은 이 세계의 어떤 부분을 생략하고 보여주지 않는다. 생
생한 인간의 고통과 슬픔, 나아가 인간의 기쁨과 환희가 몇 년 안에 반
환되어야 하는 홍콩이라는 공간에서는 지워진 감정이며, 사랑의 만남
과 이별을 포함한 모든 것은 종말을 향한 분위기 속에 가라앉는다. 마
찬가지로 급히 반환해야 하는 추상적 시간에 쫓기는 체험의 구조에서
바람이 불러일으키는 살갗의 시원한 느낌과 그 느낌이 복잡하게 구성
되는 체험 전체와 기억 전체의 얼개는 이 축약의 구조가 압축할 수 있
는 성질의 것이 아니다." 우리에게 압축될 수 없는 경험의 내용이 있으
며, 바로 그것이 사이버 스페이스의 시공간 구조에서 은밀하게 지워져
나가리라는 지적은 일리 있다. 그러나 이 상실의 구조는 더 깊이 천착
될 필요가 있다. 거기서 어떤 경험만이 아니라, 그 경험의 주체마저도
'상실' 되는 듯하기 때문이다.

　사이버 스페이스의 가장 놀라운 약속은 자아를 변형하고 개조하는
자유다. 자신의 나이, 성별, 인종, 학력이 가로막았던 모든 것이 그 공
간에서는 허용될 수 있다. 그런 의미에서 사이버 스페이스는 우리에게

가장 근본적인 자유, 즉 자기의 역사로부터 해방되는, 자기 정체성(identity)으로부터의 자유를 준다. 어떤 이는 이 자유로부터 우리를 지배하고 있는 유아론적 관념 체계를 극복할 수 있는 기회를 보기도 한다. "이러한 변형 체계의 과학기술은 인간의 깊은 욕망, 곧 인간의 육체와 시공간의 한계를 초월하고, 언어를 벗어나며, 인간 소외와 고립을 유발하고 유아적인 체계 속에 정신을 가두는 자아와 정체성의 은유를 극복하려는 욕망을 채워준다. 우리의 욕구는 날고 손을 뻗고 만지고 연결하는 것이다."

그러나 이러한 해석은 유아론이란 개념을 지나치게 액면 그대로 받아들일 때에만 타당하다. 사이버 스페이스의 자유가 유아론을 극복하는 계기라고 말하는 사람들은 우리가 그 공간에서 하나의 자아를 벗어날 수 있다는 사실을 주목한다. 그러나 유아론자가 되기 위하여 단 하나의 자아만을 가지고 있어야 하는 것은 아니다. 여러 개의 변형 가능한 자아를 만들어볼 수 있다면 그것은, 연극의 체험이 그렇듯, 유아기로부터 전승되어온 감옥으로서의 '에고(ego)'를 초월해보는 경험을 가질 수 있을 것이다.[9] 그러나 그러한 경험이 인간으로부터 유아론을 빼앗아가지는 못한다. 자신의 자아에게만 우월한 실재성을 부여하는 형이상학적 의미의 유아론자들에게 사이버 스페이스는 더욱더 유아론적일 뿐이다. 왜냐하면 시공간은 물론이고 정체성마저 마음대로 조작할 수 있는 존재에게 자신의 생각, 의도, 변덕 이외의 세계는 전적으로 가상일 뿐이기 때문이다. 거기서는 정말 그 자신만이 존재하며, 다른

---

9) 이런 이유로 사이버 스페이스는 자아의 복수성, 분열이라는 포스트모더니즘의 명제를 실제로 경험해볼 수 있는 장소라고 해석되기도 한다.

모든 것은 자아가 춤추는 무대의 배경일 뿐이다. 변형된 여러 개의 자아의 총합, 그것은 아마도 원래의 자아가 극대화된 또는 폭발한 모습일 텐데, 그 극대화된 자아를 준거점으로 하는 유아론은 오히려 강화된다.

정체성이 극단적으로 가변적일 때, 그리하여 자아, 공간, 시간이 사용자에게 전적으로 순응적일 때, 그러한 세계는 실재성—자유에 대한 부정성이라는 의미에서의 실재성을 상실하게 된다. 왜냐하면 우리에게 감지되는 실재성이란 단단함, 윤곽, 무게 같은 것이 아니라, "그 세계가 특정한 '사용자'의 존재 여부에 얼마나 무관심한가 그리고 사용자의 욕망에 그 세계가 얼마나 저항력을 갖는가"에 달려 있기 때문이다. 가상이 현실이 되고, 현실이 가상이 되는 사이버 스페이스의 인간에게 유아론은 지극히 자연스러운 존재의 원리, 인식의 원리가 된다. 유아기의 개발되지 않은 정신 속에서 또는 철학적 논변으로서만 존재하던 유아론이 이제 현실의 태도로 나타나는 것이다.

그런데 사이버 스페이스의 유아론자에게는 세계만이 사라지는 것이 아니다. 현실이라는 수천 년 된 물질적 저항의 계기가 사라져버릴 때, 우리는 인간성의 근본 조건도 함께 잃어버리는 것 같다. 사이버 스페이스에서 우리는 신속해지고 그 힘이 무한대로 증폭된다. 키보드 조작의 하나로 모든 시공간을 불러올 수 있는 자유 위에서, 그토록 한없이 순응적인 시공간 앞에서 우리는 어떻게 우리의 일관성을 유지할 수 있을까? 어떻게 자신을 통어할 수 있을까? 그곳에서 유한자일 수밖에 없는 우리는 유한자의 최적 조건을 잃어버리게 되는 듯하다. 우리의 유한성은 우리를 적대하는 냉담한 물질 세계, 쌀쌀맞은 타인의 시선과 마주 섬으로써만 확인되고 보존된다. 사이버 스페이스 안으로 초대된 인간들은 유한자도 아니며 무한자도 못 되는 곤경 속에 처하게 된다.

사이버 스페이스에서 우리의 유한성이 잊혀진다는 사실은 그곳의 공동체가 갖는 취약성에서 확인해볼 수 있다. 통신 공간은 결코 온화한 공간이 아니다. 잘 알려져 있듯이 거기서의 토론은 쉽사리 격심한 폭력의 형태로 변질되곤 한다. 어떠한 숙고도 없이 들어오고 탈퇴할 수 있는 공동체, 타인이 실체로서, 내 육체에 대한 실질적 제약으로서 존재할 수 없는 공간에서의 공동체는 한없이 임의적인 집단이다. 그것들은 쉽게 부서지고 교란당한다. 정보학자 니시카시 토우루 교수는 공동체란 서로의 독립성과 유한성이 동시에 인정되는 곳에서만 성립한다고 말한다. "분할할 수 없는 단위로서의 '개인' 끼리 서로 타인을 대등한 입장에서 객관적으로 인정하고 이해할 수 있다는 식의 이야기는 자의적인 믿음이다. 진정한 커뮤니케이션이란 오히려 완전히 이해하고 동화될 수 없는 타인의 이질성에 의하여 찢겨지면서도 더욱더 그러한 타인에게 접근하고자 하는 사랑의 행위인 것이다."

6. 인간의 자리

이제 사이버 스페이스의 철학적 의미가 드러난다. 거대한 개념을 좋아하는 사람들에게 사이버 스페이스는 매력적인 소재다. 그것은 우리가 사는 세계, 사람들, 사물들, 장소들, 그것들의 총합으로서의 실재 세계를 탈물질화시키는 새로운 단계로 보이기도 하고, 반면 상상과 사유의 세계, 추상과 기억, 지식의 추상적 세계를 유사 물질적으로 구체화하는 놀라운 순간처럼 여겨지기 때문이다. 그것은 물론 유용한 관점이다. 사이버 스페이스에서 물질의 울퉁불퉁함은 평평하게 골라지고,

정신 속의 관념들은 각진 문자가 아닌 생생한 이미지로 되살아나는 것이 사실이기 때문이다. 그러나 이러한 생각들이 사이버 스페이스에 의해 현실이 인조 공간으로 대체된다거나 정신이 물질로 전화하는 역사적 단절 또는 비약의 사건이 발생하는 것이라고 말하는 것이라면, 수긍하기 어렵다. 맥루한이 말했듯이 기술, 미디어의 역사는 그런 것이 아니기 때문이다.

새로운 미디어는 옛 미디어들을 원래의 자리, '예술'의 자리로 돌려놓을 뿐, 그것들을 폐기하지 않는다. 인쇄가 쓰기를 대체하지 않았으며, 쓰기가 이야기를 없애지 않았다. 영화가 연극을 사라지게 하지 않았고, 텔레비전 이후에도 라디오는 어떤 영역에서 자신의 역할을 다하고 있다. 새로운 미디어들은 옛 미디어들에게 그것의 고유한 기능을 되찾도록 강제할 뿐이다. 사이버 스페이스에게도 사정은 마찬가지다.[10] 사이버 스페이스는 현실보다 더 현실 같은 인공의 세계를 보여줌으로써 우리가 겪어왔던 진짜 현실의 본래 자리에 대해 생각할 것을 요구하는 듯하다. 우리의 논의에서 드러나듯 사이버 스페이스의 난맥상은 자연, 육체, 유한성의 문제와 연루되어 있다. 구속으로만 여겨져 왔던 그것들이 사라질 때, 우리에게 닥쳐올 것을 보여주는 극장으로서 사이버 스페이스의 문제를 이해해야 할 것이다.

서양의 지성사에서 자연, 물질, 육체는 항상 어떤 제한으로 여겨져

---

10) 이런 의미에서 건축이론가 베네딕트(M. Benedikt)는 사이버 스페이스를 찬탈, 대체(replacement)가 아닌 진화나 재배치(displacement)의 의미로 받아들여야 한다고 말한다. 사이버 스페이스는 결코 현실을 탈물질화하지 않으며, 정신 세계를 구체화시키는 그런 것이 아니라는 것이다. 그것은 완전히 새로운 공간—정신과 물질 사이의 전혀 새로운 공간—으로 이해되어야 한다고 말한다.

왔다. 그것은 우리를 어디에 못 가게 하는 것이며, 더 머무를 수 없게 하는 것이고, 황급히 떠나게 하는 것이다. 우리를 겁에 질리게 하고, 아프게 하는 것이며, 그래서 정신의 위대한 힘으로 극복해야 할 어떤 것이었다. 이제 그것은 지극히 일면적인 이해임을 알 수 있다. 사이버 스페이스가 그 낙관의 약속과는 달리 악몽의 공간일 수밖에 없는 것은 우리의 물질, 육체, 자연이 지워졌기 때문이었다. 사이버 스페이스는 '현실'의 의미를 새롭게 생각하기를 요청한다. '제약'으로서의 물질과 현실이 갖는 긍정적 의미를 철학적 주제로 올려놓고 있다. 타인의 시선에 포위되고, 벌레에 물리고 병들고 신음하던 유한성의 표식들이 우리의 인간성과 얼마나 깊은 연관을 갖는지를 새삼 상기할 필요가 있다.

그렇다면 사이버 스페이스 또는 디지털 시대의 추상성, 가상성은 근본에 있어서 인간의 생물학적 역사적 본성에 마주 서는 것이다. 동물로서의 인간은 본성상 세계적이라기보다는 지역적인 존재이다. 우리들의 정체성은 우리가 살고 있는 장소, 문화의 세세한 면면에 의해 만들어진 것이다. 그렇게 때문에 삶의 물리적 생물학적 역사적 측면은 자기 인식의 근원이며 인간이 갖는 모든 정보의 근원이 된다. 그 세계로부터의 정보들, 느리고 난해하며 이진 부호로 압축할 수 없는 정보들, 유전자 코드를 통해 면면히 이어지는 정보들—사이버 스페이스가 정말 환기시켜주는 것은 그것들의 자리, 가치다.[11]

---

11) 사이버 스페이스에서 정보는 그 추상적 내용 위에 감지 가능한 형체를 덧입고 있다. 그래서 그것은 세상 그대로의 모사물처럼 보이는데, 그것이 취하는 실재성은 이진 기호로 번역 불가능한 모든 것을 제거한 상태의 것일 뿐이다. 생물적 존재로서의 인간을 구성하는 정보들이 갖는 가치가 그것이다. 그 정보들의 흔적들이야말로 사이버 스페이스에 저항

(『기술문명에 대한 철학적 반성』, 한국철학회 편, 철학과현실사, 1998)

하는 최후의 보루가 되리라는 기대가 전혀 엉뚱한 것은 아니다. "데이터들의 보편 체계로
서의 사이버 스페이스는 그림, 텍스트, 사진의 화상을 담아야 할 것이다. 이것들이 물질
성을 모두 잃게 된다 하더라도, 최소한 그것들의 형태가 지닌 고정성은 컴퓨터 체계의 동
질성에 도전할 것이다. 역사와 그 재현물들은 불변하는 데이터로 이루어진 저항하는 섬
이 될 것이며, 현실, 과정, 역사, 인류라는 다른 쪽을 상기시키는 구실을 할 것이다."

* 이 글은 서강대학교 국어국문학과가 펴낸 『대학국어교정 I : 읽기』(서강대학교 출판부,
2000)에 수록되어 있다.

가사기술과 한국 여성의 삶

윤정로

1. 머리말

현대 사회에서 과학기술이 인간의 삶에 심대한 변화를 일으키는 중요한 요인으로 작용하고 있음은 언급할 필요조차 없다. 최근 우리나라 학계에서도 과학기술 혁명, 탈산업 사회, 정보화 사회 등의 논의와 관련하여 과학기술과 사회 변화 사이의 상호 작용에 대한 관심이 높아지고 있다. 대부분의 논의는 주로 산업기술과 정보통신 기술의 발전에 수반되는 조직과 일의 성격, 경제 및 정치·군사·행정 활동의 구조와 성격 변화 등 상당히 거창한 방식의 변화에 관심을 집중하고 있다. 그러나 과학기술은 이런 거창한 방식의 변화와 함께 매일매일의 일상생활을 영위하는 방식에 엄청난 변화를 일으키고 있으며, 이런 일상생활의 변화는 다른 어떤 변화에 못지 않은 중대한 사회적 함의를 갖고 있다.

가정 생활은 현재 여성은 물론 사회 구성원 대다수의 일상생활에서 중요한 비중을 차지하고 있다. 산업화와 함께 1970년대 이후 우리 가정 생활의 모습은 그 범위나 속도에 있어서 기술적으로 커다란 변화를 겪어왔다. 현재 보편화된 옥내 상·하수도와 가스 시설, 전기밥솥, 세탁기, 냉장고 등 다양한 가전 제품은 대단한 가사기술(household technology, domestic technology)상의 변화를 의미한다. 역사학자인 코완(Ruth S. Cowan)이 지적했듯이, "빨래통으로부터 세탁기로의 변화는 수직기(手織機)로부터 동력 직기(動力織機)로의 변화에 못지 않게 의미 심장하며, 펌프로부터 수도꼭지로의 변화는 수작업(手作業) 계산으로부터 전자 계산기로의 변화에 못지 않게 전통적 습관에 파괴적이다". 이러한 가사기술의 발전과 확산은 가사 노동과 여성의 생활 양식에 변화를 가져올 뿐만 아니라, 보다 거시적 수준의 사회 조직화 방식에도 근본적인 변화를 일으킬 수 있는 가능성을 내포하고 있다.

이 글은 우리나라에서 가사기술의 발전이 가사 노동과 가정 생활, 특히 여성의 일상생활과 어떤 관련을 맺고 있는지에 대해 분석해보고자 한다. 여기에서 사용하는 자료는 1995년 3월 서울과 대전, 충청남·북도 지역의 20세 이상 성인을 대상으로 실시한 면접 조사 결과다. 분석에 사용된 표본의 크기는 총 478명 중 여성 246명, 남성 232명으로 이루어져 있으며, 전체적으로 만족스러운 수준의 대표성을 갖고 있다.[1] 이 조사는 과학기술이 한국인의 삶의 질에 미치는 영향을 파악

---

1) 조사 방법과 표본의 성격에 대한 자세한 논의는 충남대학교 사회과학연구소에서 간행된 연구보고서(1995)를 참고하라.

하기 위하여 실시한 것으로, 여성의 일상생활에 초점을 맞추어 분석하기에는 한계가 있다. 따라서 이 글에서 제시한 경험적 분석 결과는 탐색적 성격을 띠고 있다. 우리 사회에 대한 분석에 앞서, 먼저 과학기술이 가사 노동의 수행 방식과 여성의 일상생활에 미치는 영향에 대한 논의를 20세기 초에 크게 발전된 가사기술과 현재 진행되고 있는 정보화를 중심으로 살펴보고자 한다.

2. 가사기술 · 정보화 · 가사 노동

과학기술의 발전이 가정 생활에 미치는 충격에 대하여는 일찍이 구조 기능주의 학파의 사회학자들이 정식화된 설명을 제공하였다. 근대 과학기술의 발전과 함께 산업화가 진전되면서, 이전에는 경제적 생산을 비롯하여 생활 전반의 욕구를 충족하던 가족의 포괄적 기능의 소비, 어린이의 사회화, 가족간의 정서적 지지와 긴장 관리 기능만을 담당하는 정도로 축소된다. 가족의 규모가 작아지고 구조도 단순화되어 핵가족 중심의 도시 가족 형태로 변화되며, 가족간의 사회적 유대도 약화된다. 이런 변화 속에서 여성의 가정 내 역할과 가사 노동 부담도 줄어들게 되며, 따라서 여성들의 여가 시간이 증대된다는 것이다.

현재 집 또는 가정이라는 단어는 보통 안락과 휴식의 공간이라는 이미지를 떠올리게 한다. 구조 기능주의자들의 주장처럼 이렇게 축소된 가족의 기능을 수행하기 위해서도, 실제로 집에서 해야 되는 '일'이 엄청나게 많다. 청소, 세탁, 다리미질, 장보기, 요리, 육아, 가계 관리, 경조사 챙기기 등의 가사 노동(housework)은 육체 노동과 다양한 종류의 관리 능력이 요구될 뿐만 아니라 무거운 책임이 따르는 광범위한 작업을 포괄하고 있다. 실제로 가사기술이 발전되면서 이러한 가사 노동과 여성의 삶에 어떤 변화가 일어났는가?

20세기 초 서구 사회에서 전기가 사용되면서 드디어 가정 내에서도 급속한 '산업혁명'이 일어나게 되었다. 즉 상하수도와 가스, 전기 냉장고, 전기 세탁기, 전기 다리미, 진공 세탁기 등의 가전제품이 급속히 확산되었다. 일터에서의 산업혁명으로 인간의 노동에 구조적인 변화가 일어났듯이, '가정 내의 산업혁명'도 가사 노동에 근본적인 변화를 가져옴으로써 여성의 삶의 질을 향상시키는 데 커다란 기여를 해왔다는 것이 통념이다. 상하수도, 가스 공급 등 여러 가지 편의시설과 함께 다양한 용도의 가전제품이 도입되면서, 여성의 가사 노동의 강도(強度)와 시간이 줄어들고, 여성만이 아니라 남성도 가사 노동에 참여할 수 있게 되어 가사 노동의 성별 분화가 완화된다. 예를 들어 세탁과 청소에 빨래판이나 손걸레 대신 전기 세탁기와 진공 청소기를 사용하게 되면, 그 작업이 육체적으로 훨씬 수월해지고 시간도 절약된다. 또 이런 기계의 작동에는 특별히 숙련된 기법이나 노하우가 필요하지 않고, 바닥에서 몸을 구부린 자세로 일할 필요도 없어지기 때문에, 남성들도 심리적 부담 없이 쉽게 세탁과 청소를 할 수 있게 된다는 것이다. 따라서 여성들은 더 많은 여가를 누리고 가정 밖의 다양한 사회 활동에 참여할 수 있게 되며, 궁극적으로는 성별 불평등이 완화되고 해소되는 방향으로 나아갈 것이라는 전망이 널리 받아들여지게 되었다.

그러나 1970년대 이후 이러한 통념에 강력한 반론을 제기하는 실증적 연구 결과들이 나오고 있다. 소위 '노동 절약적' 가사 보조 기기의 사용이 여성의 가사 노동 부담을 감소시키지 못한다는 것이다. 놀랍게도, 1920년대부터 1960년대 말까지 미국의 전업 주부들이 가사 노동에 사용한 시간을 비교해보면, 전 기간에 걸쳐 그 총량에 거의 변화가 없다.[2] 새로운 가사기술의 이용 정도에 상당한 차이가 있는 농촌과 도시 간에도 전업 주부의 가사 노동 시간에는 별 차이가 없다.

가사 노동의 종류별로 보면, 청소 시간에는 거의 변화가 없고, 쇼핑과 가계 관리, 육아에 들어가는 시간은 증가한다. 전 기간에 걸쳐 가장 많은 시간이 들어가는 가사 노동은 조리와 설거지인데, 그 양은 시간이 지나면서 약간 감소하는 추세를 보인다. 놀라운 사실은 수도와 온수 공급 시설, 다양한 종류의 세제와 자동 세탁기, 간편하게 사용할 수 있는 전기 다리미, 구김살 없는 새로운 직물의 도입 등 현저한 기술의 발전으로 가장 많은 시간이 절약되었을 것으로 예상되는 세탁 작업에 소요되는 시간이 오히려 늘어났다는 점이다. 그 이유는 과거에 비하여 각자 보유한 옷가지의 수가 증가하고, 세탁과 관련된 가사기술의 발전과 함께 사회적으로 요구하는 청결과 옷매무새에 대한 기준도 높아졌기 때문에, 예전보다 훨씬 자주 세탁하고 다림질을 하지 않으면 안 되게 되었기 때문이라는 데 있다.

가사기술의 발전으로 조리와 설거지 등 일부 가사 노동이 용이해지고 소요되는 시간도 감소한 것이 사실이다. 그러나 다른 한편으로는

---

2) 전업 주부의 주당 노동 시간은 1924년 52시간, 1960년대에는 55시간이며, 이 기간중 51시간에서 56시간까지의 범위에서 편차를 보이고 있다. 이것은 당시 취업 근로자의 주당 평균 노동 시간보다 길다. 반면 취업 여성의 경우에는 주당 평균 가사 노동 시간이 26시간 정도다. 사회 계급, 가족 구성, 혼인 상태를 통제하는 경우에도 미취업 여성과 취업 여성의 가사 노동 시간에는 현저한 차이가 보인다. 흥미로운 점은 미취업 여성과 취업 여성의 가사 노동 시간이 주중에는 하루에 2시간 반 정도의 격차를 보이는 데 비하여 주말에는 그 격차가 30분 미만으로 현격히 감소한다는 것이다.

새로운 종류의 가사 노동이 출현하고(쇼핑, 운전, 공과금 처리와 은행 일 등), 기존의 가사 노동에 대한 기대 수준이 높아졌기 때문에(세탁, 청소 등), 결국 가사 노동 시간의 총량에는 거의 변화가 없다. 가사 노동의 시간뿐만 아니라 여성과 남성의 부담 정도나 분담 유형, 가사 노동에 대한 사회적 인식과 여성의 만족도에도 가사기술의 확산이 별다른 영향을 미치지 못한다는 분석 결과들이 제시되고 있다.

더구나 서구에서는 20세기 초 가전제품의 급속한 확산과 함께, 주부의 가사 노동이 힘들고 귀찮은 허드렛일이 아니라 가족에 대한 애정과 헌신의 표현으로 상징화되는 이데올로기의 재구성이 수반되었다. 이전에는 경제적인 여건이 허락되기만 하면 하인이나 고용인에게 맡기는 것이 당연시되었던 가사 노동이, 이제 여성과 어머니로서의 정체성(identity)과 결부된 것이다. 요컨대 눈부신 가사기술의 발전에도 불구하고 가사 노동에 소요되는 시간과 효율성, 가사 노동 수행자의 성(性)—여성—이나 만족도, 사회적 지위에는 본질적으로 변화가 일어나지 않고 있으며, 오히려 모성(母性) 이데올로기를 강화하였다는 것이다. 이것이 최근 서구에서 광범위하게 호응을 얻고 있는 '가사 노동의 항상성(constancy of housework)' 명제다.

그러면 이제 정보화는 가사 노동에 어떤 변화를 일으키고 여성의 삶은 어떻게 달라질 것인가? 20세기 초 가전제품의 보급과 마찬가지로, 앞으로 정보화의 최대 수혜자도 여성이라는 것이 통념이다. 일찍이 가정·집(home)은 정보화의 전략적 요충지로 주목을 받았다. 토플러(Alvin Toffler)의 전자 주택(electronic cottage)이라는 비유가 시사하듯이, 산업혁명 이전의 가내 수공업(cottage industry) 시대에 모든 가정에서 물레를 사용했던 것처럼, 정보화 시대에는 집 안에 설치된 컴퓨터와 네트워크를 이용하여 생계 활동과 일상생활을 영위하게 된다. 전자 민주주의, 재택 근무, 재택 교육, 홈쇼핑, 홈뱅킹, 홈엔터테인먼트 등 다양한 사회적 기능을 집 안으로 끌어들임으로써, 정보화는 지리적으로 분산되어 있는 가정을 사회 중심지로 만드는 것과 동시에 개인에게 권한을 부여하고 사회를 분권화하는 거대한 사회혁명을 일으킬 것이라고 한다.

전통적으로 가정은 여성의 영역으로 치부되기 때문에, 이러한 정보화는 누구보다도 바로 여성에게 혜택을 줄 것으로 여겨진다. 가전제품의 개발로 가능해진 기계화(mechanization) 단계에서 더 나아가, 정보화는 가사 노동의 자동환(automation)를 가능하게 한다. 따라서 여성이 진정으로 가사 노동에서 해방되고, 집 밖에서뿐만 아니라 집 안에서도 다양한 공적 사적 활동에 자유롭게 참여할 수 있게 된다는 것이다. 더구나 정보화로 인하여 대부분의 직업이 육체적 힘을 필요로 하지 않게 되고, 특히 새로운 지식과 아이디어를 기반으로 정보 사회에서 각광받는 '골드칼라(golden-collar)' 직종은 섬세함과 감성 등 '여성적(feminine)' 특성이 요구되기 때문에 여성의 사회 진출이 더욱 활발해질 것이라고 한다. 정보화는 지금까지는 유례가 없던, 여성에게 무한한 가능성을 열어주는 절호의 기회를 제공한다는 것이다.

정보화가 가정 생활에 지대한 변화를 가져온다는 전망과는 달리, 실제로는 정보화에 관한 대부분의 논의에서 가사 노동이 거의 도외시되었다. 현재 가사 노동 부문은 정보기술의 도입에서 가장 뒤떨어져 있다. '전자 주택'에 대한 높은 관심에도 불구하고, 그 논의는 주로 교육, 의료, 통신, 직업 및 경제 활동에 집중되었다. 즉 이전에는 집 밖에서만 가능했지만 정보기술의 도입으로 집 안으로 끌어들일 수 있게 된 이른바 공적 영역(public sphere)의 활동은 정보화의 중요하고 적절한 대상으로 인식되는 반면, 가사 노동의 정보화는 '사소'하거나 거의 '낭비'에 가까운 것으로 치부된다.

미국의 프랜시스 게이브(Frances Gabe)라는 여성은 27년에 걸쳐 가사 노동을 현저히 줄일 수 있는 '자동 청소형 주택(self-cleaning house)'을 고안했다. 더러워진 것을 깨끗이 만든다는 종래의 청소 개념과는 달리, 집 안의 물건과 공간이 제자리에서 스스로 세척되도록 함으로써 깨끗한 것을 깨끗한 채로 유지한다는 아이디어다. 예컨대 그릇장과 식기 세척기를 따로 두는 것이 아니라 그릇을 놓아두면 그 자리에서 설거지가 되어 그릇을 꺼내 정리할 필요가 없는 기구, 사람이 움직이면서 사용하는 진공 청소기 대신 벽이나 바닥, 천장에서 일정한 압력의 기화(氣化) 온수를 뿜어내서 집 안을 자동으로 청소하는 방법 등을 고안한 것이다. 이런 장치는 기존의 기술로 실현 가능하며 건축 비용도 평균 이상 들지 않는다. 그러나 이런 아이디어를 실제로 구현하는 데 부딪힌 첫번째 장벽이 건축 허가를 내주는 공무원, 건축설계사, 건축업자들에게 이런 개념을 납득시키는 일이었다고 한다.

정보화가 가사 노동과 여성의 삶에 근본적 변화를 가져오기 위해서는 가사 노동에 대한 지금까지의 인식이 바뀌어야 한다. 즉 '자동 청소형 주택' 아이디어를 구현하기 위하여 과학기술을 개발하고 활용하는 것이 '사소'하거나 '낭비'에 가까운 용도가 아니라, 스타워즈(Star Wars)나 인간 게놈(Human Genome) 프로젝트와 맞먹거나 더 중요한 의미가 있다는 인식의 변화가 있어야만, 가사 노동이 정보화에서 앞선 영역으로 탈바꿈할 수 있다.

3. 가사기술에 대한 사회적 인식

1991년 11월 30일을 기준으로 실시된 가구 소비 실태 조사에 의하면, 전국 가구(家口)의 가사용 내구재 보유율이 냉장고 99.0%, 가스 레인지 98.5%, 세탁기 80.9%, 전기 보온 밥솥 79.1%, 전자 레인지 23.8%, 진공 청소기 23.6%에 이른다. 냉장고 6.5%, 세탁기 1.0%에 불과하였던 1975년의 전국 보유율에 비교하면, 지난 20년간 가사용 가전제품이 급속히 확산됨과 동시에 그 종류도 대단히 다양해졌음을 쉽사리 짐작할 수 있다. 보유율의 변화 추세를 살펴보면, 냉장고는 1975년부터 1985년 사이에, 세탁기는 이보다 약간 뒤늦은 1985년부터 1990년 사이에 가장 급속히 증가하였다.

1995년 3월에 본 연구를 위하여 실시한 설문 조사에서도 세탁기 보유율이 서울에서는 95.8%, 대전 91.5%, 중소 도시 96.1%, 농어촌 69.0% 정도며, 비교적 새로운 가전제품인 진공 청소기와 전자 레인지도 각각 응답자의 48.7%와 46.9%가 자주 이용하는 것으로 나타났다. 따라서 현재 우리 사회에서 가사기술이 상당히 광범위하게 이용되고 있으며, 이에 대한 인지도도 상당히 높은 것으로 추정할 수 있다.

그러면 새로운 가사기술의 개발에 대하여는 어떤 태도를 가지고 있는가? 설문 조사에서는 청소나 세탁, 조리 등에 이용될 수 있는 가사 보조용 로봇의 개발에 대한 응답자들의 의견을 물어보았다. 인간의 수명을 100세 이상으로 연장시키는 의학, 태평양을 2시간에 횡단하는 초고속 여객기, 얼굴을 보며 전화할 수 있는 화상 전화, 지하 도시라는 4개의 품목과 함께, 우리나라에서 일반인들이 어떤 종류의 과학기술

과학기술 개발에 대한 태도

〔표1〕 (단위 : %)

품 목	반드시 해야 한다	되도록 해야 한다	아무래도 관계 없다	되도록 안 해야 한다	절대 안 해야 한다
가사 보조용 로봇	18.4	41.8	17.8	19.8	1.7
초고속 여객기	19.7	53.3	21.5	4.2	0.8
화상 전화	28.0	47.1	17.2	6.1	1.5
지하 도시	11.9	33.1	37.6	18.6	4.8
수명을 연장시키는 의학	6.7	24.7	19.5	39.7	9.2

이 개발되는 것을 바라고 있는지를 알아보기 위한 것이었다. 〔표1〕에 의하면, 가사 보조용 로봇에 대하여 18.4%는 적극적 지지, 41.8%는 소극적 지지, 17.8% 중립적, 19.8% 소극적 반대, 1.7%가 적극적으로 반대함으로써, 대체로 긍정적인 견해를 나타내는 것으로 볼 수 있다. 그러나 다른 종류의 과학기술 품목에 대한 응답과 비교하면, 가사 보조용 로봇에 대한 지지도는 화상 전화나 초고속 여객기보다 상당히 뒤떨어진다. 이런 결과는 일단 상품화된 가사 보조용 기기가 광범위하게 이용되고 있기는 하지만, 가사 노동의 성격과 수행 방식에 혁신적 변화를 가져올 수 있는 기술 도입에 대하여는 소극적인 입장을 취하는 것으로 해석할 수 있다.

〔표2〕에서 응답자 속성에 따라 나타나는 가사 보조용 로봇 개발에 대한 태도의 편차는 상당히 흥미로운 양상을 보이고 있다. 가장 부정적인 반응을 1점, 가장 긍정적인 반응을 5점까지 점수를 매겨 평균을 계산해보았다. 예상되는 바와 같이, 교육 수준과 생활 수준이 높을수록 긍정적인 반응을 나타내며, 통계적으로 유의미한 수준은 아니지만

가사 부조용 로봇 개발에 대한 태도

		여성	남성	전체 응답자
	평균	3.61	3.50	3.56
연령	20대	3.85	3.78	3.82
	30대	3.52	3.45	3.49
	40대	3.69	3.46	3.56
	50~64세	3.23	3.28	3.26
	65세 이상	3.50	3.37	3.40
혼인	미혼	4.02	3.66	3.83
	결혼	3.48	3.46	3.47
교육 수준	국졸 이하	3.22	3.29	3.26
	고졸 이하	3.53	3.37	3.46
	전문대 이상	4.04	3.74	3.87
직업	전문 · 관리직	3.94	3.71	3.76
	사무직	3.44	3.56	3.53
	판매 · 서비스	3.44	3.47	3.46
	생산직	3.43	3.42	3.47
	농어업	3.50	3.28	3.36
	학생	4.33	3.61	3.97
	주부	3.48	—	3.48

주)위 점수는 응답자 의견을 다음과 같이 5점 척도로 환산하여 계산한 평균을 의미한다. 1＝절대 개발해서는 안 된다, 2＝개발하지 않는 편이 좋다, 3＝아무래도 관계없다, 4＝개발하는 편이 좋다, 5＝반드시 개발해야 한다.

거주 지역별로는 서울이 가장 긍정적이다. 연령별로는 20대(3.82), 40대(3.56), 30대(3.49), 65세 이상(3.26)의 순서로 긍정적 반응을 나타냄으로써, 대체로 젊을수록 긍정적인 것으로 볼 수 있다. 65세 이상이 50~60세보다 더 적극적인 태도를 나타내는 것은 65세 이상 응답자의

67.5%가 농촌 거주자로서 농촌 거주 노인의 대부분이 노인만으로 이루어진 가구에 속하며 따라서 노쇠한 몸으로 직접 가사 노동을 담당해야만 한다는 사실에서 이유를 찾을 수 있다고 본다.

그런데 성별 · 직업별 응답은 상당히 의외의 결과를 보인다. 즉 남성(3.50)보다 여성(3.61)의 태도가 약간 긍정적이기는 하지만, 그 차이가 통계적으로 유의미한 수준은 아니라는 것이다. 또한 직업별로는 학생(3.97), 전문 · 관리직(3.76), 사무직(3.53), 주부(3.48), 생산직(3.47), 판매 · 서비스(3.46), 농어업(3.36)의 순서로 긍정적 반응을 보인다.

여기서 주목되는 점은 가사 보조용 로봇 개발로 가장 명백하게 일차적인 수혜자가 될 것으로 예상되는 여성, 특히 전업 주부가 별달리 적극적인 반응을 보이지 않는다는 점이다. 여성 응답자의 40.6%(100명)가 전업 주부인 점을 감안하면, 전업 주부의 태도가 이런 응답 결과의 주요 변수로 작용하였다고 볼 수 있다. 조사 결과에 나타난 전업 주부의 생활을 살펴보면, 가장 많은 여가와 휴식 시간을 갖고 있으며, 자신의 삶에 대한 만족도도 가장 높다. 따라서 비교적 시간상 여유가 있는 현재 생활에 만족하고 있는 전업 주부들에게는 보다 노동 절약적인 가사기술 개발의 매력이 크지 않은 것으로 볼 수 있다. 이런 맥락에서 보면, 가사 보조용 로봇의 개발이 가사 노동의 사회적 중요성을 축소시킴으로써 전업 주부로서의 지위에 위협을 가하는 잠재 가능성이 있음에도 불구하고, 전업 주부들이 대체로 호의적 반응을 보이는 것에 대한 설명이 요청된다. 이는 아마도 과학기술 발전에 대하여 호의적인 한국 사회 전반의 분위기에서 전업 주부들의 경우에도 예외가 아닌 데 기인하지 않을까 추측해본다.

여성 응답자에 국한하여 가사 보조용 로봇 개발에 대한 태도를 분석한 결과는 전체 응답자에 대한 분석 결과와 상당한 차이를 나타냄으로써, 가사기술 개발에 대한 태도에 있어서 상당한 성별 차이가 존재함을 드러내고 있다. 인구학적·사회 경제적 속성에 있어서 연령, 교육 수준, 혼인 여부, 직업이 통계적으로 유의미한 차이를 보이는 반면, 거주지나 주거 형태, 생활 수준이나 소득 수준은 통계적으로 유의미한 차이를 보이지 않고 있다. 연령별로는 남성 응답자의 경우와 마찬가지로, 20대(3.85)가 가장 긍정적이며 대체로 젊을수록 긍정적인 반응을 보인다고 할 수 있다. 교육 수준에 의한 차이는 여성 응답자의 경우 더 뚜렷이 나타난다. 주관적으로 평가한 생활 수준이나 소득 수준별 차이는 별로 없지만, 하류층 여성이 뚜렷이 구분되어 부정적인 반응을 보인다는 점이 이채롭다. 거주지별 응답도 근소한 차이기는 하나 서울(3.62)보다는 중소 도시(3.57)와 농어촌(3.67)에서 긍정적 반응을 보이고 있다. 주거 형태별로는 더 편리한 시설이 갖추어진 것으로 판단되는 아파트(3.79), 연립주택(3.63) 거주자들이 단독주택(3.55)이나 상가(3.43) 거주자들보다도 긍정적 반응을 보이고 있다. 여성 응답자들에게 가장 일관성 있게 뚜렷한 태도의 차이가 나타나는 변수는 학력, 혼인 여부, 직업으로서, 전문대 이상의 고학력(4.04), 미혼(4.02) 그리고 학생(4.33)과 전문·관리직(3.94)에 종사하는 여성들이 대단히 긍정적인 평가를 내리고 있다.

여기에서 여성 응답자의 태도가 특히 직업별로 뚜렷이 양극화되는 양상을 보이고 있음에 주목할 필요가 있다. 학생과 전문·관리직에 비하여 사무직(3.44), 판매 및 서비스(3.44), 생산직(3.43), 농어민(3.50), 주부(3.48)의 가사 보조용 로봇 기술 개발에 대한 지지도가 상당히 낮다는 것이다. 이것은 가사기술 개발의 혜택이 전 사회적으로 일률적이며 보편적(uniform and universal)인 것이 아니라 사회 경제적 지위에 따라 차별적(differential)으로 배분되는 현상과 관련이 있다고 생각된다. 여러 나라에서 가사 보조용 가전 제품은 교육과 소득 및 생활 수준이 높은 계층에서 먼저 보급되고 더 적극적으로 활용되는 경향을 보이고 있다. 따라서 교육 수준과 소득 수준이 높은 전문·관리직 여성의 경우에는 가사 보조용 로봇 같은 새로운 가사기술의 개발에 대하여 자신이 즉각적으로 누릴 수 있는 혜택을 기대할 수 있는 반면, 교육 수준과 소득 수준이 낮은 여성들은 자기 자신에게 돌아오는 가시적 혜택을 기대하기가 어렵다는 데서 이러한 태도의 차이가 기인하는 것으로 추정할 수 있다. 미혼 여성과 특히 학생들의 호의적 반응은 미래에 자신이 누릴 수 있는 혜택에 대한 기대와 더불어 젊은 세대의 여성들 사이에서 널리 확산되고 있는 가사 노동과 가정 생활 전반에서의 성역학(gender role)에 대한 새로운 인식과도 관계가 있다고 볼 수 있다.

4. 가사기술과 일상생활의 변화

가사기술이 가사 노동과 일상생활에 미치는 영향을 파악하기 위하여 설문 조사에서는 구체적으로 세탁기를 연구 대상으로 선택하였다. 가사기술을 대표하는 품목으로 세탁기를 선택한 것은 노동 절약적 효과가 가장 크게 기대되는 제품이며,[3] 또한 이미 보편적으로 보급되어

---

3) 우리나라에서 1975년에 조사한 바에 의하면, 가사 노동의 강도와 시간을 줄이는 데 도

있어 응답자들이 이용 효과에 대하여 익히 알고 있으므로 정확한 응답을 기대할 수 있다고 생각하였기 때문이다. 설문 조사에서는 세탁기의 보유 여부, 사용 정도 및 일상생활에 미치는 영향에 대하여 물어보았다.

예상했던 대로, 농어촌 지역(69.0%)을 제외하고는 세탁기의 보유율이 응답자 속성에 따라 커다란 차이 없이 90%를 상회하였다. 사용 정도에 대한 응답은 매우 많이 사용한다 19.2%, 많이 사용한다 34.7%, 가끔 사용한다가 28.9%의 비율을 차지하여, 대체로 자주 사용하고 있는 것으로 나타났다. 사용한 적이 없다는 응답이 10.7%로 상당히 높게 나타나는데, 이들 중 대다수(66.7%)는 50세 이상의 응답자들이다. 65세 이상은 45.0%, 50~64세는 19.8%가 세탁기를 사용한 적이 없다고 응답하였다. 노년층 응답자가 농어촌에 집중되어 있고 농어촌의 세탁기 보유율이 낮은 사실을 감안하면 쉽사리 이해가 되는 결과다.

〔표3〕은 여성들의 세탁기 이용 정도가 인구학적·사회 경제적 변수에 따라 통계적으로 유의미한 차이가 있음을 보여주고 있다. 분석 결과는 일관성 있게 나이가 젊고, 도시에서 아파트나 연립주택에 거주하며, 학력과 생활 수준 및 소득 수준은 높고, 학생이거나 화이트 칼라 직종에 종사하는 여성일수록 세탁기를 더 많이 사용하는 것으로 나타나고 있다. 그런데 의외로 취업과 혼인 상태에 있어서는 기혼 여성보다는 미혼 여성이, 그리고 취업 여성보다는 미취업 여성이 더 많이 사용하고 있는 것으로 나타난다. 이것은 미혼 여성이 압도적으로 젊은

움이 되도록 주부들이 보유하기를 희망하는 가사 기구나 설비로 세탁기가 압도적인 우위를 차지하였다.

여성 응답자 속성별 세탁기 이용 정도

혼인 여부			취업		
혼인 여부	기혼	2.57	취업	취업	2.64
	미혼	2.16		미취업	2.35
연령	20대	2.18	직업	전문·관리직	2.12
	30대	2.24		사무직	2.00
	40대	2.31		판매·서비스	2.26
	50~64세	3.26		생산직	2.57
	65세 이상	4.00		농어민	3.77
				학생	2.19
				주부	2.32
학력	국졸 이하	3.41	거주지	서울	2.15
	고졸 이하	2.28		대전	2.51
	전문대 이상	2.00		중소 도시	2.28
				농어촌	3.22
소득	100만원 미만	3.29	주거 형태	아파트	2.04
	100~250만원	2.21		연립주택	2.17
	250만원 이상	1.83		단독주택	2.73
				기타	2.29

주)위 점수는 세탁기의 이용 정도를 다음과 같이 5점 척도로 환산하여 계산한 평균을 의미한다. 1=매우 많이 사용한다, 2=많이 사용한다, 3=가끔 사용한다, 4=별로 사용하지 않는다, 5=사용한 적이 없다.

연령층으로 구성되어 있으며, 미취업 여성 응답자(140명)의 대다수가 전업 주부(100명)로 구성되어 있고 이 중에서 많은 수가 농어촌의 고령자라는 점에서 그 이유를 찾을 수 있을 것이다. 또한 미혼 여성의 응답은 부모로부터 독립하여 사는 경우를 제외하고는 현재 직접 자기 자신이 사용하고 있는 정도가 아니라 가정에서 사용하는 정도나 또는 앞으로 자기가 결혼한 후 사용하게 되리라고 예상하는 정도를 추측하여 응답한 것이 복합적으로 뒤섞여 있는 것이 아닐까 하는 의심이 들기도 한다. 그러나 앞서 언급한 대로 여타 가사기술의 소산과 마찬가지로 세탁기의 경우에도 대체로 사회 경제적 지위가 높은 도시의 여성들이 그 이점(利點)을 더욱 많이 누리고 있다는 일반화가 가능한 것으로 보인다.

그러면 세탁기는 여성의 일상생활과 어떤 관계를 맺고 있는가? 조사 결과에 의하면, 남성과 마찬가지로 여성도 세탁기는 자유 시간 확보에 기여를 한다고 믿고 있다. 학력과 생활 및 소득 수준이 높을수록, 그리고 학생이나 화이트 칼라 직종 종사자와 비교적 젊은 여성들이 세탁기의 기여에 대하여 긍정적으로 평가하고 있다. 그러나 응답자들의 세탁기 이용 정도와 실제로 확보하는 자유 시간 사이에는 부의 상관관계가 나타나고 있다. 이런 결과는 세탁기가 여성의 자유 시간 확보에 뚜렷한 기여를 하지 못하며, 한국에서도 '가사 노동의 항상성'의 명제가 어느 정도 설득력이 있음을 시사한다고 볼 수 있다.[4]

---

4) 1989년 서울에 거주하는 주부를 대상으로 한 조사를 바탕으로, 김선미·이기영은 세탁기 사용이 손세탁보다 시간이 덜 드는 것은 아니지만, 손세탁보다 힘이 덜 들고 세탁기가 돌아가는 동안 다른 일을 할 수 있다는 점에서 노동 절약적 효과에 대하여 긍정적으로 평가하였다. 그러나 김성희는 세탁기의 보급이 주부의 세탁 작업 자체에 들어가는 시간과 노고는 덜어주고 가족원들에게 더욱 청결한 의생활을 가능하게 해준 반면, 세탁물의 양과 세탁 빈도, 작업의 단조로움과 고립감, 다중 작업을 증가시킴으로써 세탁 관련 가사 노동 부담이 오히려 증가되었음을 지적하였다. 김성희는 가사 기기의 도입이 갖는 특정 노동 과정에서의 시간 절약 효과가 새로운 가사 노동의 창출, 가족의 증대된 욕구, 가사 노동의 주부 일인 집중, 새로운 피로 요소의 유발 등에 의하여 상쇄됨으로써 가사 기기가 급속히 보급된 1975년과 1983년 사이에 주부의 가사 노동 시간과 만족도에 변화가 없다는 주장을 함으로써, 가사 노동의 항상성 명제를 지지하고 있다.

5. 맺음말

이 글의 분석 결과는 다음과 같다. 현재 한국 사회에서는 가사기술이 상당히 광범위하게 이용되고 있으며 이에 대한 인지도도 상당히 높다. 한국 가정에서 가장 광범위하게 사용되고 있는 세탁기의 이용과 그것이 여성의 일상생활에 미치는 영향이 사회 경제적 변수에 따라 차별적으로 나타난다. 세탁기 사용은 가사 노동을 전담하는 여성의 자유 시간 확보에 뚜렷한 기여를 하지 못하며, 가사 노동의 항상성 명제가 한국 사회에서도 설득력이 있음을 시사한다. 가사기술에 대한 사회적 인식을 보면, 가사 노동의 성격과 수행 방식을 획기적으로 변화시킬 수 있는 가사 보조용 로봇의 개발과 이용에 대한 지지도가 상대적으로 높지 않다. 이런 기술 개발의 일차적 수혜자가 될 것으로 예상되는 여성, 특히 전업 주부들이 적극적인 반응을 보이지 않는다는 점이 흥미롭다. 여성 중에서는 고학력 소지자, 전문·관리직 종사자와 학생, 미혼자 집단이 가사 로봇의 개발에 대하여 긍정적으로 평가하는 경향이 나타난다. 이러한 태도의 차이는 가사기술의 혜택이 차별적으로 배분되는 현상과 함께 여성의 지위와 성역할에 대한 인식과 관련이 있을 것으로 추정된다.

이 글에서는 과학기술과 사회의 관계에 있어서, 가사기술이 사회에 미치는 영향을 분석하는 데 초점을 맞추었다. 그러나 분석 결과는 역으로 사회가 가사기술에 미칠 수 있는 영향에 대해서도 중요한 시사점을 제공하고 있다. 첫째, 가사기술에 부여되는 의미가 다양한 사회 집단에 따라 달라진다는 점이다. 시간적으로 여유가 있는 전업 주부들에게는 새로운 가사기술이 가사 노동의 시간 절약과 남성의 가사 분담을 촉진하는 수단이라는 데 일차적 의미가 있는 것이 아니다. 이들은 오히려 가사 노동 시간은 늘어나고 작업 과정이 복잡하더라도 결과물의 질과 심리적 만족감을 높일 수 있는 방향으로 가사기술 발전과 활용을 선호할 수 있다. 둘째, 젊은 세대의 여성들에게 확산되고 있는 여성의 지위와 성역할에 대한 새로운 인식이 가사기술에 대한 욕구에 영향을 미칠 수 있다는 점이다. 이것은 한국 사회에서 가사기술의 사회적 파급 효과뿐만 아니라 향후 가사기술의 발전 방향과 활용 방식이 사회적 여건에 따라 가변성(contingency)이 있을 것이라는 함의를 갖고 있다. 따라서 한국 사회의 구체적인 사회 문화적 맥락 속에서 가사기술과 일상생활의 상호 작용을 실증적으로 규명하는 작업은 현실적으로 바람직한 가사기술 발전과 활용 방안을 모색하는 데 있어서 중요한 과제다.

(『과학기술과 한국 사회』, 문학과지성사, 2000)

6부
과학과 인류의 미래

새로운 천년의 과학

스티븐 호킹

1. 기하급수적인 과학의 발전

오늘 주제는 다음 천년 동안에 나타날 과학의 모습에 관한 것입니다. 이미 〈스타트렉〉과 같은 텔레비전 기획물에서는 미래 과학의 모습을 대중적이 차원에서 제시하고 있습니다. 〈스타트렉〉에서 보여주는 미래의 모습은 무척 재미있습니다만, 문제가 없는 것은 아닙니다. 웰스의 공상과학 소설 이후 거의 대부분의 SF가 보여주는 미래 사회는 우리보다 과학기술이 훨씬 발전해 거의 완벽에 가까운 정적인 상태를 이루고 있습니다. 저는 이런 미래상에 대해서 의문을 제기하고 싶습니다.

마지막 방하기가 끝난 뒤 1만여 년 동안 인류가 일정한 지식과 고정된 기술 상태에 있었던 적은 없었습니다. 하지만 세계 인구는 흑사병이 만연한 때를 제외하고는 계속 증가했으며, 특히 지난 200년 동안에는 기하급수적으로 증가했습니다. 현재 인구 증가율은 1.9퍼센트인데, 약 40년마다 인구가 두 배로 증가하는 셈입니다. 과학기술의 발전이 가까운 장래에 퇴보하거나 정체할 것이라는 징후는 없습니다. 하지만 현재 진행되는 기하급수적 성장이 다음 천년까지 계속될 수는 없을 것입니다. 만약 현재 속도대로 성장을 한다면 2600년이 되면 세계 인구는 서로 어깨를 맞대고 있을 수밖에 없을 정도가 될 것이며, 엄청난 전기 소비로 지구가 시뻘겋게 달구어질 것이기 때문입니다. 만일 당신이 전세계에서 새로 출판되는 책을 서가에 나란히 꽂으려면 시속 140킬로미터의 속도로 달려야 할 것이며, 저는 매초 열 편씩 나오는 이론물리학 분야의 논문을 읽을 시간조차 없게 될 것입니다.

물론 현재의 기하급수적 성장이 계속되지는 않을 것입니다. 우선 핵전쟁 등과 같은 재앙이 발생해 우리를 완전히 날려버릴 가능성도 있습니다. 문명이 완전히 파괴되지는 않을지라도, 영화 〈터미네이터〉의 첫 장면에 나오는 것처럼 인류가 야만 상태로 퇴보할 수도 있습니다. 하지만 나는 낙천주의자입니다. 지구 최후의 결전의 날과 암흑 시대를 피할 수 있는 기회가 있다고 생각합니다. 그러면 다음 천년 동안에 과학과 기술은 어떻게 발전할까요?

2. 20년 내 통일 이론 발견 확률 50 : 50

19세기에 우리 인류는 당시에 상식이라고 생각했던 고전 물리학의 법칙에 따라 우리가 우주를 완전히 이해하게 됐다고 믿었습니다. 하지만 상식은 또하나의 편견을 만들었습니다. 상식은 에너지와 같은 양들이 연속적으로 변화한다고 생각하게 만들었지만, 20세기 초부터 에너지는 양자라고 불리는 작은 알갱이로 구성되어 있다는 것이 관찰되기 시작했습니다. 또한 이 새로운 물리학에서 사물은 우리 상식 세계에서 보여지는 것과 같이 유일한 역사를 갖지 않고, 다양한 가능성의 세계인 확률의 역사를 갖습니다. 양자역학이라고 불리는 이 새로운 물리학은 우리가 생각하는 상식과는 완전히 다른 실재상을 가지고 있었습니다. 따라서 물리학과 화학 분야 외에는 거의 알려지지 않았고, 심지어는 전문 분야의 학자들도 이것을 완전히 이해하지는 못했습니다. 하지만 양자역학에서 모순적으로 보이는 것들이 우리들의 손자들에게는 상식처럼 여겨질 것입니다.

양자역학에서 입자들은 빛보다 빨리 가거나, 심지어는 시간이 거꾸로 흐르는 경로를 거치기도 합니다. 그렇다고 당장 타임머신 특허를 내러 달려 나가진 마십시오. 적어도 정상적인 상황에서는 이런 시간 경로를 이용할 수 없다는 것을 미리 말해둡니다. 하지만 과거로 되돌아가는 경로가 있다는 것은 분명한 실제 관찰 결과입니다. 우리가 진공이라고 생각하는 것도 실상은 시간과 공간의 닫혀진 고리 속을 움직이는 입자들로 가득 차 있습니다. 즉 고리의 한쪽에서 시간은 앞으로 흐르고, 반대쪽에서는 시간이 거꾸로 흐릅니다. 이들 닫혀진 고리들은 입자 가속기로 직접 측정이 되지 않기 때문에, 가상 입자라고 부릅니다. 하지만 그 효과는 간접적으로 측정할 수 있습니다. 더욱더 골치 아픈 것은 시공상에 무한히 많은 점이 있기 때문에 이런 닫혀진 입자 고리들이 무한히 많다는 것입니다. 무한히 많아서 계산을 못할 것 같지만, 무한에서 무한을 빼는 잘 정의된 방법을 이용해서 유한한 답을 얻을 수 있습니다.

무한개의 닫혀진 고리가 문제를 일으키는 것은 양자론과 아인슈타인의 일반상대성 이론을 결합하려고 할 때입니다. 이때 등장하는 무한 에너지를 다루기 위해서는 아주 독창적인 계산법이 필요한데, 기존의 4차원 이외에 새로운 추가적인 차원을 도입하는 초대칭 개념이 바로 그것입니다. 초대칭 이론은 현재 우리가 알고 있는 입자에 대응되는 초대응 입자가 발견되면 입증되는데, 저는 이것이 다음 천년에 제네바에 있는 유럽공동원자핵연구소(CERN)에서 입증될 것으로 기대합니다.

저는 다음 천년에 우주의 모든 힘과 상호 작용을 단일한 법칙으로 설명할 수 있는 완전한 통일 이론이 발견될 것으로 믿습니다. 20세기에 들어와서 인류는 점점 작은 극소 길이의 세계를 탐구해왔습니다. 현재 물리학에서는 플랑크 길이라는 10^{-33}센티미터를 현대 과학이 생각할 수 있는 가장 짧은 것으로 믿고 있습니다. 따라서 현재 이 완전한 통일 이론은 대부분 수학적인 아름다움과 정합성을 바탕으로 연구되고 있는데, 저는 이 이론이 21세기 말까지는 발견될 것으로 확신합니다. 앞으로 20년 내에 발견될 확률이 50:50이라는 데 걸겠습니다.

3. 인체 · 인공지능 분야 획기적 진전

이런 근본 법칙에 대한 탐구 외에도 다음 천년 동안에는 복잡계 분야에서 대부분의 중요한 발전이 있을 것으로 생각됩니다. 가장 복잡한 계로는 우리 자신의 몸을 들 수 있습니다. 생명은 40억 년 전 지구를 덮고 있었던 원시 바다에서 발생한 이래로 35억 년 전 DNA가 만들어지면서 더욱더 복잡한 구조로 진화해왔습니다. 생물학적 진화는 기본적으로 제멋대로 걷기와 같습니다. 이런 마구잡이식 진화는 매우 느린데, 진화의 첫 20억 년 동안에는 100년에 한 자릿수 속도로 정보가 축적되었습니다. 지난 몇백만 년 동안에는 조금 빨라져서 1년에 1비트 정도로 DNA 복잡계에 정보가 증가했습니다. 하지만 인간의 유전자 조작이 가능해지면서 우리는 더이상 느린 생물학적인 진화를 기다리지 않아도 됩니다.

많은 사람들은 인간에 대한 유전공학적 조작을 금지해야 한다고 주장하지만, 저는 이 기술을 금지할 수 있을지 의문입니다. 식물과 동물에 대한 유전공학은 경제적인 이유로 허용될 것이며, 누군가가 인간에 대해서도 유전공학적 조작을 시도할 것입니다. 유전공학적 조작으로 진보된 인간들은 진보되지 않은 인간을 상대로 커다란 사회적 정치적인 문제를 야기시킬 것입니다. 저는 인간 유전공학을 선한 것으로 옹호하지는 않지만, 분명한 것은 다음 천년 동안 이런 일이 발생하리라는 것입니다.

현재 컴퓨터는 놀라운 속도로 발전하고 있습니다. 하지만 아직 컴퓨터가 지능을 가지고 있다는 징후는 없고, 현재의 가장 발전한 컴퓨터도 지렁이의 두뇌만도 못합니다. 컴퓨터는 인텔 사(社)의 고던 무어가 제창한 무어의 법칙을 따르고 있습니다. 이 법칙에 따르면 컴퓨터의 속도와 복잡성은 매 18개월마다 두 배가 됩니다. 물론 컴퓨터가 이 법칙에 따라 무한히 기하급수적으로 성장을 계속하지는 않겠지만, 인간 두뇌와 유사한 정도로 복잡성을 지니게 되어, 결국에는 지능도 가지게 될 것입니다. 만약 컴퓨터가 지능을 지니게 되면, 그들은 더욱더 복잡하고 고도의 지능을 지닌 컴퓨터를 또다시 설계하게 될 것입니다.

이것이 바로 제가 공상과학 소설이 그리는, 진보되었지만 고정된 미래상을 믿지 않은 이유입니다. 대신 저는 복잡계가 생물학적 내지 전자공학적 영역에서 모두 급속한 속도로 발전할 것으로 기대합니다. 이 모든 것이 다음 몇백 년 동안 일어나지는 않을 것입니다. 하지만 다음 천년이 끝나는 무렵까지는 그 변화는 근본적인 것이 될 것입니다. 이것이 천년 후에 나타날 과학의 모습입니다.

(한겨레, 1998년 8월 26일자, 임경순 옮김)

---

*이 글은 1998년 3월 6일 미국 백악관에서 클린턴 대통령 부부와 학자들이 참석한 '밀레니엄의 밤' 행사에서 강연한 내용을 간추린 것이다.

미래를 어떻게 구분할 것인가

복거일

1

세기말이라, 요즈음 다음 세기에 대한 관심이 부쩍 높아졌다. 아울러 미래 전반에 관한 논의도 많이 보인다. 그래서 미래의 모습에 대한, 특히 21세기의 그것에 대한, 예측과 묘사가 많이 나온다.

찬찬히 살펴보면, 그러나 미래를 적절하게 구분하려는 노력이 드물다는 것을 깨닫게 된다. 이것은 적잖이 이상하다. 역사학자들과 사회 사상가들은 오랫동안 인류의 과거를, 곧 인류 역사를, 적절하게 구분하려고 애써왔다. 실은 그런 시대 구분이 역사학의 핵심적 논점들 가운데 하나다. 어떤 시대 구분은 그것을 주창한 사람의 사관을 집약적으로 드러낸다.

시대 구분의 노력이 비교적 가까운 과거인 인류 역사에 국한된 것도 아니다. 지질학자들과 고생물학자들은 조산 활동의 순서와 생명체들의 화석 기록을 바탕으로 지각의 형성 이후 약 40억 년 동안의 역사를 '지질 시대(geological age)'로 정리했다. 크게는 선캄브리아대·고생대·중생대·신생대로 나누고 각 대(代, era)들을 다시 기(紀, period), 세(世, epoch), 절(節, age), 크론(chron)으로 자세하게 나누었다. 선캄브리아대의 구분에 대해선 학자들 사이에서 아직 합의가 제대로 이루어지지 않았지만, 화석 기록이 풍부한 뒷대들의 시대 구분에 관해선 대체로 합의가 이루어졌다.

우리가 미래를 얘기할 때, 미래란 말은 흔히 인류 사회와 문명이 미래에 지닐 모습을, 곧 '미래 역사(future history)'를 뜻한다. 과거 역사의 시대 구분에 관한 높은 관심과 미래 역사의 시대 구분에 관한 낮은 관심은 그래서 대조적이다. 비록 하나는 이미 존재했고 다른 하나는 아직 상상 속에서만 존재하지만, 그래서 미래 역사의 시대 구분은 훨씬 근거가 약하고 어렵긴 하지만.

2

미래 역사의 시대 구분에 관한 낮은 관심이 그저 이상하기만 한 것은 아니다. 그것은 미래를 또렷이 예측하고 상상하는 일을 훨씬 어렵게 한다. 예측의 대상이 된 미래의 기간을 예측의 목적에 맞게 좁혀서 그런 미래에 나올 수 있는 변화들과 나오기 어려운 변화들에 대해 무엇인가 자세히 따지지 않는다면, 예측의 가치는 크게 줄어들 수밖에 없다. 그 점은 요즈음 유행이 되다시피한 '21세기의 예측'에서 잘 드러난다.

거의 모든 사람들은 21세기가 짧고 동질적인 기간이라고 얘기한다. 생각해보면, 그러나 그것은 백 년이나 되는 기간이다. 21세기에 관해서 우리가 자신 있게 얘기할 수 있는 것이 있다면, 그것의 처음과 끝은 크게 다르리라는 점이다. 1890년의 인류 사회의 모습과 1990년의 그것을 비겨보면, 그 점을 이내 깨달을 수 있다(1890년엔 마르코니의 무선전신 실험은 다섯 해 뒤의 일이었고 라이트 형제의 비행 실험은 열세 해 뒤의 일이었다. 우리나라는 개항한 지 다섯 해가 채 못 되었다). 더구나 변화는 쉬지 않고 가속하므로, 21세기의 처음과 끝 사이의 차이는 20세기의 그것의 여러 곱절이 될 것이다. 따라서, 비록 21세기가 미래의 아주 작은 부분이지만, 그것을 적절한 기준에 따라 나누어서 다루려는 노력은 긴요하다.

3

미래를 적절하게 나누려는 노력이 없었던 것은 아니다. 미래를 '예언의 미래(future of prophesy)'와 '운명의 미래(future of destiny)'라는 두 개의 또렷한 범주로 나눈 프레드릭 폴럭(Frederick L. Polak)의 『미래의 심상 *The Image of the Future*』(1973)은 그런 노력을 대표하는 저술이다.

'예언의 미래'는 현재와 잇닿은 미래로 그것의 심상들은 현재 사람들이 하는 행동들로부터 나올 역사의 모습이다. 미래를 예언하는 사람들은 대개 사람들이 지금 하는 일들에 주목하고 그것들이 불러올 결과들에 대해 경고하고 다른 길들을 고를 것을 역설한다.

'운명의 미래'는 아주 먼 미래로 우리의 상상력이 미칠 수 있는 데까지 뻗친다. 그런 미래엔 지금 사람들이 관심을 가진 문제들은 대체로 뜻을 지니지 못한다. 모든 것들이 너무 바뀌어서 우리로선 거의 알아보기 힘들고, 인류는 어떤 궁극적 이상향의 상태에 도달했거나 멸종했을 것이다. 그래서 그런 미래의 심상들은 종말론과 관련된 것들이다.

폴럭의 구분은 또렷하고 실제적이다. 실은 그런 구분과 비슷한 구분이 알게 모르게 널리 퍼져 있었다. 예컨대 과학소설에선 미래를 '가까운 미래(near future)'와 '먼 미래(far future)'로 나누는 관행이 꽤 오래 전부터 채택되었었다.

'가까운 미래'는 우리가 생전에 찾아올 가능성이 있는 미래다. 그래서 현재로부터 50년 안쪽의, 길어도 100년 안쪽의 기간이다. 자연히, 앞으로의 삶을 합리적으로 준비하기 위해선, 우리는 그것의 모습에 관해 상당한 지식을 갖춰야 한다. 그것에 관한 지식은 모호할 수밖에 없지만, 현재의 추세들이 외삽(外揷, extrapolation)으로 어느 정도 예측이 가능하다.

'먼 미래'는 지금 살고 있는 사람들의 개인적 사건의 지평(event-horizon)을 넘어서는 미래다. 그것은 50년 또는 100년 뒤부터 우주의 종말까지—만일 우주에 종말이 있다면—이르는 아득한 기간이다.

4

미래를 그렇게 둘로 나누는 것은 자연스럽다. 어떻게 보면 좀 유치하기까지 하다. 그러나 그것은 보기보다는 훨씬 어려워서 근년에야 나올 수 있었던 지적 성취다.

과학에 바탕을 둔 '먼 미래'의 모습이 나오려면, 적어도 세 가지 조건이 갖춰져야 한다. 가장 기본적 조건은 물론 과학적 방법론이 자리 잡아야 한다는 점이다. 다음엔 세상을 변화시키는 기구(mechanism)가 알려져야 한다. 아울러 그런 변화의 기구가 제대로 작용할 수 있을 만한 시평(時平, time-horizon)을 사람들이 상상할 수 있어야 한다.

서양의 경우, 그런 조건들은 18세기까지 제대로 갖춰지지 않았다. 첫 조건은 15세기에 시작된 과학혁명으로 일단 갖춰졌다. 그러나 세상을 변화시키는 기구로는, '신의 뜻'을 빼놓고는 알려진 것이 없었다. 그리고 지구의 참 나이가 알려지지 않았고 대신 기독교의 교리에 바탕을 둔 아주 짧은 과거가 일반적으로 받아들여졌다. 성경의 해석에 바탕을 둔 유태교의 표준 연대(Anno Mundi)는 이 세상이 기원전 3761년에 만들어졌다고 여긴다. 유태교에 뿌리를 둔 기독교나 회교의 우주관도 근본적으로 같아서, 서양 사람들은 전통적으로 이 세상 나이가 6천 년 가량 된다고 믿어왔다. 그렇게 짧은 과거는 먼 미래를 상상하기 어렵게 만들었다. 더구나 '재림 사상'은 그렇게 짧아진 시평을 더욱 짧게 만들었고 미래의 모습을 확실하고 상당히 자세하게 보여주어 따로 미래를 예측해보려는 시도가 나올 여지를 없앴다.

나머지 두 조건이 채워진 것은 19세기 중엽이었다. 1785년에 영국 지질학자 제임즈 허턴(James Hutton, 1726~1797)은 「지구의 이론, 또는 지구의 땅의 생성, 분해, 그리고 회복에 관한 관찰할 수 있는 법칙들에 대한 조사」라는 제목의 논문에서 과거에 지구에 작용했던 과정들은 현재 작용하는 과정들과 같다는 가설을 명료하게 밝혔다. 이어

영국 지질학자 찰스 라이얼(Charles Lyell, 1797~1875)은 1830년대 초 엽에 나온 『지질학 원리 *The Principles of Geology*』에서 지구는 나이가 엄청나게 많으며 조산 운동과 풍화 작용으로 끊임없이 바뀌어왔음을 밝혔다. 그런 지질적 진화론은 이어 나온 다윈의 생물적 진화론과 함 께 먼 뒷날에 나올 지구와 인류 사회의 모습을 그리는 데 필요한 개념 적 도구들을 제공했다. 이렇게 보면, '먼 미래'라는 개념이 널리 인식 된 것은, 길게 잡아도, 150년을 넘지 못한다.

5

여기서 강조되어야 할 것은 변화의 기구가 지니는 중요성이다. 그저 아득한 미래를 상상하는 것만으로 과학적 '먼 미래'의 모습이 나오는 것은 아니다.

이 세상의 나이를 아주 짧게 본 것은 유태교나 그것의 우주관을 이 어받은 기독교와 회교만은 아니었다. 일반적으로, 지질학이나 고생물 학 지식을 갖추지 못했던 고대 문명들은 아득한 과거를 그리기 어려웠 다. 중국 문명은 역사의 시작을 황제(皇帝)의 통치가 시작되었다고 여 겨지는 기원전 2697년으로 보았다(우리의 역사가 기원전 2333년에 시 작되었다고 보는 단기 연호는 이것에 바탕을 두었다). 메소포타미아 문 명은 이 세상의 역사를 훨씬 길게 보았으니, 기원전 3세기에 활약했던 바빌로니아 승려 베로서스의 사서 『바빌로니카 *Babylonica*』는 세상의 창조에서 당시까지 거의 50만 년이나 되는 기간을 다루었다. 세상의 창조에서 대홍수까지 432,000년, 대홍수에서 바빌로니아 나보나사르 왕이 즉위한 기원전 747년까지 35,791년, 나보나사르 왕의 즉위에서 알렉산드로스 대왕의 죽음까지 424, 합계 468,215년. 그러나 50만 년도 아득한 미래를 그리는 데 필요한 긴 시평을 제공하기엔 너무 짧았다.

그러나 모든 문명에서 그렇게 시평이 짧았던 것은 아니다. 힌두교 문명은 무척 크고 목숨이 긴 우주가 발전과 쇠망을 거듭한다고 여겨왔다. 그런 우주의 순환에서 기본적 주기는 '브라마의 낮'인데 그 길이는 한 겁(劫, kalpa)으로 4,320,000,000년이다. '브라마의 날'이 시작되면서 우주가 생겨나고, 그것이 끝나면 우주도 끝난다. 그러나 브라마는 한 겁 동안 자고(이 기간은 '브라마의 밤'이라 불린다) 그가 깨어나면 새로운 '브라마의 낮'이 돌아와서 새로운 우주가 나온다. 우주의 이런 순환은 끝없이 이어진다.

한 겁은 천 개의 대세(大世, maha yuga)로 이루어진다. 4,320,000년이 되는 대세는 다시 네 개의 시대로 이루어진다. 크리타 유가(1,728,000년), 트레타 유가(1,296,000년), 드바파라 유가(864,000년), 그리고 칼리 유가(432,000년). 첫 시대인 크리타 유가의 세상은 좋은 세상이지만, 갈수록 점점 나빠진다. 지금 세상은 기원전 3102년에 시작된 칼리 유가에 속한다.

힌두교의 시간대는 아주 길고 현대의 천문학이 상정하는 우주의 나이(80억 년에서 150억 년 사이)와 놀랄 만큼 비슷하다. 그러나 그것은 본질적으로 종교에 바탕을 둔 신비적 우주관의 산물이었다. 그런 우주관은 과학적 변화의 기구를 갖추지 못했고, 자연히 과학에 바탕을 둔 미래의 모습을 내놓지 못했다.

마야 문명도 무척 긴 시간대를 상정했다. 마야인들은 백만 년 단위

로 우주의 역사를 상상했지만, 힌두교 문명의 경우와 같은 이유로 과
학에 바탕을 둔 미래의 모습을 내놓지 못했다.

6

역설적으로, 과학에 바탕을 둔 '가까운 미래'는 '먼 미래'보다 나오
기가 더욱 힘들었다. 변화의 크기가 무척 클 수 있다는 것이 인식되고
다시 변화의 속도가 아주 빨라져서 개인들이 생전에 상당히 크고 중요
한 변화들을 겪을 수 있으며 과거의 현재를 위해 마련된 습관이나 전
략은 미래에선 적절하지 못할지도 모른다는 것이 인식된 뒤에야, 비로
소 그것은 나올 수 있었다. 그런 조건은 산업혁명이 상당히 진행된 뒤
에야 채워졌다.

지금은 사소하게 보이지만, '가까운 미래'는 실제로는 파악하기가
아주 어려운 개념이다. 그래서 사람들은 그것에 끈질기게 저항했고 오
늘날에도 많은 사람들은 그들의 생전에 나올 변화의 크기와 필요한 적
응의 정도를 제대로 이해하지 못하고 있다. 앨빈 토플러(Alvin Toffler)
의 『미래의 충격 *Future Shock*』이 강조한 것이 바로 그 점이다.

7

그러나 그런 이분법들은 좀 거칠다. 그래서 그것들은 좀더 정교하게
다듬어져야 할 것이다. 특히 먼 미래는 그렇다.

이 점과 관련하여, 경제학은 좋은 개념적 도구를 제공한다. 경제학자들은 과학자들 가운데 미래에 대해 가장 큰 관심을 보이는 사람들이다. 그들은 늘 가까운 미래에 경제가 할 모습에 대해 아주 세밀하게 예측하고 그것을 좀더 나은 모습으로 바꾸려고 애쓴다. 자연히, 그들은 그들이 예측하려는 미래의 길이에 큰 관심을 보인다.

이 분야에서 선구적 업적을 쌓은 이는 앨프레드 마셜(Alfred Marshall, 1842~1924)이다. 그는 경쟁적 가격 균형에서 관련된 시간 요소의 중요성을 강조하고서 다른 시간대들에서 이루어지는 균형들을 구분했다.

일시적 균형 생산 요소들이 수요의 변화에 대응할 시간을 갖지 못한 시간대에서 이루어지는 균형.

단기적 균형 일부 가변적 요소들은 수요의 변화에 대응할 수 있으나 다른 요소들은 그럴 수 없는 시간대에서 이루어지는 균형.

장기적 균형 기술을 빼놓고 모든 요소들이 수요의 변화에 대응할 수 있는 시간대에서 이루어지는 균형.

초장기적 균형 기술까지도 바뀌는 시간대에서 이루어지는 균형.

위의 분석에서 마셜이 보인 통찰은, 먼저, 모든 변화엔 시간이 걸리며, 다음엔, 사간이 충분히 지나면 모든 것들이 바뀔 수 있다는 것이다. 그런 사실들은 인식하기가 쉽지 않고 흔히 잊혀진다

마셜의 시간대의 구분은, 가까운 미래에서 아주 먼 미래까지, 미래의 구분에 응용될 수 있다. 미래의 모습을 예측하려는 사람은 자신의 목적에 맞는 기준을 고르기만 하면 된다.

8

미래의 모습을 결정하는 요소들 가운데 가장 중요한 것이 기술이라는 점에 대해선 거의 모든 사람들이 동의한다. 따라서 기술을 미래를 구분하는 기준으로 삼는 것은 자연스럽고 실제적이다.

기술은 단기적으로는 아주 비탄력적이다(그것이 '가까운 미래'를 다룬 소설들이 거의 모두 정치적 측면을 중점적으로 그리는 까닭들 가운데 하나다. 짧은 시간대에서 정치적 사건들은 과학적 발견들이나 기술적 발전들보다 사회적 변화에 훨씬 큰 영향을 미친다). 그러나 시간대가 길어지면, 그것은 점차 탄력적이 된다. 그래서 기술을 기준으로 삼으면, 미래는 대체로 아래와 같이 구분될 수 있다.

잇닿은 미래(immediate future) 이미 쓰이는 기술들의 정교화만이 가능하고 주요 기술이 새로 나올 가능성은 아주 작은 시간대.

가까운 미래(near future) 지금 원형(prototype)으로 존재하는 기술들이 충분히 발전되어 상업적으로 쓰일 수 있는 시간대.

중간 미래(intermediate future) 이론적으로 가능하나 지금은 원형조차 존재하지 않은 기술들이 쓰일 수 있는 시간대.

먼 미래(far future) 현재 정설로 자리잡은 과학 이론들이 적잖이 수정되어 지금 이론적으로 불가능하다고 여겨지는 기술들이 나올 시간대.

위의 시간대를 실제 시간에 대입하면, 다음과 같다. 지금부터 10년이나 15년 안에 나올, 주요한 기술들은 그리 많지 않을 것이다. 그래서 '잇닿은 미래'는 지금부터 2010년 무렵까지일 것이다.

지금 원형으로만 존재하는 주요 기술들은 우주 생활 공간(space habitat), 행성 여행, 인공지능, 핵융합 발전, 초전도 기술, 미생물을 이용한 유전공학, 암과 같은 난치병의 치료법, 나노 기술(nanotechnology) 따위이다. 이들 원형 기술들은 대체로 50년 내에 상업적으로 쓰이리라고 전망된다. 따라서 '가까운 미래'는 대체로 2010년에서 2050년 사이의 시기일 것이다.

21세기 중엽부터는 이론적으로는 가능하나 현재의 기술 수준을 훨씬 넘는 기술들 가운데 비교적 간단한 것들이 나오기 시작할 것이다. 곧 '중간 미래'가 시작될 것이다. 그러나 언제 '중간 미래'가 끝나고 '먼 미래'가 시작될 것인지는 현재로선 짐작하기 어렵다.

9

이렇게 살피면, 21세기는 세 개의 시간대를 포함하고 있음이 드러난다. 그 백 년 동안에 인류 사회와 문명은 현재와 본질적으로 다르지 않은 '잇닿은 미래'로부터 현재와 거의 모든 면들에서 크게 다른 '가까운 미래'를 거쳐 우리로서는 상상하기도 어려운 '중간 미래'를 맞을 것이다.

따라서 21세기를 동질적인 시간대로 다루는 것은, '21세기'란 말을 구호로 쓰는 경우를 빼놓고는, 바람직하지 않다. 우리는 21세기의 백년이 무척 긴 시간이고 처음과 끝이 전혀 다른 이질적 시간대임을 늘 기억하고서 다루려는 시기를 좁히려고 애써야 한다. 그래야 우리는 당해 시간대에서 어떤 요소들이 바뀔 수 있고 어떤 요소들이 바뀌지 않을 것인지 판별해서 미래의 모습을 좀더 정확하고 자세히 그릴 수 있을 것이다.

(『쓸모 없는 지식을 찾아서』, 문학과 지성사, 1996)

마음의 아이들

이인식

인류 진화의 새로운 국면

인류의 장래를 예측함에 있어 생물적 요인보다 기술적 측면을 훨씬 더 중요하게 고려하는 작금의 추세는 결코 놀라운 일이 못 된다. 생명공학과 정보기술로 대표되는 기술문명이 인류의 진화 과정에 직접적으로 관여할 개연성이 갈수록 농후해지고 있기 때문이다. 생명공학은 이미 새로운 생물을 창조하는 길을 터놓았으며, 컴퓨터 기술은 생물처럼 자식을 낳고 진화하는 기계의 개발을 겨냥하고 있다.

더욱이 두 기술이 제휴하여 분자기술이 등장함에 따라 분자 크기의 기계, 즉 분자기계의 개발이 시도되고 있다. 분자기계는 생명공학에 의하여 대장균으로부터 합성된 단백질 분자로 구성되므로 살아 있는 기계라고 해도 과언이 아니다.

분자기술은 나노(10억분의 1)미터 단위로 측정되는 분자를 개별적으로 다루기 때문에 나노기술(nanotechnology)이라 불린다. 나노기술의 출현으로 미래의 기계가 생물체와 유사한 기능을 갖게 될 가능성이 엿보임에 따라 사람과 기계의 관계를 생물의 진화 측면에서 논의하는 과학자들의 저술이 잇따르고 있다.

미국의 그레고리 스톡(Gregory Stock) 박사는 그의 저서 『메타인류 *Metaman*』(1993)에서 인류가 메타인류라 불리는 한 차원 높은 생물로 진화되는 와중에 있다는 독특한 주장을 펼쳤다. 메타인류는 인류와 현대 문명이 결합되어 형성된 전 지구적 규모의 초유기체로 정의된다. 따라서 메타인류는 사람을 포함해서 과학기술과 지구상의 모든 기계류, 건물, 통신시설 따위로 구성된다. 인류가 기계, 특히 컴퓨터와 공생관계를 유지하는 미래 사회를 하나의 생물체로 간주한 셈이다.

스톡은 메타인류의 출현을 생물 진화의 역사에서 획기적인 사건으로 평가했다. 지구상의 생물은 세 차례의 도약을 거쳐 오늘에 이르고 있다. 진화의 역사에서 첫번째 사건은 35억 년 전에 최초의 생명체가 박테리아 형태로 출현한 것이다. 두번째 도약은 21억 년 전에 나타난 진핵세포이다. 박테리아를 제외한 모든 생물은 세포 속에 핵을 갖고 있는 진핵생물이다. 7억 년 전에 발생한 세번째 사건은 여러 개의 진핵세포가 모여서 다세포생물을 구성한 것이다. 스톡은 현재 진행중인 메타인류의 형성이 이러한 사건에 맞먹을 정도로 중요하기 때문에 생물진화의 역사에서 네번째의 도약으로 자리매김되어야 한다고 주장했다. 메타인류의 개념은 다소 과장되고 논리적으로 엉성하지만 인류의 다가오는 진화를 기술적인 관점에서 접근한 까닭에 관심을 끌고 있다.

뇌만 남은 미래의 인류

인류의 생물 진화가 완료된 이후의 세계를 처음으로 탐구한 과학자는 영국의 데스먼드 버널(J. D. Bernal, 1901~1971)이다. 그는 1929년에 펴낸 『세계, 육체, 악마 *The World, The Flesh and the Devil*』라는 소책자에서 인류의 진보를 가로막는 세 개의 적으로 가난 홍수와 같은 물질적 장애(세계), 질병 노화 죽음과 같은 신체적 약점(육체), 마음속의 탐욕 질투 광기(악마)를 열거하고 인류가 이를 극복하기 위하여 자기 증식하는 기계, 즉 자식을 낳는 기계를 제조하게 될 것으로 내다보았다.

버널처럼 미래의 인류가 기계와 공생할 것으로 전망한 생물학자는 미국의 린 마굴리스(Lynn Margulis)이다. 나노기술의 가능성에 주목한 그녀는 1986년에 펴낸 『미생물 우주 *Microcosmos*』에서 "우리는 (인류의 진화에 관하여) 특별한 가능성을 생각할 수 있다. 인공공생(cybersymbiosis), 즉 인간 신체의 부품이 미래의 생명체 안에서 진화하는 것이다…… 미래의 인간은 팔다리가 보철에 의하여 잘려나간 형태—아마도 정교하게 해부된 신경계만이 전기적으로 구동되는 플라스틱 팔에 부착된 형태가 될지 모른다"라고 적고 있다.

사람이 몸통과 사지가 없이 뇌만 남은 형태로 진화될 것이라는 아이디어는 공상과학 소설에 나오는 사이보그를 연상시킨다. 사이보그는 생리 기능이 기계로 대치된 인간이다. 인체의 일부를 기계 장치로 치환하는 보철기술이 머리 끝에서 발 끝까지 거의 모든 부위에 대해서 개발되고 있기 때문에 미구에 사이보그가 현실로 나타날 가능성을 배제할 수 없다. 궁극적으로 뇌를 제외한 나머지 부분을 모두 기계 장치로 대치할 수 있게 될는지 모를 일이다. 바꾸어 말하자면 뇌를 늙어 죽게 마련인 인간의 몸에서 끄집어내서 특수 설계된 로봇의 몸통으로 옮겨놓을 수도 있을 것이다. 그러나 뇌를 로봇에게 이식시키는 일이 콩팥이나 각막 따위를 떼어내는 것처럼 쉬울 리 만무하다. 왜냐하면 뇌에서 사람의 마음이 솟아나기 때문이다. 따라서 사람의 뇌로부터 마음을 뽑아내서 기계에게 옮겨주는 방법이 자못 궁금하지 않을 수 없다.

마음을 이식하는 수술

미국의 로봇공학 전문가인 한스 모라벡(Hans Moravec)의 저서 『마음의 자식들 *Mind Children*』(1988)이 출간 직후 신선한 충격을 던진 이유 중의 하나는 사람의 마음을 기계로 옮기는 시나리오를 다음과 같이 자세히 묘사하고 있기 때문이다.

수술실에 드러누워 있는 당신 옆에는 당신과 똑같이 되려는 컴퓨터가 대기하고 있다. 당신의 두개골이 먼저 마취된다. 그러나 뇌가 마취된 것이 아니기 때문에 당신의 의식은 말짱하다. 수술을 담당한 로봇이 당신의 두개골을 열어서 그 표피를 손에 수없이 많이 달려 있는 미세한 장치로 주사(走査)한다. 주사하는 순간마다 뇌의 신경세포 사이에서 발생하는 전기신호가 기록된다. 로봇의사는 측정된 결과를 토대로 뇌 조직의 각 층이 보여주는 행동을 본뜬 컴퓨터 프로그램을 작성한다. 이 프로그램은 즉시 당신 옆의 컴퓨터에 설치되어 가동된다. 이러한 과정은 뇌 조직을 차근차근 도려내면서 각 층에 대하여 반복적으로 시행된다. 말하자면 뇌 조직의 층별로 뇌의 움직임이 모의실험(simulation) 되는 것이다. 수술이 끝날 즈음에 당신의 두개골은 텅 빈 상태가 된다. 물론 당신은 의식을 잃지 않고 있지만 당신의 마음은 이미 뇌로부터 빠져나와서 기계로 이식되어 있다. 마침내 수술을 마친 로봇의사가 당신의 몸과 컴퓨터를 연결한 코드를 뽑아버리면 당신의 몸은 경련을 일으키면서 죽음을 맞게 된다. 그러나 당신은 잠시 동안 아득하고 막막한 기분을 경험한다. 그리고 다시 한번 당신은 눈을 뜨게 된다. 당신의 뇌는 비록 죽어 없어졌지만 당신의 마음은 컴퓨터에게 온전히 옮겨졌기 때문이다. 당신은 새롭게 변형된 셈이다.

모라벡의 시나리오에 의하면 인간의 마음이 컴퓨터에 이식됨에 따라 상상하기 어려운 다양한 변화가 일어난다. 먼저 컴퓨터의 처리성능에 힘입어 사람의 마음이 생각하고 문제를 처리하는 속도가 수천 배 빨라질 것이다. 마음을 이 컴퓨터에서 저 컴퓨터로 자유자재로 이동시킬 수 있기 때문에 컴퓨터의 성능이 강력해지면 그만큼 사람의 인지능력도 향상될 것이다. 또한 프로그램을 복사하여 동일한 성능의 컴퓨터에 집어넣을 수 있으므로 자신과 동일하게 생각하고 느끼는 기계를 여러 개 만들어낼 수 있다. 게다가 프로그램을 복사하여 보관해두면 오랜 시간이 경과된 후에 다시 사용할 수 있기 때문에 마음이 사멸하지 않게 된다. 마음이 죽지 않은 사람은 결국 영생을 누릴 수 있다.

미국 물리학자인 프리먼 다이슨(Freeman Dyson)은 그의 저서 『모든 방향으로의 무한*Infinite in All Direction*』(1988)에서 이와 유사한 상황을 설정하고, "아마도 조상의 뇌 안에 있는 생존시의 경험을 기록한 기억의 흔적을 읽어낼 수 있는 기술이 개발될 것이다. 그러면 이 기술로 조상의 기억과 감정을 살아 있는 사람의 의식 속으로 재생시킬 수 있을 것이다. 이렇게 되면 산 사람과 죽은 사람, 미래와 과거의 구분이 흐릿해질 것이다"라고 21세기 과학기술을 전망하였다.

문화적 진화 시작된다

모라벡은 한 걸음 더 나아가 마음을 서로 융합시키는 아이디어를 내놓았다. 컴퓨터 프로그램을 조합시키는 것처럼 여러 개의 마음을 선택적으로 합치면 상대방의 경험이나 기억을 서로 공유할 수 있다는 것이다. 따라서 인류가 유전에 의한 진화를 마감하고 문화적 진화(cultural evolution)를 시작하게 된다.

문화적 진화 개념은 2차 대전 직후에 러시아 출신의 저명한 생물학자인 세오도시우스 도브잔스키(Theodosius Dobzhansky, 1900 ~ 1975)에 의하여 정립되었다. 그는 "문화는 유전자에 의해서 이어지는 것이 아니다. 문화는 다른 인간으로부터 학습을 통해 얻어지는 것이다. 어떤 의미에서 보면, 인간의 유전자들은 완전히 새롭고, 비생물학적이고, 초유기체적인 요인, 즉 문화에 인간 진화의 주도권을 넘겨주었다고 볼 수 있다"라고 말했다. 유태인 대학살을 몰고 온 인종적 편견에 혐오감을 느낀 도브잔스키는 인류가 유전자의 굴레를 극복하는 방법을 모색한 끝에 그 해답으로 문화적 진화를 내놓은 것이다.

  문화의 전달이 진화의 형태를 취한다는 점에서, 유전자의 전달에 비유될 수 있다. 영국의 생물학자인 리처드 도킨스(Richard Dawkins)는 그의 저서 『이기적 유전자 *The Selfish Gene*』(1976)에서 문화의 전달 단위를 밈(meme)이라고 명명했다. 밈은 진(gene)처럼 한 음절로 만들어진 단어이다. 밈은 유전자처럼 복제 능력을 지니고 있기 때문에 모방의 과정을 통해서 한 사람의 뇌로부터 다른 사람의 뇌로 건너뛴다. 사상, 노래, 관습, 옷의 패션, 건축 양식들이 모두 밈이다. 도킨스에 따르면 문화적 진화는 밈에 의하여 수행된다.

  문화적 진화가 유전적 진화와 다른 점은 다윈(Charles Darwin, 1809~1882)의 진화론보다는 라마르크(Jean Baptiste Lamarck, 1744~1829)의 진화론으로 설명된다는 것이다. 라마르크는 생물체의 몸 중에서 자주 사용되는 부분이 점차 커져서 그렇게 획득된 형질이 다음 세대로 진화된다는 용불용설을 주장했다. 예컨대 기린이 나뭇가지에 매달린 열매를 따먹기 위해서 열심히 노력한 결과 목이 길게 늘어나는 데 성공했다는 것이다. 문화적 진화는 생물학적 진화와는 달리 획득형질이 밈에 의하여 복제되어 다음 세대로 전달된다. 요컨대 문화적 진화는 본질적으로 라마르크 진화론의 과정이다.

두번째의 유전자 점령

  인류의 진화가 사람의 몸에서 태어난 후손보다는 마음의 자식들인 기계에 의하여 주도된다면 인간의 유전자는 아무짝에도 쓸모가 없어진다. 모라벡은 진화의 주역이 유전자에서 마음의 기계로 바뀌는 과정을 유전자 점령(genetic takeover) 현상에 비유했다. 유전자 점령은 영국의 화학자인 케언스-스미스(A.G. Cairns-Smith)가 생명의 기원을 설명한 점토이론에서 내놓은 개념이다.

점토이론에 따르면, 최초의 유전물질 역할을 수행한 것은 핵산이나 단백질 같은 유기물이 아니라 무기물인 점토이다. 점토는 물의 작용으로 단단한 바위들이 풍화작용을 일으킴으로써 형성된다. 지구는 항상 엄청난 양의 점토를 만들어내고 있는 것이다. 이러한 점토는 대부분 결정물이다. 점토가 다소 형태가 없는 것처럼 보이는 까닭은 점토의 결정이 아주 미세하기 때문이다. 자연에 가장 흔히 존재하는 스스로 조립된 물체가 결정이다. 설탕, 얼음 조각 등의 분자들은 스스로의 힘으로 질서정연하게 조립되어 결정을 만들어낸다. 그러나 완벽한 결정은 존재하지 않으며 대부분 표면에 결함을 지니고 있다. 왜냐하면 결정들은 실제로 크기가 유한하고 특정한 모양을 갖고 있기 때문이다. 점토의 미세한 결정이 지니는 크기와 모양은 개별 결정의 특징을 결정한다. 다시 말해서 결정의 크기와 모양은 그 결정의 원자배열 속에 들어 있는 특정한 내용의 정보를 나타낼 수 있다. 이러한 정보는 결정의 성장 과정을 통해서 복제된다. 점토의 결정체가 주변에 있는 물에 용해된 원자에 부착되어 커질 때, 새롭게 형성된 결정층은 그 아래에 있는 결정층과 동일한 패턴을 가질 수 있기 때문이다. 따라서 점토 결정체는 유전물질의 두 가지 기본적인 기능을 수행할 수 있다. 자신이 가지고 있는 정보를 복제할 수 있으며, 그 정보를 주변의 다른 분자에게 전달할 수 있는 것이다. 점토 결정체가 핵산과 동일한 기능을 수행하는 셈이다.

케언스-스미스는 점토결정체를 저급 기술의 유전자에 비유한 반면에 핵산은 고급 기술의 유전자로 간주했다. 그리고 저급 기술의 유전자로부터 역할을 인계받은 고급 기술의 유전자가 뒤늦게 출현한 것으로 설명했다. 점토처럼 아주 흔해빠진 물질에서 핵산처럼 고급 기술의 유전물질로 기능이 넘겨지는 과정을 유전자 점령이라고 명명했다.

로봇이 지구의 주인으로

기계가 인간의 도움 없이 스스로 증식하고 진화하기 시작할 무렵에 두번째의 유전자 점령이 완료될 것이다. 기계에 의하여 지배되는 세계는 오늘날 딴판일 것이다. 영국의 작가 새뮤얼 버틀러(Samuel Butler, 1835~1902)가 풍자소설인 『에레혼 *Erewhon*』(1872)에서 지능을 가진 기계가 사람의 지위를 물려받는 아이디어를 내놓은 뒤부터 끊임없이 과학자들의 상상력을 자극해온 살아 있는 기계가 모습을 드러낼 날도 멀지 않았는지 모른다.

인류의 미래가 인간의 혈육보다는 인간의 마음을 넘겨 받은 기계에 의하여 발전되고 승계될 것이라는 모라벡의 주장은 실로 충격적이지 않을 수 없다. 마음의 자식은 순전히 상상력의 소산이긴 하지만 적지 않은 학자들의 지지를 받고 있다. 이를테면 인공지능 이론의 선구자인 미국의 마빈 민스키(Marvin Minsky) 교수는 과학 월간지 『사이언티픽 아메리칸』(1994년 10월호)에 기고한 글에서 나노기술을 사용하여 뇌를 기계로 대치할 수 있을 것으로 단정하면서, 미래의 기계는 마음의 자식들이 될 것이라고 상상한 모라벡에게 전폭적으로 공감하는 의견을 다음과 같이 개진했다.

"로봇이 지구를 물려받을 것인가? 그렇다. 그러나 그들은 우리들의
자식일 것이다."

(『미래는 어떻게 존재하는가』, 민음사, 1992)

＊이 글은 서강대학교 국어국문학과가 펴낸『대학국어교정Ⅰ: 읽기』(서강대학교 출판부,
2000)에 수록되어 있다.

부록

우리나라에서 '과학기술에 관한 도서'를 집필하는 사람들의 명세를
다음과 같은 기준으로 만들었다.

● '과학기술에 관한 도서'에는 일반 대중을 위해 집필된 책으로서
자연과학, 수학, 공학, 의학에 관한 서적과 함께 과학사 · 과학철학 · 과
학사회학 등 과학학, 인지과학 등 학제간 연구의 도서를 망라하였다.

● 1945년 8월 이후 2002년 6월까지 '과학기술에 관한 도서'를 한
권 이상 펴낸 저자들의 성명을 가나다 순으로 나열하고, 독자들의 이
해를 돕기 위해 저자별로 한 권의 저서를 임의로 선정하여 명기하였
다. 따라서 여러 권의 책을 펴낸 저자의 경우 이 책이 대표적으로 평가
되지 않은 책일 가능성을 배제하기 어렵다.

이 명단은 오로지 '과학기술에 관한 도서'를 집필하는 사람들의 규
모를 어림잡아보기 위해 작성된 자료일 따름이며, 그 외의 다른 목적
이 고려되지 않았다. 또한 본의 아니게 누락된 저자가 있을 경우, 전적
으로 엮은이의 과오임을 밝혀두고자 한다. (엮은이)

저 자	도 서 명	출 판 사
강건일	이야기 현대약 발견사	까치
강석진	수학의 유혹	문학동네
강판권	어느 인문학자의 나무 세기	지성사
강혜순	꽃의 제국	다른세상
고경신	한국 고대화학 기술사	중앙대학교 출판부
고중숙	내 머리로 이해하는 $E=MC^2$	푸른나무
곽영직	물리학이 즐겁다	민음사
구인회	생명윤리의 철학	철학과현실사
권성환	식물의 세계	아카데미서적
권오길	꿈꾸는 달팽이	지성사
김기석	지붕 밑의 작은 우주	살림
김동희	톱쿼크 사냥	민음사
김명자	현대 사회와 과학	동아출판사
김명진	대중과 과학기술	잉걸
김문조	과학기술과 한국 사회의 미래	고려대학교 출판부
김석철	20세기 건축 산책	생각의나무
김성원	물리문제 총론	교우사
김소희	생명 시대	학고재
김수병	사이언티픽 퓨처	한송
김숙희	노화	민음사
김영식	과학혁명	민음사
김영정	심리철학과 인지과학	철학과현실사
김영환	방귀에 불이 붙을까요?	김영사
김완희	두 개의 해를 품에 안고	동아일보사
김용운	카오스의 날갯짓	김영사
김용준	갈릴레오의 고민	솔
김익수	춤추는 물고기	다른세상
김인수	모방에서 혁신으로	Sigma Insight
김재희	신과학 산책	김영사
김정동	근대 건축 기행	푸른역사
김정환	곤충의 사생활 엿보기	당대

저　자	도　서　명	출　판　사
김정흠	첨단과학시대	청아
김제완	겨우 존재하는 것들	사이언스북스
김종철	간디의 물레	녹색평론
김준민	한국의 귀화식물	사이언스북스
김진애	이 집은 누구인가	한길사
김진일	쉽게 찾는 우리 곤충	현암사
김창환	몸과 마음의 생물학	지성사
김태정	우리가 정말 알아야 할 우리꽃 백 가지	현암사
김학수	과학문화의 이해	일진사
김훈기	유전자가 세상을 바꾼다	궁리
김희준	재미 있는 화학 여행	김영사
나대일	아이슈타인과의 두뇌게임	동아일보사
나일성	한국 천문학사	서울대학교 출판부
남문현	한국의 물시계	건국대학교 출판부
문국진	생명윤리와 안락사	여문각
민영기	태양계는 살아 있다	겸지사
박병상	내일을 거세하는 생명공학	책세상
박상진	궁궐의 우리나무	눌와
박상철	생명보다 아름다운 것은 없다	사회평론
박석재	재미 있는 천문학 여행	김영사
박성래	한국사에도 과학이 있는가	교보문고
박수현	한국 귀화식물 원색도감	일조각
박시룡	동물행동학의 이해	민음사
박시익	풍수지리와 현대 건축	기문당
박영훈	아무도 풀지 못한 문제	지호
박용남	꿈의 도시 꾸리찌바	이후
박은정	생명공학시대의 법과 윤리	이화여대 출판부
박이문	과학철학이란 무엇인가	민음사
박익수	한국 과학기술 30년사	과학기술총연합회
박인원	생명의 기원	서울대학교 출판부
박창범	인간과 우주	가람기획

저 자	도 서 명	출 판 사
박충구	생명복제 생명윤리	가치창조
박택규	새 밀레니엄 시대의 과학 산책	한국이공학사
반기성	전쟁과 기상	명진출판
반옥	꽃은 남성이다.	다움
방건웅	신과학이 세상을 바꾼다	정신세계사
배기환	한국의 약용식물	교학사
배성환	두루미	다른세상
배종수	생명을 살리는 수학	김영사
백남극	뱀	지성사
백욱인	디지털이 세상을 바꾼다	문학과지성사
복거일	쓸모없는 지식을 찾아서	문학과지성사
서유헌	뇌를 알고 머리 쓰자	동아일보사
서정욱	이동통신	천문각
서현	건축, 음악처럼 듣고 미술처럼 본다	효형출판
소광섭	물리학과 대승기신론	서울대학교 출판부
소흥렬	자연주의적 유신론	서광사
손광성	나의 꽃 문화산책	을유문화사
손성원	박쥐	지성사
손영식	전통과학건축	대원사
송상용	서양과학의 흐름	강원대학교 출판부
송성수	청소년을 위한 과학자 이야기	신원문화사
신동원	조선사람의 생로병사	한겨레신문사
신동호	한국의 과학자 33인	까치
신유항	한국나비도감	아카데미서적
신중섭	포퍼와 현대의 과학철학	서광사
심재한	생명을 노래하는 개구리	다른세상
안덕균	한국본초도감	교학사
안상현	우리가 정말 알아야 할 우리 별자리	현암사
안재구	수학문화사	일월서각
안철수	영혼이 있는 승부	김영사
양승영	한국 공룡 대탐험	명지사

저　자	도　서　명	출　판　사
예병일	의학사의 숨은 이야기	한울
오진곤	화학의 역사	전파과학사
우경식	동굴	지성사
원병오	새들이 사는 세상은 아름답다	다움
윤무부	한국의 텃새	대원사
윤영민	사이버공간의 정치	한양대학교 출판부
윤원태	한국의 전통초가	재원
윤정로	과학기술과 한국 사회	문학과지성사
윤희본	우리 진돗개	창해
이광연	웃기는 수학이지 뭐야	일공일공일
이광형	포철 같은 컴퓨터 회사를 가진다면	솔
이동범	자연을 꿈꾸는 뒷간	들녘
이문호	공학박사가 말하는 풍수과학 이야기	청양
이문호	뿌리 찾는 정보통신 이야기	김영사
이병훈	자연사박물관과 생물다양성	사이언스북스
이상회	매화	넥서스
이수영	곤충을 찾아서	아카데미서적
이영노	원색 한국 식물도감	교학사
이영희	과학기술의 사회학	한울
이용수	현대 문명의 빛과 그늘―원자력	한국원자력문화재단
이우신	우리가 정말 알아야 할 우리 새 백가지	현암사
이유미	우리가 정말 알아야 할 우리나무 100가지	현암사
이윤하	아홉 건축가 아홉 무늬	현대건축사
이융남	공룡대탐험	창작과비평사
이인규	한국의 조류 생태와 응용	아카데미서적
이인식	사람과 컴퓨터	까치
이재열	자연의 지배자들	지호
이재현	인터넷과 사이버 사회	커뮤니케이션북스
이종찬	한국의료 대논쟁	소나무
이종호	노벨상이 만든 세상	나무의꿈
이준상	생명의 과학	한길사

저　자	도　서　명	출　판　사
이진경	수학의 몽상	푸른숲
이철수	우리가 정말 알아야 할 우리농작물 백가지	현암사
이초식	인공지능의 철학	고려대학교 출판부
이태형	재미 있는 별자리 여행	김영사
이필렬	에너지 대안을 찾아서	창작과비평사
이호왕	한탄강의 기적	시공사
임경빈	솟아라 나무야	다른세상
임경순	20세기 과학의 쟁점	사이언스북스
임문순	거미의 세계	다락원
임석재	한국적 추상 논의	북하우스
임종식	생명의 시작과 끝	로뎀나무
장순근	지구 46억 년의 역사	가람기획
장회익	삶과 온생명	솔
전경수	똥이 자원이다	통나무
전상운	한국과학사	사이언스북스
전세일	재활치료학	계축문화사
전용훈	물구나무 과학	문학과지성사
정성희	우리 조상은 하늘을 어떻게 이해했는가	책세상
정재승	과학 콘서트	동아시아
조경철	신비의 우주	대원사
조덕현	버섯	지성사
조동성	한국 반도체의 신화	비룡소
조환규	컴퓨터 이야기	창작과비평사
조홍섭	프랑켄슈타인인가, 멋진 신세계인가	한겨레신문사
진교훈	의학적 인간학	서울대학교 출판부
진용옥	봉화에서 텔레파시통신까지	지성사
진정일	프로야구 왜? 나무 방망이 쓰나	동아일보사
차윤정	식물은 왜 바흐를 좋아할까?	중앙M&B
차종환	묘향산 식물생태	예문당
채연석	눈으로 보는 로켓 이야기	나경문화
최경희	물리 가볍게 뛰어넘기	동녘

저 자	도 서 명	출 판 사
최기철	민물고기를 찾아서	한길사
최남인	과학기술로 보는 한국사 열세 마당	일빛
최상일	소매치기도 뉴턴은 안다	한승
최석식	우리의 과학기술 어떻게 높일 것인가	지식산업사
최성우	과학사 X파일	사이언스북스
최윤	상어	지성사
최재천	개미제국의 발견	사이언스북스
최정	흙이 죽어가고 있다	혜안
최종덕	부분의 합은 전체인가	소나무
최형섭	과학에는 국경이 없다	매일경제신문사
최혜실	디지털 시대의 문화예술	문학과지성사
추종길	곤충의 사회행동	민음사
함인영	신라 과학기술의 비밀	삶과꿈
허두영	신화에서 첨단까지	참미디어
허신행	식물을 보고 세상을 읽는다	범우사
허정	아시아 전통의학을 찾아서	한울
현원복	하이테크 달걀	동아출판사
현정준	별, 은하, 우주	전파과학사
현진오	아름다운 우리꽃	교학사
홍석화	한국의 토종기행	사계절
홍성욱	생산력과 문화로서의 과학기술	문학과지성사
홍성태	사이버사회의 문화와 정치	문화과학사
홍용식	우주를 향한 인간의 꿈	동아일보사
홍욱희	생물학의 시대	범양사
황기원	책 같은 도시 도시 같은 책	열화당
황상익	첨단의학 시대에는 역사시계가 멈추는가	창작과비평사
황훈영	우리 조상들은 얼마나 과학적으로 살았는가	청년사

리처드 파인만Richard P. Feynman

1918년 미국 뉴욕에서 태어나 매사추세츠 공과대학(MIT)을 졸업한 후 프린스턴 대학에서 물리학 박사학위를 받았다. 2차 세계대전중에 원자폭탄 제조를 위한 맨해튼 계획에 참여했으며, 코넬 대학과 캘리포니아 공과대학(Caltech)에서 교수로 재직했다. 양자전기역학 이론을 정립한 공로로 1965년에 노벨 물리학상을 수상했으며, 저서로『파인만 물리학 강의』『양자전기역학』『물리법칙의 특성』『미스터 파인만!』『파인만 씨, 농담도 잘하시네!』등이 있다. 아인슈타인과 함께 20세기의 가장 위대한 물리학자로 불리는 그는 1988년 오랜 투병 끝에 세상을 떠났다.

박이문

1930년 충남 아산에서 태어나 서울대 불문과 및 동 대학원을 졸업했다. 프랑스 소르본 대학에서 불문학 박사, 미국의 남가주 대학에서 철학 박사 학위를 취득했다. 이화여대 불문과 교수, 시몬스 대학 철학과 교수, 마인츠 대학 객원교수 등을 역임했고, 2000년 2월에 포항공대 교양학부 교수직을 정년퇴임했다. 현재 시몬스 대학 명예교수로 있다.『문학과 철학』『문명의 위기와 문명의 전환』『철학의 여백』『아직 끝나지 않은 길』『자연, 인간, 언어』『현상학과 분석철학』『노장 사상』『예술철학』『사물의 언어』『과학철학이란 무엇인가』『철학 전후』『더불어 사는 인간과 자연』『환경철학』외 다수의 저서가 있으며,『나비의 꿈』『보이지 않는 것의 그림자』『울림의 공백』등의 시집이 있다.

장회익

1938년 경북 예천에서 태어나 서울대 물리학과를 졸업하고 미국 캘리포니아 대학 리버사이드를 거쳐 루이지애나 주립대학에서 물리학 박사 학위를 취득했다. 현재 서울대 물리학과 교수로 있다. 저서로는『과학과 메타과학』『삶과 온 생명』『현대 과학과 윤리』(공저)『현대 과학의 제문제』(공저)『인간이란 무엇인가』(공저) 등이 있다.

베르너 하이젠베르크Werner Karl Heisenberg

현대 양자역학의 기초를 확립한 세계적인 물리학자 하이젠베르크는 1901년 독일 듀스부르크에서 태어나 뮌헨 대학을 졸업했다. 1925년 불확정성의 원리를 발표해 1932년 노벨 물리학상을 수상했다. 1927년 라이프치히 대학 최연소 교수, 베를린 대학 교수, 막스 플랑크 물리학연구소장 등을 역임했으며, 저서로『부분과 전체』『철학과 물리학의 만남』『현실의 질서』등이 있다. 1976년 세상을 떠났다.

박성래

1940년 충남 공주에서 태어나 서울대학교 물리학과를 졸업하고, 미국 캔자스 대학 사학과에서 석사, 미국 하와이 대학에서 역사학 박사 학위를 취득했다. 한국과학사학회 회장, 중앙교육위원회 심의위원, 유네스코 위원 등을 역임했으며, 현재 문화재 전문위원, 국사편찬위원회 위원으로 재임중이며 한국외국어대학교 사학과 교수로 있다. 저서로『한국인의 과학정신』『민족과학의 뿌리를 찾아서』『한국사에도 과학이 있는가』『이야기 과학사』『다시 보는 민족과학 이야기』등이 있다.

김용운

1927년 일본 도쿄에서 태어나 미국 어번 대학 대학원에서 이학석사, 캐나다 앨버타 대학에서 이학박사 학위를 받았다. 미국 위스콘신 주립대학 조교수, 한국전통과학연구소장, 일본 도쿄 대학과 고베 대학·일본국제문화연구센터의 객원교수, 수학사랑회 회장, 한양대학교 수학과 교수를 역임했다. 현재 수학문화연구소 소장이며 한양대학교 수학과 명예교수, 국제수리철학 편집위원 등으로 재직중이다.『영(零)에서 공(空)의 세계로』『문화로 배우는 이야기 일본어』『재미있는 수학 여행』(전4권, 공저)『한중일의 역사와 미래를 말한다』(공저)『프랙탈과 카오스의 세계』(공저)『지적 세계로 떠나는 여행』『카오스와 불교』등 100여 권의 저서가 있다. 한국 출판문화상(1978), 서울시 문화상(1988), 대한수학회 공로상(1995)을 수상하였다.

이강수

고려대 철학과를 나와 국립대만대학 철학연구소에서 장자 연구로 석사 학위를, 고려대 대학원 철학과에서 「장자의 자연과 인간의 문제」로 박사 학위를 취득했다. 한국동양철학회 회장, 한국도교문화학회 회장을 역임했으며, 경희대와 중앙대를 거쳐 연세대 철학과 교수로 있다. 저서로『도가 사상의 연구』『중국 철학 개론』『욕망론』『중국 고대철학의 이해』『노자와 장자』등이 있다.

소흥렬

1937년 경북 선산에서 태어나 미국 미시간 대학 대학원을 졸업했다. 계명대학교, 연세대학교, 이화여자대학교 교수를 거쳐 현재 포항공과대학교 인문사회학부 철학교수로 있다. 저서로『논리와 사고』『윤리와 사고』『과학과 사고』『자연주의적 유신론』『문화적 자연주의』등이 있다.

김용준

1927년 충남 천안에서 태어나 서울대 화학과와 동 대학원을 졸업하고 미국 텍사스 A&M 대학에서 박사 학위를 취득했다. 고려대학교 화학공학과 교수, 한국기독자교수협의회 회장, 대한화학회 회장 등을 거쳐 현재 고려대 명예교수이자 과학사상연구회의 명예회장으로 있다. 저서로『현대 과학 어디까지 왔나』『과학, 인간, 자유』『과학인의 역사의식』『과학이란 무엇인가』『사람의 과학』『갈릴레오의 고민』등이 있고『부분과 전체』『우연과 필연』『나는 누구인가』외 다수의 책을 우리말로 옮겼다.

임경순

서울대 자연대 물리학과를 졸업하고 동 대학원 물리학과(과학사 및 과학철학 협동과정)에서 석사 학위를, 독일 함부르크 대학에서 과학사 박사 학위를 취득했다. 현재 포항공대 인문사회과학부 과학사 교수(물리학과 및 환경공학부 겸임교수)로 있다. 또한 과학기술부 지정 포항공대 과학문화연구센터 소장, 환경운동연합 경북시민환경연구소 소장 등을 맡고 있다. 1995년 한국과학사학회 논문상과 1997년 한국과학기술도서상을 수상했다. 저서로『20세기 과학의 쟁점』『100년 만에 다시 찾는 아인슈타인』『현대 물리학의 선구자』 등이 있다.

이필렬

1957년 인천에서 태어나 서울대학교 화학과에서 수학했다. 1986년 베를린 공과 대학 화학과(화학 디플롬)를 졸업했고, 1988년 같은 대학에서 란탄족 아미드의 합성에 관한 논문으로 이학박사 학위를 취득했다. 1989년에 영국의 런던 대학에서 과학사를 연구했다. 현재 한국방송대학에서 과학사 교수로 있다. 저서로『교양환경론』『에너지 대안을 찾아서』『에너지 전환의 현장을 찾아서』 등이 있으며『과학과 사회의 현대사』『기술의 역사』『객관성의 칼날』 등을 우리말로 옮겼다.

김종철

1947년 경남에서 태어나 서울대학교 영문과를 졸업했다. 현재 영남대 교수로 재직중이며『녹색평론』 발행인 겸 편집인이다. 저서로『시와 역사적 상상력』『간디의 물레-에콜로지와 문화에 관한 에세이』 등이 있으며『오래된 미래』 등을 우리말로 옮겼다.

에드워드 윌슨 Edward O. Wilson

1929년 미국 앨라배나 주의 버밍엄에서 태어나 앨라배마 대학에서 생물학을 전공한 후 하버드 대학교에서 생물학 박사 학위를 받았다. 개미 연구의 세계적인 권위자로서 '생물다양성' 과 '사회생물학' 의 아버지로 불린다. 현재 하버드 대학 펠레그리노 석좌교수로서 미국학술원 회원이기도 하다. 20여 권의 과학 명저를 저술한 과학저술가로서 명성이 높은 그는『인간의 본성에 대하여』와『개미』로 퓰리처 상을 두 번이나 수상했으며, 비단 생물학뿐만 아니라 학문 전반에 지대한 영향을 준 20세기를 대표하는 과학 지성으로 손꼽힌다. 그 외에도『사회생물학 : 새로운 종합』『생명의 다양성』『자연주의자』 등의 저서가 있다.

최재천

1954년 강릉에서 태어나 서울대학교 동물학과를 졸업하고 미국 펜실베이니아 주립대학에서 생태학 석사, 하버드 대학에서 생물학 박사 학위를 받았다. 미국 미시

간 대학 조교수를 거쳐 현재 서울대학교 생명과학부 교수로 있다. 저서로『개미제
국의 발견』『생명이 있는 것은 다 아름답다』『알이 닭을 낳는다』『The Evolution
of Social Behavior in Insects and Arachnics』등이 있다. 제1회 대한민국 과학
문화상을 수상했다.

호세 루첸버거Jos Lutsenberger

세계적으로 유명한 브라질의 생태운동가로서 특히 아마존 열대우림 파괴의 실상
을 세계에 알리는 데 혼신의 노력을 기울여왔다. 최근 브라질 민선 대통령에 의해
환경담당장관에 임명되었다.

최정호

1933년 전주에서 태어나 서울대학교를 졸업하고 독일 하이델베르크 대학과 베를
린 자유대학에서 철학박사 학위를 취득했다. 한국일보 기자 및 논설위원, 중앙일
보 논설위원, 한국신문학회장, 한국미래학회장, 연세대 신문방송학과 교수 등을
거쳐 현재 울산대 석좌교수로 있다. 저서로『세계의 무대』『예술과 정치』『아버지
독재자』『정치와 언어』『언론문화와 대중문화』『매스미디어와 사회』『우리가 살
아온 20세기』등이 있다.

이봉재

서울대학교 건축학과를 졸업하고 서울대학교 철학과 대학원에서 철학박사 학위
를 취득했다. 계간『과학사상』의 편집주간을 역임했으며, 현재 서울산업대학교
교양학부 교수로 재직중이다. 또한 학술지『과학과 철학』의 편집에 참여하고 있
다. 저서로『매체의 철학』『현대 과학철학의 문제들』『공동체란 무엇인가』등이
있다.

윤정로

1954년 충남 부여에서 태어나 서울대학교 사회학과를 졸업하고, 하버드 대학에
서 사회학 박사 학위를 받았다. 현재 한국과학기술원 인문사회학부 교수로 재직

중이며, 국가과학기술자문위원이다. 한국과학기술원 우수강의상 및 우수강의대상 등을 수상했다. 저서로『과학기술과 한국 사회』『모성의 담론과 현실』(편저)『남성의 과학을 넘어서』(공저)『현대 과학의 쟁점』(공저)『생명의 위기』(공저) 등이 있다.

스티븐 호킹Stephen Hawking

1942년 영국 옥스퍼드에서 태어나 옥스퍼드 대학을 졸업하고 케임브리지 대학 대학원에서 물리학을 전공했다. 1963년 루게릭병(근위축성 측색경화증)이라는 전신마비의 불치병에 걸려 시한부 인생을 선고받았다. 1974년 사상 최연소 영국 왕립학회 회원이 되었다. 1978년 이후 영국 과학자로서는 최고 영예인 케임브리지 대학 루카시안 석좌교수를 맡고 있다. 뉴턴과 아인슈타인의 뒤를 잇는 천재 물리학자로, 우주의 비밀에 가장 가까이 접근하고 있는 이 시대 최고의 물리학자이며 지성으로 알려져 있다. 저서로『시간의 역사』『스티븐 호킹의 검은 우주』『시간은 늘 미래로 흐르는가』『호두껍질 속의 우주』등이 있다.

복거일

1946년 충남 아산에서 태어났고, 작품으로는 장편소설『비명을 찾아서』『높은 땅 낮은 이야기』『역사 속의 나그네』(전3권),『파란 달 아래』『캠프 세네카의 기지촌』, 시집『오장원(五丈原)의 가을』, 평론집『현실과 지향』『진단과 처방』『쓸모 없는 지식을 찾아서』, 산문집『아무것도 바라지 않는 죽음 앞에서』『소수를 위한 변명』『국제어 시대의 민족어』등이 있다.

이인식

과학문화연구소 소장. 서울대 전자공학과 졸업. 저서로『사람과 컴퓨터』『미래는 어떻게 존재하는가』『제2의 창세기』『21세기를 지배하는 키워드』『신화상상동물 백과사전』『성과학 탐사』등이 있고, 편저로『나노 기술이 미래를 바꾼다』, 공저로『과학이 세계관을 바꾼다』『현대 과학의 쟁점』이 있다.

새로운 천년의 과학

초판인쇄 | 2002년 10월 4일
초판발행 | 2002년 10월 10일

엮 은 이 | 이인식
펴 낸 이 | 고순화
펴 낸 곳 | 해나무
출판등록 | 2001년 4월 7일 제6-407호

주   소 | 136-034 서울시 성북구 동소문동 4가 260번지 동소문빌딩 6층
전자우편 | henamu@hotmail.com
전화번호 | 927-6790~5
팩   스 | 927-6753

ISBN   89-89799-05-8 03400

＊ 잘못된 책은 바꿔드립니다.